Die Rechtsformwahl in der Land- und Forstwirtschaft
unter steuerlichen Gesichtspunkten

Europäische Hochschulschriften
Publications Universitaires Européennes
European University Studies

Reihe V
Volks- und Betriebswirtschaft

Série V   Series V
Sciences économiques, gestion d'entreprise
Economics and Management

Bd./Vol. 3008

PETER LANG
Frankfurt am Main · Berlin · Bern · Bruxelles · New York · Oxford · Wien

Susanne Weitl

Die Rechtsformwahl in der Land- und Forstwirtschaft unter steuerlichen Gesichtspunkten

PETER LANG
Europäischer Verlag der Wissenschaften

Bibliografische Information Der Deutschen Bibliothek
Die Deutsche Bibliothek verzeichnet diese Publikation in der
Deutschen Nationalbibliografie; detaillierte bibliografische
Daten sind im Internet über <http://dnb.ddb.de> abrufbar.

Zugl.: Freiburg (Breisgau), Univ., Diss., 2003

D 25
ISSN 0531-7339
ISBN 3-631-51500-6

© Peter Lang GmbH
Europäischer Verlag der Wissenschaften
Frankfurt am Main 2003
Alle Rechte vorbehalten.

Das Werk einschließlich aller seiner Teile ist urheberrechtlich
geschützt. Jede Verwertung außerhalb der engen Grenzen des
Urheberrechtsgesetzes ist ohne Zustimmung des Verlages
unzulässig und strafbar. Das gilt insbesondere für
Vervielfältigungen, Übersetzungen, Mikroverfilmungen und die
Einspeicherung und Verarbeitung in elektronischen Systemen.

www.peterlang.de

Vorwort

Die deutsche Land- und Forstwirtschaft befindet sich in einem tiefgreifenden Umbruchprozess. Zunehmender Wettbewerbsdruck durch die Liberalisierung des Welthandels und durch die anstehende EU-Osterweiterung, veränderte Verbrauchergewohnheiten und strengere Umweltgesetze erfordern alternative, ökologisch verträgliche Betriebsformen und angepasste Strategien der Unternehmensführung. Unternehmerische Land- und Forstwirte haben die Zeichen der Zeit erkannt und gehen neue Wege. Ob ökologischer Landbau, Direktvermarktung, Ferien auf dem Bauernhof: die Möglichkeiten sind vielfältig und werden genutzt. Doch trotz der sich verändernden Rahmenbedingungen für das Wirtschaften in der Land- und Forstwirtschaft hat sich das Rechtskleid der land- und forstwirtschaftlichen Betriebe seit Jahrzehnten kaum verändert; das Einzelunternehmen ist „die" Rechtsform in der Land- und Forstwirtschaft in der Bundesrepublik Deutschland.
Es ist daher grundsätzlich anzuraten, die einmal getroffene Rechtsformwahlentscheidung zu überdenken.

Da das deutsche Unternehmenssteuerrecht nicht rechtsformneutral ist und die Rechtsform die Höhe der Steuerbelastung eines Unternehmens und seiner Beteiligten wesentlich beeinflussen kann, wird in der vorliegenden Dissertation die Rechtsformwahl in der Land- und Forstwirtschaft unter steuerlichen Gesichtspunkten untersucht.
Die Arbeit richtet sich insbesondere an interessierte Land- und Forstwirte, die sich mit der Wahl einer alternativen Rechtsform für ihr Unternehmen auseinandersetzen, und an die steuerliche Beratungspraxis.

Ich möchte an dieser Stelle all denjenigen, die mich in meinem Promotionsvorhaben unterstützten und mir mit Rat und/oder Tat zur Seite standen, herzlich danken.
Mein ganz besonderer Dank gilt dabei meinem Doktorvater, Herrn StB Prof. Dr. Wolfgang Kessler, für seine freundliche Begleitung und seine wertvollen Hinweise und Anregungen. Jede Fahrt nach Freiburg wurde dadurch für mich zu einer Bereicherung.
Bedanken möchte ich mich ebenfalls bei Herrn Prof. Dr. Heinz Rehkugler für seine Tätigkeit als Zweitgutachter. Darüber hinaus bedanke ich mich insbesondere bei Herrn Prof. Dr. Arndt Raupach und Herrn Prof. Dr. Wolfgang Vogel und seiner Frau Helga Vogel, die mich in dieser für mich sehr wichtigen Zeit immer unterstützt und ermuntert haben. Herrn StB Dipl. Ing.-agr. Lorenz Rothbauer, der meinen beruflichen Werdegang von Beginn an stets entgegenkommend und fördernd begleitet hat, möchte ich ebenfalls meinen Dank aussprechen.

Mein abschließender und besonders herzlicher Dank gilt meinem lieben Mann Stefan, der die Arbeit zu jeder Zeit tatkräftig unterstützt hat, für seinen langjährigen Rückhalt und für seine Geduld. Ihm und unserer Tochter Tabitha möchte ich diese Arbeit widmen.

Schliersee, im Juni 2003   Susanne Weitl

Inhaltsverzeichnis

Vorwort ... 5
Inhaltsverzeichnis ... 7
Darstellungsverzeichnis ... 11
Tabellenverzeichnis ... 13
Abkürzungsverzeichnis ... 17

A. Anliegen und Vorgehensweise der Arbeit ... 23
    I. Problemstellung und Zielsetzung ... 23
    II. Gang der Untersuchung ... 25
    III. Untersuchungsmethode und Eingrenzung des Themas ... 27

B. Abgrenzung der Land- und Forstwirtschaft für die Besteuerung ... 31
    I. Bewertungsrecht ... 32
        1. Einheitsbewertung ... 34
        2. Bedarfsbewertung ... 39
    II. Substanzsteuern ... 41
        1. Grundsteuer ... 41
        2. Erbschaft- und Schenkungsteuer ... 43
    III. Verkehrsteuern ... 46
        1. Kraftfahrzeugsteuer ... 47
        2. Umsatzsteuer ... 48
            a. Durchschnittssätze für land- und forstwirtschaftliche Betriebe ... 49
            b. Option zur Regelbesteuerung ... 53
    IV. Ertragsteuern ... 54
        1. Gewerbeertragsteuer ... 54
        2. Körperschaftsteuer ... 56
        3. Einkommensteuer ... 60
            a. Einkünfte aus Land- und Forstwirtschaft ... 60
            b. Gewinnermittlungsarten ... 63
            c. Abweichendes Wirtschaftsjahr ... 64
            d. Ansatz- und Bewertungswahlrechte ... 66
            e. Aushilfskräfte ... 67
            f. Steuerbefreiungen und –vergünstigungen ... 68

V. Zusammenfassung: Anwendung der steuerlichen Sonderregelungen in Abhängigkeit von der Rechtsform des Unternehmens ... 73

C. Einfluss der laufenden Steuerbelastung auf die Rechtsformwahl für ein land- und forstwirtschaftliches Unternehmen ... 79
   I. Rechtsformstatistik landwirtschaftlicher Betriebe in der Bundesrepublik Deutschland ... 79
   II. Eingrenzung des Untersuchungsgegenstandes ... 80
      1. Einzubeziehende Steuerarten und Festlegung einer Berechnungsreihenfolge ... 80
      2. Daten der Modell-Unternehmung ... 83
         a. Bilanz und Gewinn- und Verlustrechnung ... 83
         b. Bewertung des Unternehmens für die laufende Besteuerung ... 84
         c. Verträge mit Außenstehenden ... 85
         d. Verträge mit Gesellschaftern ... 85
            aa. Beteiligungsverhältnisse und Gewinnverteilung ... 85
            bb. Gesellschaft-Gesellschafter-Verträge ... 85
         e. Persönliche Verhältnisse ... 85
         f. Steuer- und Hebesätze ... 86
   III. Grundfall: Steuerbelastungsvergleich für die Jahre 2001 bis 2005 ... 87
      1. Land- und forstwirtschaftliches Einzelunternehmen ... 87
      2. Land- und forstwirtschaftliche Personengesellschaft ... 88
      3. Gewerbebetrieb ... 89
         a. Gewerbliches Einzelunternehmen ... 89
         b. Gewerblich infizierte Personengesellschaft ... 91
      4. Land- und forstwirtschaftlich tätige Kapitalgesellschaft ... 92
         a. Steuerbelastung bei Vollthesaurierung ... 93
         b. Zahlung von Geschäftsführergehältern und Thesaurierung der verbleibenden Gewinne ... 94
         c. Zahlung von Geschäftsführergehältern und Vollausschüttung der verbleibenden Gewinne ... 95
         d. Steuerbelastung bei Vollausschüttung ... 96
      5. Analyse der Belastungsunterschiede ... 97
         a. Vergleich der absoluten Steuerbelastungen ... 97
         b. Analyse der Belastungsdifferenzen ... 99

IV. Exkurs: Pauschalierung nach § 24 UStG oder Regelbesteuerung? ... 110
V. Variationsrechnungen ... 113
   1. Variation des Gewinns ... 113
   2. Variation des Gewerbesteuer-Hebesatzes ... 152
   3. Variation der Leistungsvergütungen ... 156
      a. Geschäftsführergehalt ... 157
      b. Darlehenszinsen ... 163
   4. Variation der Ausschüttung ... 166
   5. Extreme Gewinnschwankungen ... 170

D. Einfluss aperiodischer Besteuerungssachverhalte auf die Rechtsformwahl für ein land- und forstwirtschaftliches Unternehmen am Beispiel der Schenkung unter Lebenden ... 179
   I. Aperiodische Besteuerungssachverhalte ... 179
   II. Steuerliche Beurteilung einer Schenkung unter Lebenden in der Land- und Forstwirtschaft ... 179
      1. Verkehrsteuern ... 180
         a. Grunderwerbsteuer ... 180
         b. Umsatzsteuer ... 181
      2. Ertragsteuern ... 181
         a. Stille Reserven ... 182
         b. Verlustvorträge ... 185
         c. Freibetrag nach § 14 a Abs. 4 EStG ... 185
      3. Erbschaft- und Schenkungsteuer ... 186
         a. Bewertung ... 186
         b. Gesellschaft-Gesellschafter-Verträge ... 189
         c. Mindestbeteiligung ... 190
         d. Abzugsfähigkeit von Schulden und Lasten ... 190
         e. Stundung nach § 28 ErbStG ... 191
   III. Eingrenzung des Untersuchungsgegenstandes ... 194
      1. Festlegung einer Berechnungsreihenfolge ... 194
      2. Daten der Modell-Unternehmung ... 195
         a. Übergabezeitpunkt und weichende Erben ... 195
         b. Angaben zur Ermittlung des land- und forstwirtschaftlichen Grundbesitzwerts ... 196
         c. Steuerbilanzwerte ... 196
         d. Persönliche Verhältnisse ... 198

IV.	Steuerbelastungsvergleich		199
1.	Abfindung weichender Erben		199
2.	Bewertung		202

     a. Bedarfsbewertung für die land- und forstwirtschaftlichen Grundbesitzwerte ... 202
        aa. Betriebsteil ... 203
        bb. Betriebswohnung ... 203
        cc. Wohnteil ... 203
     b. Bewertung des Betriebsvermögens ... 205
     c. Bewertung der Anteile an der Kapitalgesellschaft nach dem Stuttgarter Verfahren ... 207
   3. Erbschaft- und schenkungsteuerliche Belastung des Rechtsnachfolgers ... 209
     a. Land- und forstwirtschaftliches Einzelunternehmen ... 209
     b. Gewerbliches Einzelunternehmen ... 210
     c. Land- und forstwirtschaftlich tätige Kapitalgesellschaft ... 211
   4. Analyse der Belastungsunterschiede ... 211

E. Zusammenfassende Darstellung und Beurteilung der Rechtsformalternativen für ein land- und forstwirtschaftliches Unternehmen ... 219

   I. Laufende Besteuerung ... 219

   II. Aperiodische Besteuerung ... 222

Anhang I: Einheitsbewertung eines land- und forstwirtschaftlichen Betriebs ... 225
Anhang II: Vorteilhaftigkeit der Rechtsformen für die Gewinn-Alternativen A – G ... 226

Literaturverzeichnis ... 227
Rechtsquellenverzeichnis ... 234

Darstellungsverzeichnis

Darstellung 1: Abgrenzung der Land- und Forstwirtschaft von anderen steuerrelevanten Sachverhalten und Tatbeständen 31

Darstellung 2: Vermögensbewertung in Abhängigkeit von der ertragsteuerlichen Einkünfte-Qualifikation 34

Darstellung 3: Steuermesszahlen für Betriebe der Land- und Forstwirtschaft und für Grundstücke, §§ 14, 15 GrStG 42

Darstellung 4: Beispiel für die Systematik der Freibetragsregelung nach § 13 a Abs. 1 ErbStG 44

Darstellung 5: Beispiel für die Systematik der Freibetragsregelung des § 16 ErbStG anhand § 16 Abs. 1 Nr. 2 ErbStG 46

Darstellung 6: Durchschnittssätze für die Land- und Forstwirtschaft 52

Darstellung 7: Zeitlicher Anwendungsbereich des Halbeinkünfteverfahrens bei inländischen Gewinnausschüttungen 60

Darstellung 8: Bewertungswahlrechte bei der Viehbewertung 67

Darstellung 9: Steuervergünstigungen und –befreiungen für die Land- und Forstwirtschaft nach dem EStG und der EStDV 72

Darstellung 10: Rechtsformen in der Landwirtschaft 79

Darstellung 11: Berechnungsreihenfolge für die Ermittlung der laufenden Steuerbelastung eines land- und forstwirtschaftlich tätigen Unternehmens und seiner Beteiligten 82

Darstellung 12: Steuerbelastungsvergleich 2001 bis 2005 – Grundfall 98

Darstellung 13: Rechtsformvergleich: Steuerbelastung kumuliert für die Jahre 2001 bis 2005 – Grundfall 99

Darstellung 14: Beispiel für die Vorteilhaftigkeit der Pauschalierung der Umsatzsteuer nach § 24 UStG 111

Darstellung 15: Steuerbelastung der Rechtsformalternativen in Abhängigkeit von der Gewinnhöhe für den Zeitraum 2001 bis 2005 123

Darstellung 16: Steuerliche Mehr- oder -minderbelastungen der gewerblichen Personenunternehmen im Vergleich durch die Gewerbesteuer 147

Darstellung 17:	Steuermehr- oder –minderbelastungen der Personenunternehmen durch § 4 a Abs. 2 EStG für die Gewinn-Alternativen A bis G	150
Darstellung 18:	Steuerbelastung der Rechtsformalternativen bei ansteigendem Gewerbesteuer-Hebesatz	154
Darstellung 19:	Steuerbelastung der GmbH in Abhängigkeit von der Höhe der Geschäftsführergehälter und dem Ausschüttungsverhalten für die Jahre 2001 bis 2005	162
Darstellung 20:	Steuerbelastungsdifferenzen durch Zinszahlungen an die Gesellschafter	165
Darstellung 21:	Veränderung der Steuerbelastung durch Veränderung der Ausschüttungsquote	169
Darstellung 22:	Steuerbelastungen der Rechtsformalternativen bei extremen Gewinnschwankungen im Zeitraum 2001 bis 2005	174
Darstellung 23:	Vergleich der Gewinnhöhen bei extremen Gewinnschwankungen für die einzelnen Rechtsformalternativen des Grundfalls	174
Darstellung 24:	Steuerliche Konsequenzen der Übertragung eines land- und forstwirtschaftlichen Unternehmens bzw. Gesellschaftsanteils durch Schenkung unter Lebenden	193
Darstellung 25:	Berechnungsreihenfolge für die Ermittlung der aperiodischen Steuerbelastung durch den Fall der Schenkung eines land- und forstwirtschaftlichen Unternehmens	195
Darstellung 26:	Vorläufige Schlussbilanz des land- und forstwirtschaftlichen bzw. gewerblichen Einzelunternehmens zum 30.6.2002	197
Darstellung 27:	Vorläufige Schlussbilanz der land- und forstwirtschaftlich tätigen GmbH zum 30.6.2002	198

Tabellenverzeichnis

Tabelle 1:	Gewinne vor Steuern und Gesellschaftervergütungen für die Wirtschaftsjahre 2000/2001 bis 2005/2006	84
Tabelle 2:	Gesamtsteuerbelastung 2001 bis 2005 für das land- und forstwirtschaftliche Einzelunternehmen – Grundfall	87
Tabelle 3:	Gesamtsteuerbelastung 2001 bis 2005 für das land- und forstwirtschaftliche Personenunternehmen – Grundfall	88
Tabelle 4:	Gesamtsteuerbelastung 2001 bis 2005 für das gewerbliche Einzelunternehmen – Grundfall	91
Tabelle 5:	Gesamtsteuerbelastung 2001 bis 2005 für die gewerblich infizierte Personengesellschaft – Grundfall	92
Tabelle 6:	Gesamtsteuerbelastung 2001 bis 2005 für die land- und forstwirtschaftlich tätige Kapitalgesellschaft bei Vollthesaurierung – Grundfall	93
Tabelle 7:	Gesamtsteuerbelastung 2001 bis 2005 für die land- und forstwirtschaftlich tätige Kapitalgesellschaft bei Zahlung von Geschäftsführergehältern und Thesaurierung der verbleibenden Gewinne – Grundfall	94
Tabelle 8:	Gesamtsteuerbelastung 2001 bis 2005 für die land- und forstwirtschaftlich tätige Kapitalgesellschaft bei Zahlung von Geschäftsführergehältern und bei Vollausschüttung der verbleibenden Gewinne – Grundfall	96
Tabelle 9:	Gesamtsteuerbelastung 2001 bis 2005 für die land- und forstwirtschaftlich tätige Kapitalgesellschaft bei Vollausschüttung – Grundfall	97
Tabelle 10:	Ergebnisübersicht der Gesamtsteuerbelastungen im Rechtsformvergleich 2001 bis 2005 – Grundfall	98
Tabelle 11:	Gewinnzurechnung nach § 4 a Abs. 2 Nr. 1 bzw. 2 EStG – Grundfall	102

Tabelle 12:	Steuerbelastung des land- und forstwirtschaftlichen Einzelunternehmens unter Anwendung des § 4 a Abs. 2 Nr. 2 EStG – Grundfall	104
Tabelle 13:	Steuerbelastung der land- und forstwirtschaftlichen Personengesellschaft (OHG) unter Anwendung des § 4 a Abs. 2 Nr. 2 EStG – Grundfall	107
Tabelle 14:	Variation der Gewinne	115
Tabelle 15:	Absolute Steuerbelastungen – Gewinn-Alternative A	115
Tabelle 16:	Vorteilhaftigkeit der Rechtsformen für die Gewinn-Alternative A	116
Tabelle 17:	Absolute Steuerbelastungen – Gewinn-Alternative B	116
Tabelle 18:	Vorteilhaftigkeit der Rechtsformen für die Gewinn-Alternative B	117
Tabelle 19:	Absolute Steuerbelastungen – Gewinn-Alternative C	117
Tabelle 20:	Vorteilhaftigkeit der Rechtsformen für die Gewinn-Alternative C	118
Tabelle 21:	Absolute Steuerbelastungen – Gewinn-Alternative D	118
Tabelle 22:	Vorteilhaftigkeit der Rechtsformen für die Gewinn-Alternative D	119
Tabelle 23:	Absolute Steuerbelastungen – Gewinn-Alternative E	119
Tabelle 24:	Vorteilhaftigkeit der Rechtsformen für die Gewinn-Alternative E	120
Tabelle 25:	Absolute Steuerbelastungen – Gewinn-Alternative F	120
Tabelle 26:	Vorteilhaftigkeit der Rechtsformen für die Gewinn-Alternative F	121
Tabelle 27:	Absolute Steuerbelastungen – Gewinn-Alternative G	121
Tabelle 28:	Vorteilhaftigkeit der Rechtsformen für die Gewinn-Alternative G	122
Tabelle 29:	Vorteilhaftigkeit der Rechtsformen für die Gewinn-Alternativen A – G	122

Tabelle 30:	Gewinn-Alternative B: Steuerbelastungsdifferenz zwischen land- und forstwirtschaftlich tätiger und gewerblich infizierter OHG bei Gewinnzurechnung nach § 4 a Abs. 2 Nr. **2** EStG bzw. Pauschalierung der Lohnsteuer nach § 40 a Abs. **3** EStG	129
Tabelle 31:	Vorläufige Steuerminderung durch den höheren Betriebsausgabenabzug bei Pauschalierung der Lohnsteuer nach § 40 a Abs. 1 bzw. 3 EStG – gewerblich infizierte Personengesellschaft	130
Tabelle 32:	Gewinn-Alternative B: Steuerbelastung nach § 4 a Abs. 2 Nr. **1** bzw. **2** EStG für die land- und forstwirtschaftlich tätige OHG	131
Tabelle 33:	Gewinn-Alternative B: Steuerbelastungsdifferenz zwischen land- und forstwirtschaftlich tätigem und gewerblichem Einzelunternehmen bei Gewinnzurechnung nach § 4 a Abs. 2 Nr. **2** EStG bzw. Pauschalierung der Lohnsteuer nach § 40 a Abs. **3** EStG	133
Tabelle 34:	Vorläufige Steuerminderung durch den höheren Betriebsausgabenabzug bei Pauschalierung der Lohnsteuer nach § 40 a Abs. 1 bzw. 3 EStG – gewerbliches Einzelunternehmen	133
Tabelle 35:	Gewinn-Alternative B: Steuerbelastung nach § 4 a Abs. 2 Nr. **1** bzw. **2** EStG für land- und forstwirtschaftliche Einzelunternehmen	134
Tabelle 36:	Gewerbesteuerlich bedingte Belastungsdifferenzen zwischen land- und forstwirtschaftlichen und gewerblichen Personenunternehmen für die Gewinn-Alternativen A bis G für die Jahre 2001 bis 2005	147
Tabelle 37:	Steuerbelastungsdifferenzen zwischen land- und forstwirtschaftlichen und gewerblichen Personenunternehmen bedingt durch § 4 a Abs. 2 EStG	150
Tabelle 38:	Absolute Steuerbelastungen der einzelnen Rechtsformalternativen für die Jahre 2001 bis 2005 in Abhängigkeit vom Gewerbesteuer-Hebesatz	153
Tabelle 39:	Rangplätze der einzelnen Rechtsformalternativen im Steuerbelastungsvergleich in Abhängigkeit vom Gewerbesteuer-Hebesatz	153

Tabelle 40:	Mehr- bzw. Minderbelastungen der Gesellschafter der gewerblich infizierten Personengesellschaft in Abhängigkeit vom Gewerbesteuer-Hebesatz	155
Tabelle 41:	Steuerbelastung des Grundfalls für die Jahre 2001 bis 2005 in Abhängigkeit von der Höhe der Geschäftsführergehälter	158
Tabelle 42:	Rangplätze der einzelnen Rechtsformalternativen im Steuerbelastungsvergleich in Abhängigkeit von den Geschäftsführergehältern	158
Tabelle 43:	Steuerbelastung des Grundfalls für die Jahre 2001 bis 2005 in Abhängigkeit von der Höhe der an die Gesellschafter gezahlten Darlehenszinsen	164
Tabelle 44:	Rangplätze der einzelnen Rechtsformalternativen im Steuerbelastungsvergleich in Abhängigkeit von den Darlehenszinsen	165
Tabelle 45:	Absolute Steuerbelastungen für die Jahre 2001 bis 2005 in Abhängigkeit von der Ausschüttungsquote	167
Tabelle 46:	Ergebnisse vor Steuern und Gesellschaftervergütungen für die Wirtschaftsjahre 2000/2001 bis 2005/2006 – extreme Gewinnschwankungen	172
Tabelle 47:	Steuerbelastung des Grundfalls bei extremen Gewinnschwankungen	172
Tabelle 48:	Vorteilhaftigkeit der Rechtsformen bei extremen Gewinnschwankungen	173

Abkürzungsverzeichnis

Abs.	Absatz
Abschn.	Abschnitt
aid	Information für die Agrarberatung (Zeitschrift)
ALG	Gesetz über die Alterssicherung der Landwirte
Anm.	Anmerkung
AO	Abgabenordnung
Art.	Artikel
Aufl.	Auflage
BauGB	Baugesetzbuch
BB	Der Betriebs-Berater (Zeitschrift)
Bearb.	Bearbeiter
BewG	Bewertungsgesetz
BFH	Bundesfinanzhof
BFH/NV	Sammlung amtlich nicht veröffentlichter Entscheidungen des Bundesfinanzhofes (Zeitschrift)
BGBl	Bundesgesetzblatt
BMF	Bundesminister der Finanzen
BMWF	Bundesminister für Wirtschaft und Finanzen
BPO	Betriebsprüfungsordnung
BRD	Bundesrepublik Deutschland
Bs.	Beschluss
BStBl	Bundessteuerblatt
BT-Drs.	Bundestags-Drucksache
BVerfG	Bundesverfassungsgericht
bzw.	beziehungsweise
cet. par.	ceteris paribus
Darst.	Darstellung
DB	Der Betrieb (Zeitschrift)
d.h.	das heißt
DM	Deutsche Mark

DStR	Deutsches Steuerrecht (Zeitschrift)
DStZ	Deutsche Steuerzeitung (Zeitschrift)
E	Ertragswert
EDV	Elektronische Datenverarbeitung
eG	eingetragene Genossenschaft
EMZ	Ertragsmesszahl(en)
ErbStG	Erbschaftsteuer- und Schenkungsteuergesetz
ErbStR	Erbschaftsteuer-Richtlinien
erw.	erweitert(e)
EStB	Der Ertrag-Steuer-Berater (Zeitschrift)
EStDV	Einkommensteuer-Durchführungsverordnung
EStG	Einkommensteuergesetz
EStR	Einkommensteuer-Richtlinien
etc.	et cetera
EU	Europäische Union
evtl.	eventuell
EWG	Europäische Wirtschaftsgemeinschaft
f.	folgende
ff.	fortfolgende
FELEG	Gesetz zur Förderung der Einstellung der landwirtschaftlichen Erwerbstätigkeit
FinMin	Finanzministerium
FN	Fußnote
FR	Finanz-Rundschau (Zeitschrift)
gem.	gemäß
GewStG	Gewerbesteuergesetz
GewStR	Gewerbesteuer-Richtlinien
GG	Grundgesetz
GmbH	Gesellschaft mit beschränkter Haftung
GmbHR	GmbH-Rundschau (Zeitschrift)
GrEStG	Grunderwerbsteuergesetz
GrSt	Grundsteuer
GrStG	Grundsteuergesetz
GVZ	Gartenbau-Vergleichszahl(en)

H	Hinweis(e) (Erläuterungen der Finanzverwaltung innerhalb der Einkommensteuer-Richtlinien)
ha	Hektar
HGB	Handelsgesetzbuch
HLBS	Hauptverband der landwirtschaftlichen Buchstellen und Sachverständigen e.V.
HoVZ	Hopfenbau-Vergleichszahl(en)
Hs.	Halbsatz
Hrsg.	Herausgeber
i.d.F.	in der Fassung
i.d.R.	in der Regel
i.d.S.	in diesem Sinn
i.e.S.	im engeren Sinn
INF	Die Information über Steuer und Wirtschaft (Zeitschrift)
i.S.d.	im Sinne des (der)
i.S.v.	im Sinne von
i.V.m.	in Verbindung mit
JStG	Jahressteuergesetz
KG	Kommanditgesellschaft
KiSt	Kirchensteuer
KiStO	Kirchensteuerordnung(en)
Kj	Kalenderjahr(e)
KraftStG	Kraftfahrzeugsteuergesetz
KSt	Körperschaftsteuer
KStG	Körperschaftsteuergesetz
KStR	Körperschaftsteuer-Richtlinien
Lfg.	Lieferung
lit.	litera (Buchstabe, lat.)
LSt	Lohnsteuer
luf	land- und forstwirtschaftlich(e,er)
LVZ	Landwirtschaftliche Vergleichszahl(en)
m.w.N.	mit weiteren Nachweisen

n.F.	neue Fassung
Nr.	Nummer(n)
NV	nicht veröffentlicht |//
o.	ohne
OFD	Oberfinanzdirektion
OHG	Offene Handelsgesellschaft |//
p.a.	pro anno |//
R	Richtlinie
RFH	Reichsfinanzhof
RLEWG	Harmonisierungsrichtlinie(n) der EWG
RStBl	Reichssteuerblatt |//
s.	siehe
S.	Seite
SpaVZ	Spargelbau-Vergleichszahl(en)
SolZ	Solidaritätszuschlag
Stpfl.	Steuerpflichtige(r)
StSenkEG	Steuersenkungsergänzungsgesetz
StSenkG	Steuersenkungsgesetz
StuB	Steuer und Bilanzpraxis (Zeitschrift)
StuW	Steuer und Wirtschaft (Zeitschrift)
SZ	Süddeutsche Zeitung |//
t	Zeit
Tab.	Tabelle
Tz.	Textziffer |//
u.a.	unter anderem
überarb.	überarbeitet(e)
UntStFG	Gesetz zur Fortentwicklung des Unternehmenssteuerrechts
Urt.	Urteil
UStG	Umsatzsteuergesetz
UStR	Umsatzsteuer-Richtlinien
usw.	und so weiter

u.U.	unter Umständen
v.	vom
V	Vermögenswert
VE	Vieheinheit(en)
Verl.	Verlag
Vfg.	Verfügung
vgl.	vergleiche
v.H.	vom Hundert
Wj	Wirtschaftsjahr(e)
WVZ	Weinbau-Vergleichszahl(en)
z.B.	zum Beispiel

A. Anliegen und Vorgehensweise der Arbeit

I. Problemstellung und Zielsetzung

Die Entscheidung für oder gegen eine Rechtsform für ein Unternehmen ist grundsätzlich von einer Vielzahl von Faktoren abhängig zu machen: Fragen der Geschäftsführung und Vertretung, der Haftung und Übernahme von unternehmerischem Risiko, die Möglichkeiten der Vertragsgestaltungen zwischen einem Unternehmen und seinen Beteiligten können ebenso die Wahl einer Rechtsform für ein Unternehmen beeinflussen wie deren Kooperationsfähigkeit, die Möglichkeiten der Finanzierung oder Fragen der Unternehmensnachfolge[1].

Während die gesetzlichen Regelungen des deutschen Gesellschaftsrechts in vielen Fällen abdingbar sind und den individuellen Bedürfnissen der Beteiligten, z.B. in Geschäftsführungs-, Vertretungs- oder Haftungsfragen, häufig abweichend von den gesetzlichen Normen durch einzel- oder gesellschaftsvertragliche Vereinbarungen entsprochen und damit eine Annäherung der gesellschaftsrechtlichen Behandlung zwischen den einzelnen Rechtsformen erreicht werden kann[2], wird durch die Entscheidung für eine bestimmte Rechtsform die Art der Besteuerung des Unternehmens und seiner Beteiligten im wesentlichen festgelegt[3]. Der Aspekt der Besteuerung stellt damit ein wichtiges Kriterium im Rahmen der Rechtsformwahlentscheidung für ein Unternehmen dar.

Eine Rechtsformwahl unter besonderer Berücksichtigung steuerlicher Aspekte hat in der Regel die Minimierung der Steuerbelastung für das jeweilige Unternehmen und seine Beteiligten zum Ziel[4]. Für ein *land- und forstwirtschaftliches*

---

[1] Vgl. dazu u.a. *König, R./Sureth, C.*, Rechtsformwahl, 2001, S. 23 ff.; *Brönner, H.*, Besteuerung, 1999, S. 1717-1722; *Erle, B.*, Rechtsformwahl, 1999, S. 2 ff.; *Kessler, W./Schiffers, J.*, Rechtsformwahl, 1999, S. 14 ff.; *Jacobs, O. H.*, Unternehmensbesteuerung, 1998, S. 5 ff.; *Jacobs, O. H./Scheffler, W.*, Rechtsform, 1996, S. 2 ff.; *Wöhe, G.*, Einführung, 1986, S. 254 ff.
[2] Vgl. dazu u.a. *Kessler, W./Schiffers, J.*, Rechtsformwahl, 1999, S. 18; *Jacobs, O. H./Scheffler, W.*, Rechtsform, 1996, S. 5 f.; *Herzig, N./Schiffers, J.*, Rechtsformwahl, 1994, S. 103; *Herzig, N./Kessler, W.*, Steuerbelastungsvergleich, 1992, S. 232.
[3] Zur fehlenden Ausgestaltung des Steuerrechts in Richtung Rechtsformneutralität auch nach der Unternehmenssteuerreform 2001 siehe *König, R./Sureth, C.*, Einfluss, 2001, S. 121 m.w.N.
[4] Vgl. *Kessler, W./Schiffers, J.*, Rechtsformwahl, 1999, S. 33 ff., die als weitere steuerlich motivierte entscheidungsrelevante Faktoren die Erlangung von Steuerbegünstigungen, das Steuerrisiko und die steuerliche Flexibilität nennen, und *Brönner, H.*, Besteuerung, 1999, S. 1725.

Unternehmen ist in diesem Zusammenhang zu berücksichtigen, dass die Land- und Forstwirtschaft im deutschen Steuerrecht traditionell eine Sonderstellung einnimmt: die Abhängigkeit vom Produktionsfaktor Boden, die dadurch naturbedingten Betriebsrisiken, die grundsätzlich enge Verflechtung zwischen Betrieb- und Privatsphäre der land- und forstwirtschaftlichen Unternehmer sowie die umfangreiche Einflussnahme nationaler, europäischer und auch internationaler Wirtschafts- und Agrarpolitik kennzeichnen und erschweren das Wirtschaften in der Land- und Forstwirtschaft[1]. Das deutsche Steuerrecht sieht daher für die Land- und Forstwirtschaft in wichtigen steuerlichen Bereichen Erleichterungen oder Vergünstigungen vor, die anderen Wirtschaftszweigen nicht oder nicht in diesem Umfang gewährt werden. Die sich rasch ändernde Steuergesetzgebung der letzten Jahre hat die steuerlichen Sonderregelungen für die Land- und Forstwirtschaft zwar teilweise eingeschränkt, jedoch nicht vollumfänglich beseitigt[2].

In der BRD wirtschaften nahezu 95 %[3] aller Land- und Forstwirte in der Rechtsform des land- und forstwirtschaftlichen Einzelunternehmens. Mit dem Gesetz zur Senkung der Steuersätze und zur Reform der Unternehmensbesteuerung (Steuersenkungsgesetz – StSenkG) vom 23.10.2000[4] und dem Gesetz zur Ergänzung des Steuersenkungsgesetzes (Steuersenkungsergänzungsgesetz – StSenkEG) vom 19.12.2000[5] wurden jedoch steuerliche Regelungen geschaffen, die als Änderung wesentlicher externer Rahmenbedingungen[6] eine Überprüfung der einmal getroffenen Entscheidung für eine Rechtsform unter steuerlichen Gesichtspunkten auch im Rahmen der Land- und Forstwirtschaft veranlassen sollte.

In der vorliegenden Arbeit wird unter Berücksichtigung des StSenkG und des StSenkEG untersucht, welche Rechtsform für ein land- und forstwirtschaftliches Unternehmen mit der geringsten steuerlichen Belastung für das Unternehmen und seine Inhaber verbunden ist. Dabei ist für eine steuerlich motivierte Rechtsformwahlentscheidung im Rahmen der Land- und Forstwirtschaft insbesondere zu berücksichtigen, dass einige der steuerlichen Vergünstigungen, die speziell der „klassischen" Land- und Forstwirtschaft vorbehalten sind, durch den Wechsel der Rechtsform und dem damit möglicherweise bedingten „Eintritt in die

---

[1] Vgl. *Altehoefer, K.* u.a., Land- und Forstwirtschaft, 1998, S. 53 f.
[2] Zur steuerlichen Rechtsentwicklung in der Land- und Forstwirtschaft s. *Gmach, G.,* in: *Herrmann/Heuer/Raupach,* § 13 EStG, 2000, Anm. 2 (Stand: Oktober 2000), und *Altehoefer, K.* u.a., Land- und Forstwirtschaft, 1998, S. 55-61.
[3] Vgl. *Deutscher Bundestag,* Agrarbericht, 2002, Tabelle 8, S. 12.
[4] BGBl I 2000, S. 1433; das Gesetz wird auch als Unternehmenssteuerreform 2001 bezeichnet.
[5] BGBl I 2000, S. 1812.
[6] Vgl. dazu *Kessler, W./Schiffers, J.,* Rechtsformwahl, 1999, S. 16.

Gewerblichkeit" verloren gehen können. Für den in dieser Arbeit angestrebten Steuerbelastungsvergleich und der entsprechenden Belastungsanalyse zwischen alternativen Rechtsformen ist der mögliche Verlust dieser steuerlichen Vergünstigungen zunächst zu qualifizieren und anschließend als Opportunitätskosten zu quantifizieren und bei der steuerlich motivierten Rechtsformwahlentscheidung entsprechend zu berücksichtigen. In diesem Zusammenhang soll auch die Frage geklärt werden, ob das traditionelle Ansinnen der Land- und Forstwirte, den „steuerlichen Status des Land- und Forstwirtes" zu erhalten und die Gewerblichkeit damit unter allen Umständen zu vermeiden (Köhne/Wesche sprechen sogar von einer „unter den Landwirten ... historisch gewachsene[n] Aversion gegen die Gewerblichkeit"[1]), aus steuerlichen Gründen noch gerechtfertigt erscheint.

Ausdrücklich ist darauf hinzuweisen, dass die Besteuerung einer Rechtsform und ihrer Beteiligten – auch und gerade im Bereich der Land- und Forstwirtschaft – nur *ein* Entscheidungskriterium für oder gegen eine Rechtsform sein kann. In der Land- und Forstwirtschaft sind neben steuerlichen Gesichtspunkten gesellschaftsrechtliche Aspekte und Fragen der Finanzierung und staatlichen Förderung ebenso zu berücksichtigen wie Möglichkeiten der sozialen Absicherung der Land- und Forstwirte und ihrer Familien; Entscheidungsbereiche, die durch die Wahl einer bestimmten Rechtsform maßgeblich beeinflusst werden können.

II. Gang der Untersuchung

Eine steuerlich motivierte Rechtsformwahl hat in der Regel die Zielsetzung, die Steuerbelastung des betroffenen Unternehmens und seiner Beteiligten zu minimieren. Um die Frage klären zu können, welche Rechtsform für ein Unternehmen der Land- und Forstwirtschaft unter Berücksichtigung des StSenkG und des StSenkEG mit der geringsten steuerlichen Belastung verbunden ist, wird in *Teil B* die Land- und Forstwirtschaft zunächst von anderen steuerlichen Sachverhalten und Tatbeständen abgegrenzt und die steuerliche Sonderbehandlung, die das deutsche Steuerrecht für die Land- und Forstwirtschaft vorsieht, bei einzelnen Steuerarten dargestellt. Der mögliche Verlust dieser steuerlichen Erleichterungen und Vergünstigungen durch die Wahl einer alternativen Rechtsform für ein land- und forstwirtschaftliches Unternehmen ist in einem späteren Steuerbelastungsvergleich zwischen den einzelnen Rechtsformen zu berücksichtigen.

---

[1] *Köhne, M./Wesche, R.*, Steuerlehre, 1995, S. 337.

In *Teil C* wird in einem ersten Schritt der Einfluss der *laufenden Steuerbelastung* auf die Rechtsformwahlentscheidung untersucht. Dabei wird für ein Modell-Unternehmen mit land- und forstwirtschaftlicher Grundstruktur (Grundfall) die nominelle Steuerbelastung sowie die jeweilige Steuerbelastungsquote für einzelne Rechtsformalternativen im Zeitablauf 2001 bis 2005 EDV-gestützt ermittelt, die steuerlichen Mehr- oder Minderbelastungen im Vergleich dargestellt und erläutert (quantitative Analyse[1]). Durch die Variation einzelner steuerbestimmender Komponenten wird darauf folgend die laufende Steuerbelastung in ausgewählten Lebenslagen eines land- und forstwirtschaftlichen Unternehmens rechtsformspezifisch berechnet und ebenfalls einem Steuerbelastungsvergleich zwischen den einzelnen Rechtsformalternativen zugänglich gemacht. Eine Analyse der Belastungsunterschiede schließt sich jeweils an.

Für eine steuerorientierte Rechtsformwahl ist die isolierte Betrachtung der laufenden Steuerbelastung eines Unternehmens und seiner Beteiligten für sich allein nicht ausreichend; auch *aperiodische Besteuerungssachverhalte* und die damit verbundenen Steuerbelastungen sind in den Entscheidungsprozess einzubeziehen[2]. In einem zweiten Schritt wird daher in *Teil D* auch die Steuerbelastung für ein land- und forstwirtschaftliches Modell-Unternehmen durch einen ausgewählten aperiodischen Besteuerungssachverhalt rechtsformspezifisch dargestellt. In diesem Zusammenhang soll Berücksichtigung finden, dass nach dem Ergebnis der EU-Agrarstrukturerhebung 1997 in der BRD 33,4 % aller land- und forstwirtschaftlichen Betriebsinhaber bereits älter als 55 Jahre[3] sind; aus diesem Grund wird der Übergang eines land- und forstwirtschaftlichen Unternehmens durch Schenkung unter Lebenden als aperiodischer Besteuerungstatbestand unterstellt. Es wird die nominelle Steuerbelastung für das Modell-Unternehmen in ausgewählten Rechtsformen ermittelt, die Ergebnisse verglichen und die Ursachen für die sich ergebenden Steuerbelastungsunterschiede untersucht.

In einem abschließenden *Teil E* werden die Ergebnisse der Untersuchung zusammengefasst und Empfehlungen für die Wahl einer Rechtsform für ein land- und forstwirtschaftliches Unternehmen gegeben.

---

[1] Vgl. *Herzig, N./Schiffers, J.*, Rechtsformwahl, 1994, S. 104.
[2] Vgl. *Herzig, N./Schiffers, J.*, Rechtsformwahl, 1994, S. 116.
[3] Vgl. *Huber, U./Wimmers, F.*, Struktur, 2000, S. 140.

III. Untersuchungsmethode und Eingrenzung des Themas

Die Zielgröße des in dieser Arbeit vorgenommenen Steuerbelastungsvergleichs zwischen verschiedenen Rechtsformen ist die Minimierung der Steuerbelastung für ein land- und forstwirtschaftliches Unternehmen und seine Beteiligten durch die Wahl einer – aus steuerlicher Sicht – für das Unternehmen geeigneten Rechtsform.
Nach Darstellung der spezifischen steuerlichen Regelungen für ein land- und forstwirtschaftliches Unternehmen in Abhängigkeit von der jeweiligen Rechtsform wird ein Steuerbelastungsvergleich für die laufende und aperiodische Besteuerung einer Rechtsform nach der Methode der kasuistischen Veranlagungssimulation, teilweise EDV-gestützt, durchgeführt. Eingesetzt werden das EDV-Programm Unternehmenssteuerreform-Expertisen V.1.11 - [Expertisen] der DATEV eG, Nürnberg, und das Tabellenkalkulationsprogramm Excel 2000. Für die kasuistische Veranlagungssimulation spricht, dass das Veranlagungsverfahren der Finanzbehörde simuliert wird und damit die einzelnen Rechenschritte durch anschauliche und nachvollziehbare Darstellung einen großen Bezug zur Praxis besitzen.
Für die Berechnung der laufenden Steuerbelastung eines land- und forstwirtschaftlichen Unternehmens und seiner Beteiligten wird im Rahmen eines Modell-Unternehmens eine für ausgewählte Rechtsformen vergleichbare steuerliche Ausgangssituation geschaffen. Dabei konzentriert sich die Untersuchung auf folgende Rechtsformalternativen:

- land- und forstwirtschaftliches Einzelunternehmen,
- gewerbliches Einzelunternehmen,
- Offene Handelsgesellschaft, die ausschließlich land- und forstwirtschaftliche Tätigkeiten ausübt,
- gewerblich infizierte Offene Handelsgesellschaft i.S.d. § 15 Abs. 3 Nr. 1 EStG[1],
- land- und forstwirtschaftlich tätige Gesellschaft mit beschränkter Haftung.

Die Ermittlung des Gewinns erfolgt nach § 4 Abs. 1 EStG bzw. nach § 5 EStG (Betriebsvermögensvergleich), um die Vergleichbarkeit der steuerlichen Bemessungsgrundlagen zu gewährleisten. Bemessungsgrundlage für die zu ermittelnde laufende Steuerbelastung eines land- und forstwirtschaftlichen Unternehmens und seiner Beteiligten ist das Ergebnis der Steuerbilanz vor Steuern und evtl. Gesellschaftervergütungen.

---
[1] Einkommensteuergesetz 1997 (EStG) vom 16. April 1997.

Die der Land- und Forstwirtschaft vorbehaltene Gewinnermittlung nach Durchschnittssätzen gemäß § 13 a EStG wird in der vorliegenden Arbeit für die Berechnung der steuerlichen Bemessungsgrundlage nicht berücksichtigt. Allerdings ist an dieser Stelle darauf hinzuweisen, dass diese spezielle Gewinnermittlungsart bei möglicher Anwendbarkeit unter Umständen zu einem Resultat führen kann, das nur einen Teil des tatsächlich vom land- und forstwirtschaftlichen Unternehmen erwirtschafteten Ergebnisses für die Besteuerung erfasst[1].

Die laufende Steuerbelastung alternativer Rechtsformen wird für ein land- und forstwirtschaftliches Modell-Unternehmen für mehrere Besteuerungszeiträume ermittelt. Gewählt wurden die Veranlagungszeiträume 2001 bis 2005, da durch die Festlegung des Steuertarifs und des steuerfreien Existenzminimums durch das StSenkG und das StSenkEG für diese Veranlagungszeiträume – grundsätzliche[2] – steuerliche Planungssicherheit gegeben ist. Der Vorteil eines mehrperiodischen Steuerbelastungsvergleichs liegt darin, dass die Wirkungen der steuerlichen Sonderregelungen für die Land- und Forstwirtschaft im Rechtsformvergleich auch im Zeitablauf aufgezeigt werden können.
Die Berechnung der laufenden Steuerbelastung erfolgt nach einer festzulegenden Berechnungsreihenfolge, die bei der Ermittlung der Steuerbelastung einer jeden Rechtsform grundsätzlich einzuhalten ist. Mögliche, in den jeweiligen Veranlagungszeiträumen erzielte Überschüsse nach Steuern gelten als verwendet und gehen dementsprechend nicht in den Steuerbelastungsvergleich zwischen den Rechtsformen ein; Zinseffekte in diesem Zusammenhang werden nicht berücksichtigt.

Für die Berechnung der aperiodischen Steuerbelastung für ein Unternehmen mit land- und forstwirtschaftlicher Grundstruktur wird der Fall der Schenkung unter Lebenden, ebenfalls für ein Modell-Unternehmen, untersucht. Dabei werden zunächst mögliche steuerliche Konsequenzen durch die Übertragung des Unternehmens durch vorweggenommene Erbfolge rechtsformspezifisch aufgezeigt. Anschließend wird eine Berechnungsreihenfolge für die Ermittlung der Steuerbelastung des Modell-Unternehmens und seiner Beteiligten durch den aperiodischen Vorgang der Schenkung unter Lebenden festgelegt, die wiederum grundsätzlich für jede zu untersuchende Rechtsformalternative einzuhalten ist.

---

[1] S. dazu kritisch *Märkle, R./Hiller, G.*, Einkommensteuer, 2001, S. 31 f., sowie *Hiller, G.*, Durchschnittsatzgewinn I, 1999, S. 449, m.w.N.
[2] Der Gesetzesentwurf der Bundesregierung zur Fluthilfe mit einem Umfang von 7,1 Milliarden € sieht u.a. eine Verschiebung der für 2003 geplanten Stufe der Steuerreform um ein Jahr und eine Erhöhung der Körperschaftsteuer von 25 auf 26,5 % vor; s. dazu *höl/hoff/nif,* Milliarden-Fonds, 2002, S. 1.

Die sich durch den aperiodischen Besteuerungsvorgang ergebende Steuerbelastung wird für folgende Rechtsformalternativen ermittelt, im Vergleich dargestellt und die entsprechenden Steuerbelastungsdifferenzen analysiert:

- land- und forstwirtschaftliches Einzelunternehmen,
- gewerbliches Einzelunternehmen,
- land- und forstwirtschaftlich tätige Gesellschaft mit beschränkter Haftung.

B. Abgrenzung der Land- und Forstwirtschaft für die Besteuerung

Die Besteuerung als Unternehmen der Land- und Forstwirtschaft ist abhängig von der Erfüllung bestimmter steuerlicher Sachverhalte und Tatbestände, die nicht für alle Steuerarten immer einheitlich definiert sind. Im folgenden werden zunächst die Besonderheiten, die bei den einzelnen Steuerarten für die Land- und Forstwirtschaft bestehen, erläutert. Daran schließt sich eine vergleichende Übersicht der Anwendbarkeit der dargestellten Sonderregelungen für land- und forstwirtschaftlich tätige Personenunternehmen, gewerbliche Personenunternehmen und land- und forstwirtschaftlich tätige Kapitalgesellschaften an. Die steuerartenbezogene Abgrenzung der Land- und Forstwirtschaft von anderen steuerrelevanten Sachverhalten und Tatbeständen wird in Anlehnung an *M. Köhne/R. Wesche* in wie folgt vorgenommen (s. *Darst. 1*):

Steuerlicher Bereich →	Bewertung Einheits/Bedarfsbewertung	Grundsteuer	Erbschaft-Schenkungsteuer	Kfz-Steuer	Umsatzsteuer	Gewerbeertragsteuer	Körperschaftsteuer/ Einkommensteuer
Steuerrelevanter Tatbestand in der LuF →	Luf Vermögen/ luf Grundbesitz	Betriebe der LuF	luf Vermögen (begünstigtes Vermögen)	Kraftfahrzeuge und –anhänger verwendet für Zwecke gem. § 3 Nr. 7 KraftStG	Umsätze im Rahmen eines luf Betriebs	luf Betrieb	Einkünfte aus Land- und Forstwirtschaft
Abzugrenzen gegenüber →	▫ Grund-Vermögen ▫ Betriebsvermögen/ Betriebsgrundstücke ▫ Übriges Vermögen	▫ Betriebsgrundstücke wie luf Betrieb oder Grundvermögen zu bewerten ▫ Grundvermögen	▫ Betriebsvermögen ▫ Anteile an Kapitalgesellschaften mit einer Mindestbeteiligung von mehr als einem Viertel	Kraftfahrzeuge und –anhänger verwendet für sonstige Zwecke	Umsätze aus ▫ gewerblicher Tätigkeit ▫ freiberuflicher Tätigkeit	Gewerbebetrieb	Einkünfte aus Gewerbebetrieb (→KSt) ▫ Selbst. Arbeit ▫ Nichtselbst. Arbeit ▫ Kapitalvermögen ▫ Vermietung/ Verpachtung ▫ Sonstige Einkünfte

Quelle: Eigene Darstellung, in Anlehnung an *Köhne, M./Wesche, R.*, Steuerlehre, 1995, S. 59.

Darst. 1: Abgrenzung der Land- und Forstwirtschaft von anderen steuerrelevanten Sachverhalten und Tatbeständen

I. Bewertungsrecht

Die Bewertung der Vermögenssubstanz ist auch nach dem „Auslaufen" der Vermögensteuer zum 1.1.1997[1] für ein land- und forstwirtschaftliches Unternehmen sowohl aus steuerlichen als auch aus außersteuerlichen Gründen von Bedeutung.

Das BewG[2] enthält Vorschriften für die Ermittlung zweier, für die Besteuerung von Unternehmen mit land- und forstwirtschaftlicher Grundstruktur und deren Beteiligten relevanter Vermögenswerte: Vorschriften für die Ermittlung des *Einheitswerts* von inländischem Grundbesitz (§ 19 Abs. 1 BewG), und zwar für Betriebe der Land- und Forstwirtschaft (§§ 33, 48 a und 51 a BewG), für Grundstücke (§§ 68 und 70 BewG) und für Betriebsgrundstücke (§ 99 BewG), sowie Regelungen für die Ermittlung des *Bedarfswerts* von land- und forstwirtschaftlichem Grundbesitz und von Grundvermögen für Zwecke der Erbschaft- und Schenkungsteuer und der Grunderwerbsteuer (§§ 138 ff. BewG).

Die Abgrenzung der Land- und Forstwirtschaft von anderen steuerlich relevanten Sachverhalten und Tatbeständen ist für das Bewertungsrecht – sowohl für die Einheits- als auch die Bedarfsbewertung – ab dem 1.1.1996 grundsätzlich nach den Gleichlautenden Erlassen der obersten Finanzbehörden der Länder vom 30.5.1997[3] nach R 135 EStR 1996[4] vorzunehmen: danach ist unter Land- und Forstwirtschaft „die planmäßige Nutzung der natürlichen Kräfte des Bodens zur Erzeugung von Pflanzen und Tieren sowie die Verwertung der dadurch selbstgewonnenen Erzeugnisse"[5] zu verstehen. „Ob eine land- und forstwirtschaftliche Tätigkeit vorliegt, ist jeweils nach dem Gesamtbild der Verhältnisse zu entscheiden."[6] Maßgebend ist die Ausübung der nach der Verkehrsanschauung typischen land- und forstwirtschaftlichen Tätigkeit an sich.

Verleiht die land- und forstwirtschaftliche Tätigkeit einem *Einzelunternehmen* das Gepräge und ist eine evtl. gewerbliche Tätigkeit von nur untergeordneter Bedeutung, ist grundsätzlich von einem einheitlichen land- und forstwirtschaft-

---

[1] Vgl. BVerfG, Bs. v. 22.6.1995 = BStBl II 1995, S. 655 ff., 671 ff.
[2] Bewertungsgesetz (BewG) vom 1. Februar 1991.
[3] Vgl. BStBl I 1997, S. 600.
[4] S. R 135 Einkommensteuer-Richtlinien 1996 (EStR 1996) vom 28.2.1997, BStBl I 1997, Sondernummer 1/1997.
[5] R 135 Abs. 1 S. 1 Einkommensteuer-Richtlinien 2001 (EStR) vom 23.11.2001.
[6] R 135 Abs. 1 S. 3 EStR.

lichen Betrieb und damit von land- und forstwirtschaftlichem Vermögen auszugehen. Steht dagegen die gewerbliche Tätigkeit im Vordergrund und stellt die land- und forstwirtschaftliche Tätigkeit nur eine Hilfstätigkeit dar, erfolgt die Bewertung des Vermögens als Betriebsvermögen.

Soweit ein land- und forstwirtschaftlicher Betrieb in der Rechtsform einer *Kapitalgesellschaft* (§ 97 Abs. 1 S. 1 Nr. 1 BewG) betrieben wird, bilden alle Wirtschaftsgüter ausschließlich „einen einzigen Gewerbebetrieb, auch soweit, als sie einem eigentlichen Gewerbebetrieb gar nicht dienen, wie z.B. ein landwirtschaftlicher Betrieb ... Es ist sogar ohne Belang, ob die Körperschaft tatsächlich ein Gewerbe betreibt oder nicht."[1] In diesen Fällen liegt trotz eigentlicher land- und forstwirtschaftlicher Tätigkeit kein land- und forstwirtschaftliches Vermögen sondern insgesamt Betriebsvermögen vor. Die Bewertung des Vermögens erfolgt entsprechend den Grundsätzen für die Bewertung als Betriebsvermögen nach §§ 95 ff. BewG.

Personengesellschaften, die ausschließlich einen Betrieb der Land- und Forstwirtschaft betreiben, verfügen über land- und forstwirtschaftliches Vermögen. Vermögen von gewerblich tätigen Personengesellschaften oder Personengesellschaften i.S.d. § 15 Abs. 3 EStG (gewerblich infizierte oder gewerblich geprägte Personengesellschaften, § 97 Abs. 1 S. 1 Nr. 5 BewG) gilt nach den Regelungen des EStG und dementsprechend auch für die Bewertung in vollem Umfang als Betriebsvermögen.

Damit ergeben sich folgende Unterschiede in der Bewertung von Vermögen (s. *Darst. 2*):

---

[1] *Teß, W.*, in: *Rössler/Troll*, § 97 BewG, 2002, Anm. 3 (Stand: Februar 2002); vgl. auch BFH, Urt. v. 22.8.1990, BStBl II 1991, S. 250 f., und BFH, Urt. v. 5.3.1969, BStBl II 1969, S. 350 ff.

Ertragsteuerliche Einkünfte-Qualifikation		Bewertungsrechtliche Vermögensart
Land- und forstwirtschaftlich tätiges Einzelunternehmen, § 13 EStG	→	Land- und forstwirtschaftliches Vermögen, §§ 33, 48 a und 51 a BewG
Kapitalgesellschaft, § 8 Abs. 2 KStG	→	Betriebsvermögen, § 97 Abs. 1 S. 1 Nr. 1 BewG
Gewerblich tätiges Personenunternehmen, § 15 Abs. 1 S. 1 Nr. 1 u. 2 EStG	→	Betriebsvermögen, § 95 Abs. 1 BewG
Gewerblich infizierte Personengesellschaft, § 15 Abs. 3 Nr. 1 EStG	→	Betriebsvermögen, § 97 Abs. 1 S. 1 Nr. 5 BewG
Gewerblich geprägte Personengesellschaft, § 15 Abs. 3 Nr. 2 EStG	→	Betriebsvermögen, § 97 Abs. 1 S. 1 Nr. 5 BewG
Land- und forstwirtschaftlich tätige Personengesellschaft, §§ 13 Abs. 7 i.V.m. 15 Abs. 1 S. 1 Nr. 2 EStG	→	Land- und forstwirtschaftliches Vermögen, §§ 33, 48 a und 51 a BewG

Quelle: Eigene Darstellung.

Darst. 2: Vermögensbewertung in Abhängigkeit von der ertragsteuerlichen Einkünfte-Qualifikation

1. Einheitsbewertung

Der Einheitswert ist ein Wert, der – „losgelöst von dem Besteuerungsverfahren selbst"[1] – einheitlich aufgrund spezieller Bewertungsvorschriften von den Finanzämtern für die Bewertung von inländischem Grundbesitz ermittelt wird, § 19 Abs. 1 BewG, und verschiedenen Steuerarten entweder als Bemessungsgrundlage oder aber als Abgrenzungsgröße dient[2].

---

[1] *Köhne, M./Wesche, R.*, Steuerlehre, 1995, S. 90.
[2] Vgl. *Glier, J./Schmid, F.*, Landwirtschaft, 2000, S. 8.

Der Einheitswert ist zunächst Bemessungsgrundlage für die Ermittlung der Grundsteuer, § 13 GrStG[1]. Darüber hinaus hat der Einheitswert des land- und forstwirtschaftlichen Vermögens steuerliche Bedeutung für:

- die Buchführungspflicht eines land- und forstwirtschaftlichen Unternehmens, § 141 Abs. 1 Nr. 3 AO[2],
- die Ermittlung des Gewinns aus Land- und Forstwirtschaft nach Durchschnittssätzen, § 13 a EStG,
- die Gewährung von Sonderabschreibungen und die Bildung von Ansparabschreibungen, § 7 g EStG,
- die Einordnung eines land- und forstwirtschaftlichen Betriebs in bestimmte Größenklassen, die maßgebend für die Häufigkeit einer Betriebsprüfung sind[3].

Auch für außersteuerliche Anwendungsbereiche kann der Einheitswert von land- und forstwirtschaftlichem Vermögen von erheblicher Bedeutung sein; so führen *J. Glier/F. Schmid* in diesem Zusammenhang aus, dass „die Einheitsbewertung für das land- und forstwirtschaftliche Vermögen .. im nichtsteuerlichen Anwendungsbereich unterdessen eine größere Bedeutung erlangt [hat] als bei der steuerlichen Anwendung"[4].

Für die Ermittlung des Einheitswerts ist inländischer *Grundbesitz, der land- und forstwirtschaftlichen Betrieben dauernd zu dienen bestimmt ist*, von inländi-

---

[1] Grundsteuergesetz (GrStG) vom 7. August 1973.
[2] Abgabenordnung (AO) vom 16. März 1976.
[3] Die Häufigkeit einer Betriebsprüfung ist abhängig von der Einordnung eines land- und forstwirtschaftlichen Betriebs in die Größenklassen Groß-, Mittel-, Klein- bzw. Kleinstbetrieb, § 3 Betriebsprüfungsordnung (BpO) vom 15. März 2000. Die Einteilung in die zutreffende Klasse erfolgt bei land- und forstwirtschaftlichen Betrieben nach der Höhe des Wirtschaftswertes (neue Bundesländer Ersatzwirtschaftswert) der selbstbewirtschafteten Fläche oder dem steuerlichen Gewinn. Seit dem 1.1.2002 gelten für land- und forstwirtschaftliche Betriebe folgende Größenmerkmale (eine Glättung der Werte soll zur nächsten turnusmäßigen Anpassung der Größenklassen zum 1.1.2004 erfolgen):

	Großbetrieb	Mittelbetrieb	Kleinbetrieb
Wirtschaftswert in € oder	über 144.696	über 71.070	über 31.700
Gewinn in €	über 83.852	über 44.482	über 25.565

Vgl. BMF, Schreiben betr. Einordnung in Größenklassen gem. § 3 BpO; Merkmale zum 1. Januar 2001 v. 21.7.2000, BStBl I 2000, S. 1194.
[4] *Glier, J./Schmid, F.*, Landwirtschaft, 2000, S. 8; s. auch deren Anlage 4, in der *Glier, J./Schmid, F.* Beispiele für die steuerlichen und nichtsteuerlichen Anwendungsbereiche der Einheitsbewertung des land- und forstwirtschaftlichen Vermögens aufzeigen, S. 274 ff.

schen Grundstücken, die als *Grundvermögen* zu bewerten sind, bzw. von inländischen *Betriebsgrundstücken* abzugrenzen: Grundvermögen ist dann gegeben, wenn es sich bei den Grundstücken weder um land- und forstwirtschaftlichen Grundbesitz (§ 33 BewG) noch um Betriebsgrundstücke (§ 99 BewG) handelt, § 68 Abs. 1 BewG. Ein Betriebsgrundstück dagegen ist gemäß § 99 Abs. 1 BewG der zu einem Gewerbebetrieb gehörende Grundbesitz, der – wäre er nicht einem Gewerbebetrieb zu dienen bestimmt – zu einem Betrieb der Land- und Forstwirtschaft oder zu einem Grundvermögen gehören würde und damit entweder

- wie land- und forstwirtschaftliches Vermögen oder
- wie Grundvermögen

zu bewerten ist, § 99 Abs. 1 i.V.m. Abs. 3 Hs. 2 BewG. Danach können als Betriebsgrundstücke, die ohne ihre Zugehörigkeit zu einem Gewerbebetrieb einen Betrieb der Land- und Forstwirtschaft bilden würden, „land- und forstwirtschaftlich genutzte Flächen in Betracht kommen, bei denen die Land- und Forstwirtschaft als Nebenzweck eines Gewerbes betrieben wird. Ebenso gehören hierher die Betriebe der Land- und Forstwirtschaft, die einer der in § 97 Abs. 1 BewG bezeichneten Körperschaften, Personengesellschaften oder ähnlichen Gesellschaften gehören"[1]. Dementsprechend sind land- und forstwirtschaftlich genutzte Flächen, die im Rahmen eines Gewerbebetriebes bewirtschaftet werden, nach den Vorschriften des BewG über die Bewertung von land- und forstwirtschaftlichem Vermögen zu bewerten[2].

Nach § 33 Abs. 1 und Abs. 2 BewG gehören zum land- und forstwirtschaftlichen Vermögen alle Wirtschaftsgüter, die einem Betrieb der Land- und Forstwirtschaft dauernd zu dienen bestimmt sind, insbesondere der Grund und Boden, die Wohn- und Wirtschaftsgebäude, die stehenden Betriebsmittel[3] sowie der Normalbestand[4] an umlaufenden Betriebsmitteln[5].

---

[1] *Teß, W.*, in: *Rössler/Troll*, § 99 BewG, 2002, Anm. 9 (Stand: Februar 2002).
[2] Als Beispiel für land- und forstwirtschaftlich genutzte Grundstücksflächen, die als Betriebsgrundstücke einem Betriebsvermögen zuzuordnen sind, führt *F. Dötsch* einen Obstbaubetrieb oder eine Gärtnerei an, die ein Gemüsekonserven-Fabrikant neben dem gewerblichen Hauptbetrieb betreibt und deren Erzeugnisse in der Fabrik mitverarbeitet werden. Das Landgut, das einer AG gehört, dient *F. Dötsch* als Beispiel für die Zugehörigkeit eines land- und forstwirtschaftlichen Betriebs zu einer in § 97 Abs. 1 BewG genannten Rechtsform, die nur Betriebsvermögen haben können. Vgl. *Dötsch, F.,* in: *Gürsching/Stenger*, § 99 BewG, 1999, Anm. 40 (Stand: Januar 1999).
[3] S. dazu *Teß, W.*, in: *Rössler/Troll*, § 33 BewG, 2002, Anm. 71 f. (Stand: Februar 2002): so gelten als stehende Betriebsmittel das lebende (z.B. Zuchttiere, Milchkühe) und tote Inventar (z.B. Maschinen, Geräte).
[4] § 33 Abs. 2 letzter Hs. BewG: „als normaler Bestand gilt ein solcher, der zur gesicherten Fortführung des Betriebes erforderlich ist."

Nicht zum land- und forstwirtschaftlichen Vermögen und damit zum Einheitswert gehören nach § 33 Abs. 3 BewG:

1. Zahlungsmittel, Geldforderungen, Geschäftsguthaben und Wertpapiere,
2. Geldschulden,
3. der Überbestand an umlaufenden Betriebsmitteln,
4. Tierbestände und Wirtschaftsgüter, die der gewerblichen Tierzucht dienen.

Soweit ein Betrieb der Land- und Forstwirtschaft zu einem Betriebsvermögen gehört ist zu beachten, dass in diese Bewertung *über* die wirtschaftliche Einheit „Land- und Forstwirtschaft" *hinaus* (mit dem ihr dauernd zu dienen bestimmten Grund und Boden, den Gebäuden, den stehenden und umlaufenden Betriebsmitteln, den Nebenbetrieben und den Sonderkulturen, §§ 33 ff. BewG) auch der dem Betrieb dienende Bestand an Zahlungsmitteln, Geldforderungen, Geschäftsguthaben, Wertpapieren und Geldschulden sowie ein Überbestand an umlaufenden Betriebsmitteln einzubeziehen ist[1].

Der Einheitswert eines land- und forstwirtschaftlichen Betriebs setzt sich aus dem *Wirtschaftswert* für den *Wirtschaftsteil* (§ 46 BewG) und dem *Wohnungswert* für den *Wohnteil* (§ 47 BewG) zusammen (§§ 48 i.V.m. 34 Abs. 1 BewG).

Der *Wirtschaftsteil* umfasst die

a) *land- und forstwirtschaftlichen Nutzungen* (§ 34 Abs. 2 Nr. 1 BewG: landwirtschaftliche (i.e.S.), forstwirtschaftliche, weinbauliche, gärtnerische und sonstige land- und forstwirtschaftliche Nutzungen),
b) *sonstigen Flächen* (§ 34 Abs. 2 Nr. 2 BewG i.V.m. §§ 43 bis 45 BewG: Abbauland, Geringstland und Unland) sowie
c) *Nebenbetriebe* (§ 34 Abs. 2 Nr. 3 BewG i.V.m. § 42 BewG).

Der *Wohnteil* eines Betriebs der Land und Forstwirtschaft umfasst die Gebäude und Gebäudeteile, soweit sie

---

[5] S. dazu *Teß, W.*, in: *Rössler/Troll*, § 33 BewG, 2002, Anm. 73 f. (Stand: Februar 2002): als umlaufende Betriebsmittel gelten vor allem land- und forstwirtschaftliche Erzeugnisse wie Mastvieh, Düngemittel und Saatgut.
[1] Vgl. dazu RFH, Urt. v. 26.3.1936, RStBl 1936, S. 539.

a) dem *Inhaber* des Betriebs,
b) den zu seinem Haushalt gehörenden *Familienangehörigen* und
c) den *Altenteilern*

zu Wohnzwecken dienen, § 34 Abs. 3 BewG.

Die bewertungsrechtliche Behandlung des Wohngebäudes des Betriebsinhabers, der sein Wohnhaus sowohl für gewerbliche als auch für land- und forstwirtschaftliche Zwecke nutzt, richtet sich allein nach dem „betriebswirtschaftlichen Zusammenhang zwischen Wohnung und landwirtschaftlich usw. genutzten Flächen"[1]; maßgebend sind auch in diesem Zusammenhang die Vorschriften des §§ 33 und 34 BewG.

Das Verfahren der Einheitsbewertung eines land- und forstwirtschaftlichen Betriebs ist im Anhang I, S. 225, am Beispiel der landwirtschaftlichen Nutzung (i.e.S.) dargestellt.

Eine auch für andere Steuerarten[2] maßgebende steuerliche Sonderbehandlung besteht bewertungsrechtlich für die Land- und Forstwirtschaft für die Gemeinschaftliche Tierhaltung nach § 51 a BewG.

Nach § 51 BewG gehören Tierbestände nur dann in vollem Umfang zur landwirtschaftlichen Nutzung, wenn eine bestimmte Höchstzahl an sog. Vieheinheiten (VE) je Hektar regelmäßig landwirtschaftlich genutzter Fläche[3] in einem Wirtschaftsjahr nicht überschritten wird[4]. Wird dagegen diese von der regelmäßig landwirtschaftlich genutzten Fläche abhängige betriebsindividuelle Höchstzahl an VE nachhaltig oder absichtlich überstiegen[5], liegt bewertungsrechtlich *Betriebsvermögen* und ertragsteuerlich *gewerbliche* Tierzucht und Tierhaltung vor.
Das BewG bietet in diesen Fällen die Möglichkeit, Tierzucht und Tierhaltung auch ohne weitere Flächenzupachtung oder weiteren Flächenzukauf im Rahmen

---

[1] *Dötsch, F.*, in: *Gürsching/Stenger*, § 99 BewG, 1999, Anm. 43 (Stand: Januar 1999).
[2] S. §§ 13 Abs. 1 Nr. 1 S. 5 EStG, 24 Abs. 2 S. 1 Nr. 2 UStG, 3 Nr. 12 GewStG, 25 Abs. 2 KStG.
[3] Zu berücksichtigen sind in diesem Zusammenhang sowohl die eigenen als auch die zugepachteten Flächen der landwirtschaftlichen Nutzung eines Betriebs, ausschließlich der verpachteten Flächen. S. im einzelnen dazu *Teß, W.*, in: *Rössler/Troll*, § 51 BewG, 2002, Anm. 5 (Stand: Februar 2002); und R 124 a Abs. 3 EStR.
[4] S. dazu § 51 Abs. 1 a BewG.
[5] Die Vieheinheiten-Grenze wird *nachhaltig* überschritten, wenn sie regelmäßig, d.h. für einen Zeitraum von mehr als drei Jahren überstiegen, oder aber bewusst (*absichtlich*) dauerhaft, z.B. im Zuge einer größeren baulichen Investition, überschritten wird, s. R 135 Abs. 2 EStR.

der Landwirtschaft betreiben zu können: die Gemeinschaftliche Tierhaltung nach § 51 a BewG. Sind die Voraussetzungen des § 51 a Abs. 1 BewG erfüllt, können „freie" Vieheinheiten von land- und forstwirtschaftlichen Einzelbetrieben entweder auf eine Gesellschaft, bei der die Gesellschafter als Mitunternehmer anzusehen sind oder auf Erwerbs- oder Wirtschaftsgenossenschaften oder auf Vereine übertragen und dort genutzt werden. Das Bewertungsrecht räumt so viehstarken und viehschwachen Betrieben die Möglichkeit ein, durch die Gründung einer Mitunternehmerschaft, einer Erwerbs- oder Wirtschaftsgenossenschaft oder eines Vereins voneinander zu partizipieren und trotz eines entsprechenden Umfangs keine gewerbliche Tierzucht und Tierhaltung zu betreiben. Die Bewertung von Wirtschaftsgütern, die der landwirtschaftlichen Tierzucht oder Tierhaltung dienen, kann als land- und forstwirtschaftliches Vermögen erfolgen. „Bei Kapitalgesellschaften gehört allerdings auch die landwirtschaftliche Tierhaltung zum Betriebsvermögen."[1] Einsatz findet die Tierhaltungskooperation nach § 51 a BewG vor allem bei Mastbetrieben, z.B. in der Schweine- oder Bullenmast.

2. Bedarfsbewertung

Der Bedarfswert, dessen Ermittlung ebenfalls im BewG geregelt ist, §§ 138 bis 150 BewG[2], dient ausschließlich der Feststellung von Grundbesitzwerten für die Besteuerung mit Erbschaft- und Schenkungsteuer (ab 1.1.1996) sowie ausnahmsweise der Feststellung von Grundbesitzwerten für die Besteuerung mit Grunderwerbsteuer (ab 1.1.1997)[3].

Die Bedarfsbewertung, „ein stark vereinfachtes Ertragswertverfahren mit festen Wertansätzen"[4], wird auf den Besteuerungszeitpunkt nur dann durchgeführt, wenn tatsächlich Grundbesitzwerte für Zwecke der Erbschaft- und Schenkungsteuer oder der Grunderwerbsteuer zu ermitteln sind, § 138 Abs. 5 S. 1 BewG. Für die im Rahmen der Bedarfsbewertung durchzuführende Bewertung von Grundstücken ist § 99 BewG für die Zuordnung von Betriebsgrundstücken zum land- und forstwirtschaftlichen Vermögen bzw. zum Grundvermögen zu beachten[5].

---

[1] *Teß, W.*, in: *Rössler/Troll*, § 97 BewG, 2002, Anm. 29 (Stand: Februar 2002).
[2] Eingefügt durch das Jahressteuergesetz 1997 v. 20.12.1996, BGBl I 1997, S. 2049.
[3] Die Grunderwerbsteuer wird in den Fällen nach dem Bedarfswert bemessen, in denen der Wert des übertragenen Grundstücks mangels feststellbarer Gegenleistung bislang nach dem Einheitswert zu bemessen war, § 8 Abs. 2 Grunderwerbsteuergesetz (GrEStG) vom 26. Februar 1997.
[4] *Altehoefer, K.* u.a., Land- und Forstwirtschaft, 1998, S. 557.
[5] Vgl. dazu oben Abschnitt 1, S. 35 f.

Für die Bedarfsbewertung wird ein land- und forstwirtschaftlicher Betrieb bzw. die Betriebsgrundstücke, die losgelöst von ihrer Zugehörigkeit zu einem Gewerbebetrieb einen Betrieb der Land- und Forstwirtschaft bilden würden, § 99 Abs. 1 Nr. 2 i.V.m. Abs. 3 Hs. 2 BewG, in drei Bewertungsteilbereiche aufgeteilt, § 141 Abs. 1 BewG:

1. der Betriebsteil,
2. die Betriebswohnungen,
3. der Wohnteil.

Der *Betriebsteil* umfasst gemäß § 141 Abs. 2 BewG den Wirtschaftsteil eines Betriebs der Land- und Forstwirtschaft i.S.d. § 34 Abs. 2 BewG[1], jedoch ohne die Betriebswohnungen.
Für die land- und forstwirtschaftlichen Nutzungen ergeben sich feste Ertragswerte aus § 142 Abs. 2 Nr. 1 bis 5 BewG. Das zu den sonstigen Flächen zählende Abbauland ist gemäß §§ 142 Abs. 1, Abs. 2 i.V.m. 43 BewG mit dem Einzelertragswert, das ebenfalls zu den sonstigen Flächen rechnende Geringstland nach §§ 142 Abs. 2 Nr. 6 i.V.m. 44 BewG mit 0,26 € je Ar[2] anzusetzen. Unland ist nicht zu bewerten, §§ 142 Abs. 1 i.V.m. 45 Abs. 2 BewG[3]. Für Nebenbetriebe sind Einzelertragswerte festzustellen, §§ 142 Abs. 1, Abs. 2 i.V.m. 42 BewG.

Betriebswohnungen sind nach § 141 Abs. 3 BewG Wohnungen, die – einschließlich des dazugehörigen Grund und Bodens – einem Betrieb der Land- und Forstwirtschaft zu dienen bestimmt sind, z.B. die Wohnungen der Verwalter oder Landarbeiter und deren Familien. Der Wert der Betriebswohnungen ist nach den allgemeinen Regelungen der §§ 146 bis 150 BewG zu ermitteln, § 143 Abs. 1 BewG.

Wie die Betriebswohnungen ist der *Wohnteil* zu bewerten, der die Gebäude und Gebäudeteile einschließlich des dazugehörigen Grund und Bodens umfasst, die dem Inhaber des land- und forstwirtschaftlichen Betriebs, dessen Familienangehörigen und den Altenteilern zu Wohnzwecken dienen, § 143 Abs. 1 BewG.

Eine Sonderbehandlung erfahren die *Betriebswohnungen* und der *Wohnteil* eines land- und forstwirtschaftlichen Betriebs im Zusammenhang mit dem im Rahmen der Bedarfsbewertung anzusetzenden Mindestwert für bebaute Grundstücke

---

[1] Vgl. dazu oben Abschnitt 1, S. 37.
[2] 1 Ar = 100 m².
[3] Einzelheiten zur Ermittlung der land- und forstwirtschaftlichen Grundbesitzwerte sind in R 125 bis 157 Erbschaftsteuer-Richtlinien (ErbStR) vom 21. Dezember 1998 geregelt.

nach § 146 Abs. 6 BewG. Danach darf der für die Betriebswohnungen und für den Wohnteil des Betriebsinhabers anzusetzende Wert nicht geringer sein als der Wert des Grund und Bodens als unbebautes Grundstück, § 145 Abs. 3 BewG. Der Wert unbebauter Grundstücke bestimmt sich nach dieser Vorschrift durch die Multiplikation der Fläche des zur Betriebswohnung oder zum Wohnteil zugehörigen Grund und Bodens mit den um 20 % ermäßigten Bodenrichtwerten (§ 196 BauGB[1]). Bei der Berechnung des Mindestwerts wird die in die Rechnung einzubeziehende Fläche bei land- und forstwirtschaftlichen Betrieben nach § 143 Abs. 2 BewG im Fall einer räumlichen Verbindung der Betriebswohnungen oder des Wohnteils zur Hofstelle auf höchstens das Fünffache der bebauten Fläche begrenzt. Umfasst z.b. die zum Wohnteil eines land- und forstwirtschaftlichen Betriebs zugehörige Fläche 1500 m² und die mit dem landwirtschaftlichen Wohnhaus bebaute Fläche 170 m², so ist in die Berechnung des Mindestwerts nach § 145 Abs. 3 BewG nicht die tatsächliche zum Wohnteil zugehörige Fläche von 1500 m², sondern nur eine Fläche von (5 x 170 m²) 850 m² einzubeziehen[2].

Sowohl von dem für die Betriebswohnungen als auch von dem für den Wohnteil ermittelten Wert kann bei gegebener räumlicher Verbindung zur Hofstelle nach § 143 Abs. 3 BewG darüber hinaus ein pauschaler Abschlag von 15 % vom ermittelten Wert vorgenommen werden[3].

II. Substanzsteuern

Im Rahmen der Substanzsteuern sind für die Land- und Forstwirtschaft vor allem die Steuerarten Grundsteuer und Erbschaft- und Schenkungsteuer von Bedeutung.

1. Grundsteuer

Steuergegenstand der Grundsteuer sind zunächst die *Betriebe der Land- und Forstwirtschaft gemäß §§ 33, 48 a und 51 a BewG*, § 2 Nr. 1 S. 1 GrStG. Be-

---

[1] Baugesetzbuch (BauGB) vom 27. August 1997.
[2] Vgl. auch Berechnung in Teil D, Kapitel IV, Abschnitt 2, lit. a, cc, S. 203 f.
[3] Dieser pauschale Abschlag stellt eine Sonderregelung für die Land- und Forstwirtschaft dar, durch welche die eingeschränkte Verkehrsfähigkeit der land- und forstwirtschaftlichen Hofstelle (siehe auch § 47 S. 3 BewG) aufgrund der engen beruflichen Bindung des Betriebsinhabers an den Ort seiner beruflichen Tätigkeit berücksichtigt werden soll. Vgl. dazu *Glier, J./Schmid, F.*, Landwirtschaft, 2000, S. 70, 114.

triebsgrundstücke i.S.d. § 99 Abs. 1 Nr. 2 BewG, die – losgelöst von ihrer Zugehörigkeit zu einem Gewerbebetrieb einen Betrieb der Land- und Forstwirtschaft bilden würden – stehen für die Grundsteuer den Betrieben der Land- und Forstwirtschaft gleich, § 2 Nr. 1 S. 2 GrStG. Darüber hinaus unterliegen gemäß § 2 Nr. 2 GrStG auch die übrigen Grundstücke sowie die Betriebsgrundstücke nach § 99 Abs. 1 Nr. 1 BewG, die – losgelöst von ihrer Zugehörigkeit zu einem Gewerbebetrieb – dem Grundvermögen zuzuordnen wären, der Grundsteuer. „Die Frage, ob Grundbesitz dem land- und forstwirtschaftlichen Vermögen, dem Grundvermögen oder dem Betriebsvermögen zuzuordnen ist, hat für die Grundsteuer keine Bedeutung."[1]

Für die Rechtsformwahl für ein land- und forstwirtschaftlich tätiges Unternehmen ergibt sich demzufolge hinsichtlich der anzuwendenden Steuermeßzahl auf den Einheitswert, §§ 13 ff. GrStG (s. auch *Darst. 3*), kein Unterschied zwischen einer land- und forstwirtschaftlich tätigen bzw. einer gewerblich tätigen Personenunternehmung, einer gewerblich infizierten oder geprägten Personengesellschaft i.S.d. § 15 Abs. 3 EStG und einer Kapitalgesellschaft; maßgebend ist vielmehr die tatsächliche (land- und forstwirtschaftliche) Nutzung des Grundbesitzes an sich.

Art der Nutzung	Steuermeßzahl
Land- und forstwirtschaftlich genutzter Grundbesitz	6,0 ‰
Sonstige bebaute und unbebaute Grundstücke Ausnahmen:	3,5 ‰
1. Einfamilienhäuser	
a) für die ersten 38 346,89 € des Einheitswerts	2,6 ‰
b) für den Rest des Einheitswerts	3,5 ‰
2. Zweifamilienhäuser	3,1 ‰

Quelle: Eigene Darstellung.

Darst. 3: Steuermeßzahlen für Betriebe der Land- und Forstwirtschaft und für Grundstücke, §§ 14, 15 GrStG

---

[1] *Teß, W.*, in: *Rössler/Troll*, § 99 BewG, 2002, Anm. 2 (Stand: Februar 2002).

2. Erbschaft- und Schenkungsteuer

Die Übertragung von inländischem land- und forstwirtschaftlichen Vermögen durch Erwerb von Todes wegen oder durch Schenkung unter Lebenden ist grundsätzlich Gegenstand der Erbschaft- und Schenkungsteuer, §§ 3, 7 ErbStG[1].

Für die Berechnung der Erbschaft- und Schenkungsteuer ist vorhandener Grundbesitz nach den Regelungen der §§ 12 Abs. 3 und Abs. 5 S. 1 ErbStG i.V.m. 99 Abs. 1 und Abs. 3 BewG entweder „als oder wie Grundvermögen ... [oder] als oder wie land- und forstwirtschaftliches Vermögen zu bewerten"[2]. Für land- und forstwirtschaftliches Vermögen sowie für die Betriebsgrundstücke, die losgelöst von ihrer Zugehörigkeit zu einem Gewerbebetrieb einen Betrieb der Land- und Forstwirtschaft bilden würden, § 99 Abs. 1 Nr. 2 und Abs. 3 Hs. 2 BewG, sind für Zwecke der Erbschaft- und Schenkungsteuer die land- und forstwirtschaftlichen Grundbesitzwerte entsprechend nach §§ 139 bis 144 BewG[3] zu ermitteln, § 138 Abs. 2 BewG.

Ist der als land- und forstwirtschaftliches Vermögen zu bewertende Grundbesitz[4] einem Gewerbebetrieb zuzuordnen, „bildet [dieser als land- und forstwirtschaftlicher Grundheitswert] dann insgesamt einen Teil des Betriebsvermögens des Gewerbebetriebs."[5] Die nicht in den land- und forstwirtschaftlichen Grundheitswert einzubeziehenden Wirtschaftsgüter nach § 33 Abs. 3 BewG werden für die Ermittlung des Werts des *Betriebsvermögens* darüber hinaus mit den Steuerbilanzwerten angesetzt, § 109 BewG. Bei der Bewertung von *land- und forstwirtschaftlichem Vermögen* sind diese Wirtschaftsgüter dagegen nach den allgemeinen Regelungen des BewG zu bewerten und als übriges Vermögen bzw. Schulden und Lasten in die Ermittlung der Bemessungsgrundlage für die Erbschaft- und Schenkungsteuer einzubeziehen.

---

[1] Auch ausländisches land- und forstwirtschaftliches Vermögen unterliegt bei der Übertragung von Todes wegen oder bei Schenkung unter Lebenden grundsätzlich ebenfalls der Erbschaft- und Schenkungsteuer; maßgebend ist in diesem Zusammenhang der gemeine Wert des ausländischen land- und forstwirtschaftlichen Vermögens, § 12 Abs. 6 Erbschaft- und Schenkungsteuergesetz (ErbStG) vom 27. Februar 1997 i.V.m. § 31 BewG). Eine Steuerentlastung kann in diesen Fällen über ein bestehendes Doppelbesteuerungsabkommen oder über die Anrechnung ausländischer Erbschaft- und Schenkungsteuer nach § 21 ErbStG in Betracht kommen.
[2] *Gebel, D.*, in: *Troll/Gebel/Jülicher*, § 12 ErbStG, 2002, Anm. 500 (Stand: März 2002).
[3] Vgl. dazu Kapitel I, Abschnitt 2, S. 39-41.
[4] Zum Umfang von land- und forstwirtschaftlichem Vermögen i.S.d. BewG s. Kapitel I, Abschnitt 1, S. 36 f.
[5] *Teß, W.*, in: *Rössler/Troll*, § 99 BewG, 2002, Anm. 9 (Stand: Februar 2002).

Die Übertragung von inländischem land- und forstwirtschaftlichen Vermögen durch Vererbung oder Schenkung unter Lebenden ist grundsätzlich nach § 13 a ErbStG wie folgt begünstigt:

1. Freibetrag in Höhe von 256.000 € (§ 13 a Abs. 1 ErbStG) *und*
2. Bewertungsabschlag in Höhe von 40 % vom verbleibenden Wert des Vermögens (§ 13 a Abs. 2 ErbStG).

Freibetragsregelung gemäß § 13 a Abs. 1 ErbStG

Begünstigt i.S.d. § 13 a Abs. 1 ErbStG[1] sind der Betriebsteil und die Betriebswohnungen eines inländischen land- und forstwirtschaftlichen Betriebs, § 141 Abs. 1 Nr. 1 und 2 BewG; der Wohnteil des Land- und Forstwirts und seiner Angehörigen sowie der Altenteiler fällt *nicht* unter die Freibetragsregelung, § 13 a Abs. 4 Nr. 2 ErbStG.

Zu beachten ist, dass der Freibetrag nach § 13 a Abs. 1 ErbStG innerhalb von zehn Jahren für den Erwerb von begünstigtem Vermögen von *derselben* Person *nur einmal* zur Verfügung steht[2] (s. dazu Beispiel in *Darst. 4*):

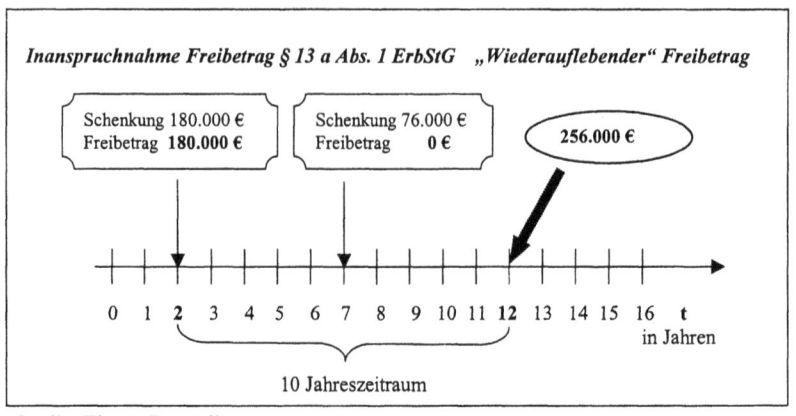

Quelle: Eigene Darstellung.

Darst. 4: Beispiel für die Systematik der Freibetragsregelung nach § 13 a Abs. 1 ErbStG

---

[1] Die Freibetragsregelung des § 13 a Abs. 1 ErbStG ist ebenfalls anwendbar beim Erwerb von inländischem Betriebsvermögen sowie von Anteilen an einer Kapitalgesellschaft mit Sitz oder Geschäftsleitung im Inland durch Erbschaft oder Schenkung, soweit der Erblasser oder Schenker am Nennkapital der Gesellschaft zu mehr als einem Viertel unmittelbar beteiligt war, § 13 a Abs. 4 Nr. 1 und 3 ErbStG.

[2] Vgl. dazu auch die Ausführungen in R 59 Abs. 1 ErbStR.

Bewertungsabschlag gemäß § 13 a Abs. 2 ErbStG

Nach Abzug des Freibetrags nach § 13 a Abs. 1 ErbStG wird der verbleibende Wert des land- und forstwirtschaftlichen Vermögens für die Ermittlung der Bemessungsgrundlage für die Erbschaft- und Schenkungsteuer nur mehr mit 60 % des bisher ermittelten Wertes angesetzt, § 13 a Abs. 2, Abs. 4 Nr. 2 ErbStG[1]. Der Bewertungsabschlag von 40 % kann auch dann vorgenommen werden, wenn der Freibetrag nicht in Anspruch genommen oder in der Zwischenzeit bereits wegen anderer Zuwendungen verbraucht wurde. Für den Bewertungsabschlag gibt es im Gegensatz zum Freibetrag nach § 13 a Abs. 1 S. 2 ErbStG keine Sperrfrist.

Nach Abzug des Freibetrags und des Bewertungsabschlags sind für die Berechnung der Bereicherung die *Schulden und Lasten*, die mit dem nach § 13 a ErbStG befreiten land- und forstwirtschaftlichem Vermögen in wirtschaftlichem Zusammenhang stehen, im *Erbfall* nur insoweit abzugsfähig, als sie nicht auf das nach § 13 a ErbStG befreite Vermögen entfallen (§ 10 Abs. 6 S. 5 ErbStG)[2]. Für die Ermittlung der abzugsfähigen Schulden und Lasten ist aus diesem Grund der Wert des land- und forstwirtschaftlichen Vermögens *nach* Abzug des Freibetrags und des Bewertungsabschlags dem Wert des land- und forstwirtschaftlichen Vermögens *vor* Abzug des Freibetrags und des Bewertungsabschlags gegenüberzustellen und die so ermittelte Verhältniszahl auf die tatsächlichen Schulden und Lasten zu beziehen. Es ergeben sich die nach der Anwendung der Steuervergünstigungen des § 13 a ErbStG noch abzugsfähigen Schulden und Lasten. Diese noch abzugsfähigen Schulden und Lasten mindern dann den Wert des Erwerbs und es ergibt sich die Bereicherung des Erwerbers. Bei Übertragung von begünstigtem land- und forstwirtschaftlichen Vermögen *im Wege der Schenkung unter Lebenden* sind dagegen die Grundsätze zur gemischten Schenkung bzw. Schenkung unter Leistungsauflage anzuwenden; Schulden und Lasten „bestimmen lediglich den entgeltlichen Teil des Übertragungsvorgangs"[3].

Für die Inanspruchnahme der persönlichen Freibeträge nach § 16 ErbStG ist zu beachten, dass bei mehreren, innerhalb von zehn Jahren von *derselben* Person

---

[1] Der Bewertungsabschlag nach § 13 a Abs. 2 ErbStG ist ebenfalls grundsätzlich beim Erwerb von inländischem Betriebsvermögen sowie von Anteilen an Kapitalgesellschaften mit Sitz oder Geschäftsleitung im Inland durch Erbschaft oder Schenkung anwendbar, soweit der Erblasser oder Schenker am Nennkapital der Gesellschaft zu mehr als einem Viertel unmittelbar beteiligt war, § 13 a Abs. 4 Nr. 1 und 3 ErbStG.
[2] § 10 Abs. 6 S. 5 ErbStG gilt auch für nach § 13 a ErbStG begünstigte Anteile an Kapitalgesellschaften.
[3] H 68 Abs. 3 „Wirkung der Verzichtserklärung bei vorweggenommener Erbfolge." ErbStH; vgl. dazu auch die Berechnung in Teil D, Kapitel IV, Abschnitt 3, lit. a, S. 209 f.

anfallenden Vermögensvorteilen die persönlichen Freibeträge *insgesamt nur einmal* zur Verfügung stehen; frühere Erwerbe innerhalb von zehn Jahren sind zu berücksichtigen, § 14 ErbStG (s. zur Systematik der Freibetragsregelung des § 16 ErbStG das Beispiel zu § 16 Abs. 1 Nr. 2 ErbStG in *Darst. 5*):

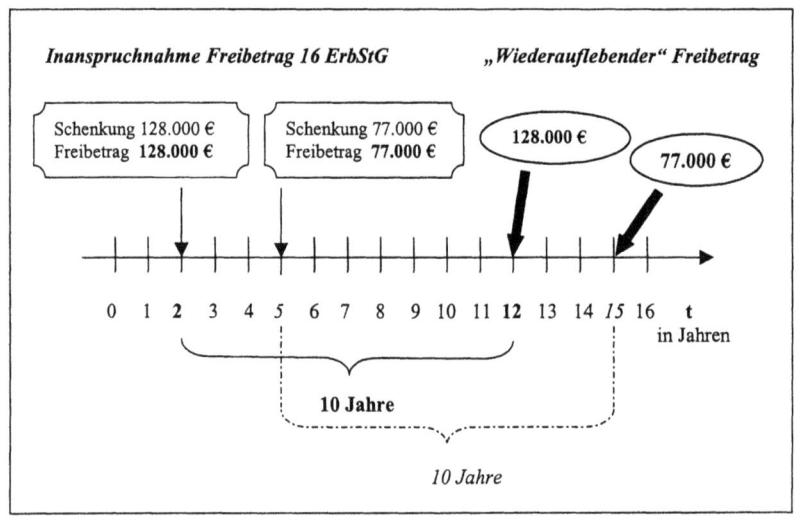

Quelle: Eigene Darstellung.

Darst. 5: Beispiel für die Systematik der Freibetragsregelung des § 16 ErbStG anhand § 16 Abs. 1 Nr. 2 ErbStG

III. Verkehrsteuern

Für Betriebe der Land- und Forstwirtschaft bestehen im Bereich der Verkehrsteuern wichtige steuerliche Sonderregelungen. Im folgenden wird die grundsätzliche Besteuerung der Land- und Forstwirtschaft im Rahmen der Kraftfahrzeugsteuer und der Umsatzsteuer aufgezeigt.

1. Kraftfahrzeugsteuer

§ 3 Nr. 7 S. 1 KraftStG[1] sieht für bestimmte Kraftfahrzeuge und -anhänger Befreiungen von der Kraftfahrzeugsteuer vor:

1. Zugmaschinen[2] (ausgenommen Sattelzugmaschinen, soweit diese nicht als Sonderfahrzeuge anzusehen sind),
2. Sonderfahrzeuge (§ 3 Nr. 7 S. 2 KraftStG, z.B. Futtererntewagen[3]),
3. Kraftfahrzeuganhänger hinter Zugmaschinen und Sonderfahrzeugen und einachsige Kraftfahrzeuganhänger (ausgenommen Sattelanhänger),

solange diese Kraftfahrzeuge und -anhänger ausschließlich

a) in land- oder forstwirtschaftlichen Betrieben,
b) zur Durchführung von Lohnarbeiten für land- oder forstwirtschaftliche Betriebe,
c) zur Beförderung für land- oder forstwirtschaftliche Betriebe, wenn diese Beförderungen in einem land- oder forstwirtschaftlichen Betrieb beginnen oder enden,
d) zur Beförderung von Milch, Magermilch, Molke oder Rahm oder
e) von Land- oder Forstwirten zur Pflege von öffentlichen Grünflächen oder zur Straßenreinigung im Auftrag von Gemeinden oder Gemeindeverbänden

verwendet werden.

§ 3 Nr. 7 KraftStG enthält damit neben der Befreiung der für die eigentlichen Tätigkeiten eines land- oder forstwirtschaftlichen Betriebs eingesetzten Fahrzeuge von der Kraftfahrzeugsteuer, § 3 Nr. 7 S. 1 a) KraftStG, eine abschließende Aufzählung der Dienstleistungen, die „zur Förderung der Land- und Forstwirtschaft"[4] ebenfalls zu einer steuerbefreiten Verwendung der Kraftfahrzeuge auch außerhalb eines land- oder forstwirtschaftlichen Betriebs i.e.S. berechtigen. Maßgebend ist, dass der Einsatz der Kraftfahrzeuge und -anhänger jedoch ausschließlich dem jeweils begünstigten Zweck dient.
Die Bewertung eines land- oder forstwirtschaftlichen Betriebs als Betriebsvermögen nach § 97 Abs. 1 BewG oder die Bewertung von Grundbesitz als Be-

---

[1] Kraftfahrzeugsteuergesetz 1994 (KraftStG) vom 24. Mai 1994.
[2] Zugmaschinen sind Fahrzeuge, deren wirtschaftlicher Wert in der Zugleistung liegt und die nach ihrer Bauart zur Fortbewegung von Lasten durch Ziehen geeignet und bestimmt sind, vgl. BFH, Urt. v. 19.1.1966, BStBl III 1966, S. 229.
[3] Vgl. BFH, Urt. v. 20.3.1974, BStBl II 1974, S. 589.
[4] *Klein, F./Olbertz F. F.*, § 3 KraftStG, 1987, S. 52.

triebsgrundstück i.S.v. § 99 Abs. 1 Nr. 2 BewG schließt die Möglichkeit der Kraftfahrzeugsteuerbefreiung nach § 3 Nr. 7 KraftStG nicht aus[1]. Die Befreiung von der Kraftfahrzeugsteuer stellt damit auf die Art der Verwendung der Kraftfahrzeuge und –anhänger und nicht auf die Rechtsform des Unternehmens ab.

2. Umsatzsteuer

Die folgenden Ausführungen zur Umsatzbesteuerung im Rahmen der Land- und Forstwirtschaft beschränken sich auf die Besteuerung inländischer Tatbestände und Sachverhalte.[2]

„Die Landwirtschaft ist grundsätzlich in das allgemein gültige Umsatzsteuersystem integriert"[3]; die grundlegenden gesetzlichen Bestimmungen des UStG[4] sind auch für die Betriebe der Land- und Forstwirtschaft maßgebend, z.B. die Regelungen zum Leistungsaustausch, zur Unternehmereigenschaft, zum Entgelt[5].

Zunächst sind die Umsätze auszugrenzen, die auch im Rahmen einer land- und forstwirtschaftlichen Tätigkeit nicht der Umsatzsteuer unterliegen; sog. nicht steuerbare Umsätze. Nicht steuerbar sind:

1. die Umsätze im Rahmen einer Geschäftsveräußerung an einen Unternehmer für dessen Unternehmen, § 1 Abs. 1 a) UStG. „Die Nichtsteuerbarkeit gilt auch für die Hofübergabe sowohl im Erbfall als auch bei vorweggenommener Erbfolge. ... Der Erwerber bzw. Nachfolger muss Unternehmer i.S.d. UStG sein und das Unternehmen fortführen."[6]
2. Echter Schadensersatz, d.h. es liegt kein Leistungsaustausch vor, z.B. bei Entschädigungsleistungen von Versicherungen für Brandschäden.

---

[1] Vgl. BFH, Urt. v. 14.1.1953, BStBl III 1953, S. 95.
[2] Für die umsatzsteuerliche Behandlung der wirtschaftlichen Beziehungen der deutschen Land- und Forstwirtschaft mit anderen EU- oder Drittländern wird auf weiterführende Literatur verwiesen; vgl. dazu u.a. *Altehoefer, K.* u.a., Land- und Forstwirtschaft, 1998, S. 599 ff.; *Köhne, M./Wesche, R.*, Steuerlehre, 1995, S. 157 ff.
[3] *Köhne, M./Wesche, R.*, Steuerlehre, 1995, S. 166.
[4] Umsatzsteuergesetz 1999 (UStG) vom 9. Juni 1999.
[5] Vgl. dazu *Cissée, B.*, in: Bunjes/Geist, § 24 UStG, 2000, Tz. 3.
[6] *Köhne, M./Wesche, R.*, Steuerlehre, 1995, S. 153; vgl. dazu auch die Ausführungen in Teil D, Kapitel II, Abschnitt 1, lit. b, S. 181.

3. Leistungen aus öffentlichen Förderprogrammen für die Land- und Forstwirtschaft soweit die Land- und Forstwirte keine Gegenleistung für diese Zuwendungen erbringen, z.B. Prämien für die Stillegung von Ackerflächen (Flächenstillegungsprämien)[1].

Das UStG beinhaltet für die Land- und Forstwirtschaft eine entscheidende Ausnahmeregelung: die Durchschnittssatzbesteuerung für land- und forstwirtschaftliche Betriebe nach § 24 UStG[2], die im folgenden näher erläutert wird.

a. Durchschnittssätze für land- und forstwirtschaftliche Betriebe

Die Durchschnittssatzbesteuerung gemäß § 24 UStG stellt für einen Großteil der deutschen land- und forstwirtschaftlichen Betriebe den Regelfall der Umsatzsteuer-Erhebung dar; nur ein geringer Anteil der land- und forstwirtschaftlichen Unternehmer hat die Durchschnittssatzbesteuerung nach § 24 UStG abgewählt und zur Regelbesteuerung optiert[3].

Die Durchschnittssätze werden makroökonomisch auf der Basis von drei abgelaufenen Wirtschaftsjahren ermittelt: auf der Grundlage der tatsächlichen Vorsteuerbelastung der land- und forstwirtschaftlichen Betriebe in den letzten drei Wirtschaftsjahren wird festgelegt, welchen pauschalen Umsatzsteuer-Prozentsatz die Land- und Forstwirte ihren Abnehmern in Rechnung stellen müssen, damit aus *makroökonomischer* – und nicht aus mikroökonomischer – Sicht die von den Land- und Forstwirten entrichtete Vorsteuer durch die von ihren Kunden vereinnahmte Umsatzsteuer rechnerisch wieder ausgeglichen wird; „die tatsächliche Vorsteuerbelastung der land- und forstwirtschaftlichen Betriebe und die ihren Abnehmern in Rechnung gestellte Umsatzsteuer [soll sich] die Waage halten"[4]. Die Land- und Forstwirte „haben gewissermaßen die Steuerhoheit über

---

[1] BFH, Urt. v. 30.1.1997, BStBl II 1997, S. 335.
[2] § 24 UStG ist zurückzuführen auf Art. 25 der Sechsten Richtlinie 77/388/EWG zur Harmonisierung der Rechtsvorschriften der Mitgliedstaaten über die Umsatzsteuern.
[3] So waren 1998 in der Bundesrepublik Deutschland 61.982 land- und forstwirtschaftliche Betriebe voranmeldungspflichtig, s. dazu *Statistisches Bundesamt*, Statistik, 2000, S. 535. Nach dem Agrarbericht 2001 gab es in der Bundesrepublik Deutschland 1998 insgesamt 514.999 Betriebe (Betriebe mit mehr als 1 ha Landfläche), vgl. dazu *Deutscher Bundestag*, Agrarbericht, 2001, Tabelle 2, S. 8. Damit pauschalierten 1998 (514.999 ./. 61.982) 453.017 aller land- und forstwirtschaftlichen Betriebe in der Bundesrepublik Deutschland; dies entspricht einem prozentualen Anteil von ca. 88 %. Entsprechend haben nur 12 % aller land- und forstwirtschaftlichen Betriebe zur Regelbesteuerung optiert (eigene Berechnung).
[4] *Wurzer, X.*, Pauschalierung, 1998, S. 1397.

die ihren Kunden in Rechnung gestellte Umsatzsteuer, treten aber andererseits bei der Finanzverwaltung gar nicht in Erscheinung"[1]. Das sich bei *mikroökonomischer* Betrachtung bei dem einzelnen pauschalierenden land- und forstwirtschaftlichen Betrieb ein Vorsteuer- bzw. ein Umsatzsteuerüberhang ergeben kann, ist denkbar.

Da durch die Pauschalierung keine Umsatzsteuer-Zahllasten oder –Erstattungsansprüche entstehen, sind auch keine Umsatzsteuer-Voranmeldungen und Umsatzsteuer-Jahreserklärungen abzugeben; auch eine entsprechende Belegführung oder Aufzeichnungspflichten im Zusammenhang mit Betriebseinnahmen und –ausgaben entfallen im wesentlichen bei der Besteuerung nach Durchschnittssätzen. Mit der Pauschalierung nach § 24 UStG ist dementsprechend nicht nur eine Ersparnis von Arbeitszeit, sondern auch von Kosten, z.B. von Steuerberatungsgebühren, verbunden[2].

„Die Abgrenzung des land- bzw. forstwirtschaftlichen vom gewerblichen Betrieb stellt [für Zwecke der Umsatzbesteuerung]... nur noch eingeschränkt auf ertragsteuerliche Grundsätze ab"[3]: als land- und forstwirtschaftlicher Betrieb i.S.d. UStG gilt „die Landwirtschaft, die Forstwirtschaft, der Wein-, Garten-, Obst- und Gemüsebau, die Baumschulen, alle Betriebe, die Pflanzen und Pflanzenteile mit Hilfe der Naturkräfte gewinnen, die Binnenfischerei, die Teichwirtschaft, die Fischzucht für die Binnenfischerei und Teichwirtschaft, die Imkerei, die Wanderschäferei sowie die Saatzucht"[4]. Auch die Tierzucht- und Tierhaltungsbetriebe i.S.d. §§ 51 und 51 a BewG gehören zur landwirtschaftlichen Nutzung, soweit sämtliche Voraussetzungen erfüllt sind, § 24 Abs. 2 S. 1 Nr. 2

---

[1] *Wurzer, X.*, Pauschalierung, 1998, S. 1397.
[2] An dieser Stelle ist anzumerken, dass die Besteuerung der Land- und Forstwirtschaft nach Durchschnittssätzen gemäß § 24 UStG in der Vergangenheit nicht unumstritten war. So führen *R. Weimann/H. Raudszus* zu den Überlegungen des Gesetzgebers zum zwar beabsichtigten, jedoch nicht umgesetzten Abbau der Durchschnittsatzbesteuerung im Rahmen des Steuerentlastungsgesetzes 1999/2000/2002 aus, dass „es .. nicht einzusehen [sei], dass diesen [den Land- und Forstwirten] die normale Umsatzbesteuerung mehr Schwierigkeiten bereiten sollte als anderen Unternehmern; aus dem Blickwinkel der Gleichbehandlung aller Steuerpflichtigen wäre der stufenweise Abbau der Durchschnittsatzbesteuerung zu begrüßen gewesen."; *Weimann R./Raudszus H.*, Pauschalierung 1999, S. 265.
[3] *Röck, A.*, Änderungen, 2000, S. 521; vgl. auch *Wagner, W.*: Pauschalierung, 2002, Anm. 9 (Stand: April 2002) m.w.N.: „diese Grundsätze [Abgrenzungsmerkmale des Einkommensteuerrechts und des Gewerbesteuerrechts] sind .. nur dann für das USt-Recht maßgebend, wenn die Frage zu klären ist, ob eine Tätigkeit **ihrem Wesen nach** eine landwirtschaftliche oder eine gewerbliche Tätigkeit ist".
[4] § 24 Abs. 2 S. 1 Nr. 1 UStG.

UStG[1]. Die Nebenbetriebe, die einem Betrieb der Land- und Forstwirtschaft zu dienen bestimmt sind, gehören ebenfalls zu einem nach Durchschnittssätzen zu besteuernden Betrieb der Land- und Forstwirtschaft, § 24 Abs. 2 S. 2 UStG[2].

Voraussetzung für die Anwendung des § 24 UStG ist die Bewirtschaftung des Betriebs durch den Land- und Forstwirt. Erschöpft sich die unternehmerische Betätigung in der Verpachtung des land- und forstwirtschaftlichen Betriebs, wird mit der Verpachtung kein land- und forstwirtschaftlicher Betrieb i.S.d. § 24 UStG betrieben[3]; die Besteuerung nach Durchschnittssätzen ist damit nicht mehr möglich.

Für die Wahl einer aus steuerlichen Gesichtspunkten geeigneten Rechtsform für ein land- und forstwirtschaftliches Unternehmen ist von erheblicher Bedeutung, dass diese umsatzsteuerlich in vielen Fällen günstige Lösung des § 24 UStG *nicht* für Gewerbebetriebe kraft Rechtsform anwendbar ist, auch wenn „im übrigen die Merkmale eines land- und forstwirtschaftlichen Betriebs vorliegen"[4] sollten. Zu den Gewerbebetrieben kraft Rechtsform „gehören insbesondere Betriebe der Land- und Forstwirtschaft in der Form von Kapitalgesellschaften oder von Erwerbs- und Wirtschaftsgenossenschaften, die nach § 2 Abs. 2 GewStG[[5]] als Gewerbebetriebe gelten. [Aber auch] eine gewerblich geprägte Personengesellschaft im Sinne des § 15 Abs. 3 Nr. 2 EStG kann die Durchschnittsbesteuerung ebenfalls nicht anwenden"[6]. Eine Sonderregelung sieht das UStG lediglich für Personengesellschaften vor, die über § 15 Abs. 3 Nr. 1 EStG gewerblich infiziert sind. Das UStG ermöglicht – im Gegensatz zum EStG – die Trennung von land- und forstwirtschaftlichen Umsätzen einerseits und gewerblichen Umsätzen andererseits, auch wenn beide Umsatzarten von ein und derselben Personengesellschaft ausgeführt werden. § 24 Abs. 3 UStG gewährt in diesen Fällen die Inanspruchnahme der Durchschnittssätze nach § 24 UStG für solche land- und forstwirtschaftlichen Umsätze, „die im Rahmen von abgrenzbaren [Unterstreichung nicht im Original] Teilbereichen ausgeführt werden. Es genügt, wenn eine Trennung der land- und forstwirtschaftlichen Umsätze von den gewerblichen Umsätzen durch geeignete Maßnahmen, z.B. getrennte Aufzeichnung, getrennte Lagerung der Warenbestände, möglich ist"[7]. Somit können land-

---

[1] S. dazu auch Abschn. 264 Abs. 2 S. 4 Umsatzsteuer-Richtlinien 2000 (UStR) vom 10. Dezember 1999.
[2] Z.B. die Kiesgrube, deren Kies für die Ausbesserung der land- und forstwirtschaftlichen Wirtschaftswege verwendet wird, s. auch Abschn. 264 Abs. 1 S. 4 ff.
[3] S. dazu Abschn. 264 Abs. 5 UStR; häufig wird jedoch die Besteuerung als Kleinunternehmer i.S.d. § 19 UStG anwendbar sein.
[4] § 24 Abs. 2 S. 3 UStG.
[5] Gewerbesteuergesetz (GewStG) 1999 vom 19. Mai 1999.
[6] Abschn. 264 Abs. 2 S. 2 f. UStR.
[7] Abschn. 264 Abs. 2 S. 5 f. UStR.

und forstwirtschaftliche Umsätze nach § 24 UStG und gewerbliche Umsätze nach den allgemeinen Vorschriften des UStG behandelt werden. Die Regelung des § 24 Abs. 3 UStG ist auch anwendbar auf Einzelunternehmen, die neben Umsätzen im Rahmen eines land- und forstwirtschaftlichen Betriebs noch andere Umsätze, z.b. gewerblicher Natur, ausführen[1].

§ 24 Abs. 1 UStG sieht je nach Art des land- und forstwirtschaftlichen Umsatzes ab dem 1.4.1999[2] folgende Durchschnittssätze für die land- und forstwirtschaftlichen Betriebe vor (s. *Darst. 6*):

Art der Umsätze	Umsatz %	Vorsteuer %
Lieferung und Eigenverbrauch von *forstwirtschaftlichen* Erzeugnissen ausgenommen Sägewerkserzeugnisse (z.B. Stammholz, Brennholz)	5 %	5 %
Lieferung und Eigenverbrauch der in der *Anlage* zum Umsatzsteuergesetz *aufgeführten Sägewerkserzeugnisse* (z.B. Hobel-, Hack- und Sägespäne), *sonstige Leistungen, Hilfsumsätze*	9 %	9 %
Lieferung und Eigenverbrauch der in der *Anlage* zum Umsatzsteuergesetz *nicht aufgeführten Sägewerkserzeugnisse* (z.B. Balken, Bohlen, Kanthölzer) und *Getränke* sowie *alkoholische Flüssigkeiten* (z.B. Wein, Frucht- und Gemüsesäfte, Alkohol und Sprit)	16 %	9 %
Übrige *landwirtschaftliche* Umsätze (z.B. Getreide, Vieh, Fleisch, Milch)	9 %	9 %

Quelle: Eigene Darstellung.

Darst. 6: Durchschnittssätze für die Land- und Forstwirtschaft

---

[1] S. dazu Abschn. 269 UStR.
[2] § 24 Abs. 1 UStG idF des StEntlG 1999/2000/2002 vom 24.3.1999, BGBl I 1999, S. 402.

Die in § 4 UStG vorgesehenen Steuerbefreiungen gelten prinzipiell auch für land- und forstwirtschaftliche Betriebe i.S.d. § 24 UStG. Dementsprechend ist die Veräußerung, § 4 Nr. 9 a) UStG, und die Verpachtung, § 4 Nr. 12 a) UStG, von land- und forstwirtschaftlichen Grundstücken auch im Rahmen eines pauschalierenden land- und forstwirtschaftlichen Betriebs von der Umsatzsteuer befreit. § 9 UStG gilt nicht für ein pauschalierendes land- und forstwirtschaftliches Unternehmen, § 24 Abs. 1 S. 2 UStG.

b. Option zur Regelbesteuerung

Wie bereits ausgeführt[1], werden die oben dargestellten Steuersätze des § 24 UStG (s. *Darst. 6*) unter makroökonomischen Gesichtspunkten ermittelt. Für den einzelnen land- und forstwirtschaftlichen Betrieb kann sich jedoch in Abhängigkeit von der betriebsindividuellen Situation sowohl ein Umsatzsteuerüberhang (die vereinnahmte Umsatzsteuerpauschale ist höher als die tatsächlich verausgabte Vorsteuer) *zugunsten* des Betriebs als auch ein Vorsteuerüberhang (die vereinnahmte Umsatzsteuerpauschale ist geringer als die tatsächlich verausgabte Vorsteuer) *zuungunsten* des Betriebs ergeben. § 24 Abs. 4 UStG beinhaltet aus diesem Grund ein Wahlrecht für die Betriebe der Land- und Forstwirtschaft, auf die Durchschnittssatzbesteuerung zu verzichten und zur Regelbesteuerung zu optieren.

Der land- und forstwirtschaftliche Unternehmer ist in diesen Fällen mindestens fünf Jahre an die Option gebunden, § 24 Abs. 4 S. 2 UStG. Die Rückkehr zur Besteuerung nach Durchschnittssätzen gemäß § 24 UStG ist frühestens nach Ablauf dieser fünfjährigen Bindungsfrist möglich[2].

---

[1] Vgl. dazu oben lit. a, S. 49 f.
[2] In diesem Zusammenhang ist allerdings zu beachten, dass der Übergang von der Regelbesteuerung zur Durchschnittssatzbesteuerung nach § 24 UStG (und umgekehrt) bei einem Wirtschaftsgut eine Änderung der Verhältnisse, die im Kalenderjahr der erstmaligen Verwendung für den Vorsteuerabzug maßgebend waren, darstellt (§ 15 a UStG). Dadurch kann sowohl eine positive als auch eine negative Berichtigung der Vorsteuer nach § 15 a UStG erforderlich werden (Rechtsfolgen des sog. „Mähdrescher-Urteils", vgl. BFH, Urt. v. 16.12.1993, BStBl II 1994, S. 339 ff.).

IV. Ertragsteuern

Für eine steuerlich motivierte Rechtsformwahl ist der Einfluss der Ertragsteuerarten Gewerbeertragsteuer, Körperschaftsteuer und Einkommensteuer auf die Gesamtsteuerbelastung der jeweiligen Rechtsformalternative und ihrer Beteiligten von entscheidender Bedeutung. Die im Bereich der Ertragsteuerarten bestehenden wesentlichen Sonderregelungen für die Land- und Forstwirtschaft werden im folgenden dargestellt.

1. Gewerbeertragsteuer

Der Gewerbeertragsteuer unterliegen gemäß § 2 Abs. 1 S. 1 GewStG inländische Gewerbebetriebe; ein land- und forstwirtschaftlicher Betrieb ist grundsätzlich *kein* Objekt der Gewerbesteuer[1].

Unter bestimmten Voraussetzungen jedoch kann auch ein Betrieb, der land- und forstwirtschaftlich tätig ist, Objekt der Gewerbesteuer sein. „Nach § 2 Abs. 2 GewStG gilt die Tätigkeit der Kapitalgesellschaften ... stets und in vollem Umfang als Gewerbebetrieb. Die Gewerbesteuerpflicht ist bei diesen Unternehmen nur an die Rechtsform geknüpft mit der Folge, daß [!] nicht nur eine gewerbliche Tätigkeit, sondern jegliche Tätigkeit überhaupt [Unterstreichung nicht im Original] die Gewerbesteuerpflicht auslöst"[2]. Ein land- und forstwirtschaftlicher Betrieb in der Rechtsform einer GmbH unterliegt damit der Gewerbesteuer. „Als Gewerbebetrieb gilt [auch] die Tätigkeit einer gewerblich geprägten Personengesellschaft gemäß § 15 Abs. 3 Nr. 2 EStG"[3]. Gewerbesteuerpflicht für Personengesellschaften entsteht grundsätzlich auch über § 15 Abs. 3 Nr. 1 EStG. Nur wenn der Anteil der originär gewerblichen Tätigkeit einer überwiegend land- und forstwirtschaftlich tätigen Personengesellschaft äußerst gering[4] ist, kann gegebenenfalls die Gewerbesteuerpflicht für die gewerblich infizierte, im wesentlichen jedoch land- und forstwirtschaftlich tätige Personengesellschaft vermieden werden.

---

[1] Im folgenden wird der Begriff Gewerbesteuer synonym für den Begriff Gewerbeertragsteuer verwendet.
[2] Abschn. 13 S. 1 f. GewStR m.w.N.
[3] Abschn. 12 Abs. 4 S. 4 GewStR.
[4] Vgl. dazu BFH, Urt. v. 11.8.1999, BStBl II 2000, S. 229 f.

Das GewStG sieht für land- und forstwirtschaftlich tätige Betriebe, die grundsätzlich die Voraussetzungen für die Gewerbesteuerpflicht nach § 2 GewStG erfüllen, in § 3 GewStG u.a. folgende Befreiungsregelungen[1] vor:

1. § 3 Nr. 8 GewStG
Für Erwerbs- und Wirtschaftsgenossenschaften sowie Vereine i.S.d. § 5 Abs. 1 Nr. 14 KStG[2] besteht Befreiung von der Gewerbesteuer soweit sie auch von der Körperschaftsteuer befreit sind[3].
2. § 3 Nr. 12 GewStG
Von der Gewerbesteuer befreit sind darüber hinaus Gesellschaften, bei denen die Gesellschafter als Unternehmer (Mitunternehmer) anzusehen sind, und Erwerbs- und Wirtschaftsgenossenschaften, soweit die Gesellschaften und die Erwerbs- und Wirtschaftsgenossenschaften eine gemeinschaftliche Tierhaltung i.S.d. § 51 a BewG betreiben[4].

Diese Befreiungsvorschriften gelten ausschließlich für die genannten Rechtsformen; land- und forstwirtschaftliche Unternehmen in der Rechtsform von Kapitalgesellschaften sind von den Befreiungsvorschriften *ausgeschlossen*. Soweit Unternehmen i.S.d. § 3 Nr. 8 GewStG der Gewerbesteuer unterliegen, kann der erzielte Gewerbeertrag gemäß § 11 Abs. 1 S. 3 Nr. 2 GewStG um einen Freibetrag in Höhe von 3.900 € gekürzt werden.

„Traditionell konzentrieren sich die Bemühungen [der Land- und Forstwirte und deren steuerlicher Berater] darauf, möglichst zu vermeiden, daß [!] sich ein Betrieb oder Teilbetrieb zum Gewerbebetrieb entwickelt"[5]. Hierzu ist anzumerken, dass mindestens einmal im Wirtschaftsjahr bei den Betrieben der Land- und Forstwirtschaft, die „an die Grenzen des § 13 EStG zu stoßen drohen", die Einhaltung der Vorgaben des § 13 EStG für eine Besteuerung als Land- und Forstwirtschaft überprüft und unter Umständen Maßnahmen ergriffen werden, um die betriebsindividuellen Verhältnisse entsprechend anzupassen[6]. Einem sinnvollen wirtschaftlichen Betriebswachstum kann dies möglicherweise entgegenstehen.

Im Rahmen dieser Überlegungen wird häufig nicht berücksichtigt, dass „die Blütezeit der Gewerbesteuer .. mittlerweile Vergangenheit"[7] ist: ab dem Veran-

---

[1] S. weitere Befreiungsvorschriften in § 3 Nr. 5 und 14 GewStG.
[2] Körperschaftsteuergesetz 1999 (KStG) vom 22. April 1999.
[3] Vgl. dazu Abschnitt 2, S. 57.
[4] Vgl. dazu Kapitel I, Abschnitt 1, S. 38 f.
[5] *Köhne, M./Wesche, R.*, Steuerlehre, 1995, S. 337.
[6] Z.B. Zupachtung oder Zukauf von Fläche bei drohender Überschreitung der VE-Grenze je regelmäßig landwirtschaftlich genutzter Fläche, § 13 Abs. 1 S. 2 EStG.
[7] *Wendt, M.*, Gewerbesteuer, 2000, S. 1173.

lagungszeitraum 2001 kann nach § 35 EStG[1] bei Einzelunternehmen, Mitunternehmer- und Organschaften die Gewerbesteuer, die auf Gewinne nach § 15 EStG aus nach dem 31.12.2000 beginnenden Wirtschaftsjahren entfällt, pauschal mit dem „1,8fache[n] des Gewerbesteuer-Messbetrags (*Anrechnungspotenzial*) auf die Einkommensteuer angerechnet .. [werden], die anteilig auf die gewerblichen Einkünfte entfällt (*Ermäßigungspotenzial*)"[2]. Diese typisierte Anrechnung der Gewerbesteuer soll im Zusammenhang mit dem Betriebsausgabenabzug der Gewerbesteuer eine weitgehende Entlastung der Gewerbetreibenden von der Gewerbesteuer bewirken[3].

Die pauschale Anrechnung der Gewerbesteuer auf die Einkommensteuer ist Personenunternehmern vorbehalten; soweit Körperschaftsteuer anfällt, erfolgt keine Entlastung von der Gewerbesteuer.

§ 35 EStG ist bei der Ermittlung der für die Kirchensteuer als Bemessungsgrundlage festzusetzenden Einkommensteuer nicht zu berücksichtigen, § 51 a Abs. 2 S. 3 EStG.

Inwieweit die Gewerbesteuer für den einzelnen land- und forstwirtschaftlich tätigen Betrieb und seine Beteiligten ab dem Veranlagungszeitraum 2001 unter *Steuerbelastungsgesichtspunkten* nach wie vor gegen ein „Hineinwachsen des land- und forstwirtschaftlichen Betriebs in die Gewerblichkeit" spricht und damit möglicherweise sinnvollen Wachstumsschritten entgegen steht, ist im Rahmen von Steuerbelastungsvergleichsrechnungen zu klären[4].

2. Körperschaftsteuer

Körperschaften, Personenvereinigungen und Vermögensmassen mit Sitz oder Geschäftsleitung im Inland, die Land- und Forstwirtschaft betreiben und „die nach den Vorschriften des Handelsgesetzbuchs[[5]] zur Führung von Büchern verpflichtet sind"[6], erzielen *ausschließlich* Einkünfte aus Gewerbebetrieb und damit keine Einkünfte aus Land- und Forstwirtschaft nach § 13 EStG.

---

[1] S. § 52 Abs. 50 a EStG.
[2] *Wendt, M.*, Anrechnung, 2001, S. 95.
[3] Vgl. dazu *Schaumburg, H.*, Unternehmenssteuerreform, 2000, S. 347; und *Wendt, M.*, Anrechnung, 2001, S. 95.
[4] Vgl. dazu Berechnungen in Teil C, Kapitel III, Abschnitt 5, S. 97 ff., und Kapitel V, Abschnitt 2, S. 152-156.
[5] Handelsgesetzbuch (HGB) vom 10. Mai 1897.
[6] § 8 Abs. 2 KStG.

Das KStG sieht jedoch, wie das GewStG, für bestimmte land- und forstwirtschaftlich tätige Körperschaften Befreiungsregelungen[1] vor:

1. § 4 Abs. 1 KStG
   Land- und forstwirtschaftliche Betriebe juristischer Personen des öffentlichen Rechts[2] sind nach § 4 Abs. 1 KStG von der Körperschaftsteuer befreit.
2. § 5 Abs. 1 Nr. 14 KStG
   Eine Befreiung von der Körperschaftsteuer sieht das KStG für Erwerbs- und Wirtschaftsgenossenschaften sowie für Vereine vor, deren Geschäftsbetrieb sich auf bestimmte Tätigkeiten für Betriebe der Land- und Forstwirtschaft beschränkt[3]. Sind die Voraussetzungen des § 5 Abs. 1 Nr. 14 KStG erfüllt, besteht insoweit auch eine Befreiung von der Gewerbesteuer[4].
3. § 25 Abs. 2 KStG
   Während Erwerbs- und Wirtschaftsgenossenschaften und Vereine i.S.d. § 51 a BewG[5] zwar von der Gewerbesteuer nach § 3 Nr. 12 GewStG[6] befreit sind, ist das Einkommen dieser Körperschaften jedoch insoweit körperschaftsteuerpflichtig, als der Freibetrag des § 25 Abs. 1 S. 1 KStG in Höhe von 15.339 € im Jahr der Gründung und in den folgenden neun Veranlagungszeiträumen überschritten wird, § 25 Abs. 2 KStG.

Zu beachten ist, dass die dargestellten Befreiungsvorschriften und Freibetragsregelungen des KStG nur für die genannten Körperschaften gelten; land- und forstwirtschaftliche Betriebe in der Rechtsform von *Kapitalgesellschaften* sind dagegen von den genannten Vergünstigungen *ausgeschlossen.*
„Im Interesse der Gleichmäßigkeit der Besteuerung bestehen [jedoch aus Sicht der Finanzverwaltung] keine Bedenken, daß [!] auch [land- und forstwirtschaftlich tätige] Körperschaften, bei denen alle Einkünfte als Einkünfte aus Gewerbebetrieb zu behandeln sind (§ 8 Abs. 2 KStG) und die daher ihren Gewinn

---

[1] S. weitere Befreiungsvorschriften in § 3 Abs. 2 KStG und § 25 Abs. 1 KStG (i.V.m. § 3 Nr. 14 GewStG).
[2] Z.B. die Gebietskörperschaften (Bund, Länder, Gemeinden, Gemeindeverbände, Zweckverbände) und die öffentlich-rechtlichen Religionsgesellschaften, s. dazu Abschn. 5 Abs. 1 S. 4–6 Körperschaftsteuer-Richtlinien 1995 (KStR) vom 15.12.1995.
[3] So ist „die gemeinschaftliche Benutzung land- und forstwirtschaftlicher Betriebseinrichtungen oder Betriebsgegenstände" nach § 5 Abs. 1 Nr. 14 a) KStG, z.B. im Rahmen eines als eingetragenen Vereins tätigen Maschinenrings, körperschaftsteuerbefreit.
[4] Vgl. Abschnitt 1, S. 55.
[5] Vgl. Kapitel I, Abschnitt 1, S. 38 f.
[6] Vgl. Abschnitt 1, S. 55.

nicht nach § 4 Abs. 1 EStG, sondern nach § 5 EStG ermitteln, .. [bestimmte] Steuervergünstigungen ... in Anspruch nehmen"[1] können:

- § 6 b EStG für die Gewinne aus der Veräußerung von Aufwuchs auf Grund und Boden mit dem dazugehörigen Grund und Boden,
- R 131 Abs. 2 S. 3 EStR, die ein Wahlrecht für eine Nichtbewertung des Feldinventars und der stehenden Ernte bei jährlicher Fruchtfolge vorsieht,
- R 125 EStR für die Bewertung der Tierbestände mit Durchschnittswerten[2].

Auch die ermäßigte Besteuerung bei Einkünften aus außerordentlichen Holznutzungen i.S.d. § 34 b Abs. 1 Nr. 1 EStG ist eingeschränkt anwendbar.[3]

Voraussetzung für die Inanspruchnahme dieser Steuervergünstigungen ist die Beschränkung der Tätigkeit der Körperschaft (oder eines entsprechend abgegrenzten Teilbetriebs) auf die Ausübung von Land- und Forstwirtschaft i.S.d. EStG[4].

Grundsätzlich ist damit festzuhalten, dass die Billigkeitsregelungen, die das EStG und die Verwaltung für die Ermittlung des Gewinns nach § 4 Abs. 1 EStG für einen Betrieb der Land- und Forstwirtschaft i.S.d. § 13 EStG vorsehen, auch für die Ermittlung des Gewinns nach § 5 EStG einer land- und forstwirtschaftlich tätigen Kapitalgesellschaft in Anspruch genommen werden können; die Vergünstigungen dürfen jedoch nicht auf die Besteuerung natürlicher Personen abzielen[5].
Für einen ertragsteuerlich orientierten Steuerbelastungsvergleich zwischen einem land- und forstwirtschaftlichen Betrieb in der Rechtsform eines Personenunternehmens einerseits und in der Rechtsform einer Kapitalgesellschaft ande-

---

[1] Abschn. 29 S. 1 KStR; vgl. auch BMF, Schreiben betr. Bewertungswahlrechte und Vereinfachungsregelungen für Land- und Forstwirtschaft betreibende Kapitalgesellschaften und Gewerbebetriebe kraft Rechtsform v. 16.11.1993, BStBl I 1993, S. 933.
[2] R 125 EStR wird nicht ausdrücklich in Abschn. 29 KStR genannt; nach *Pape, M.*, Einkünfte, 2002, Anm. A 151 (Stand: April 1996), „besteht [jedoch] kein erkennbarer Grund, diese Vereinfachungsregelung unter den genannten Voraussetzungen nicht [auch bei Körperschaften, die sich auf die Ausübung von Land- und Forstwirtschaft beschränken] anzuwenden".
[3] S. dazu Abschn. 67 KStR.
[4] S. dazu Abschn. 29 S. 3 KStR.
[5] S. z.B. §§ 13 Abs. 3, 14 a Abs. 4 EStG; vgl. dazu auch Abschn. 27 Abs. 2 S. 3 KStR.

rerseits ist damit zunächst grundsätzlich von gleichen steuerlichen Ergebnissen für die Ermittlung der Steuerbelastung auszugehen[1].

Im Rahmen eines durchzuführenden Steuerbelastungsvergleichs ist zu berücksichtigen, dass sich durch die Unternehmenssteuerreform 2001 eine entscheidende Änderung in der Besteuerung von Kapitalgesellschaften ergeben hat: das körperschaftsteuerliche Anrechnungsverfahren wurde abgeschafft und als klassisches Körperschaftsteuersystem die Definitivbesteuerung eingeführt. Der Körperschaftsteuertarif beträgt nunmehr einheitlich sowohl für thesaurierte als auch für ausgeschüttete Gewinne 25 %[2], § 23 Abs. 1 KStG[3].

Ist der Anteilseigner einer land- und forstwirtschaftlich tätigen Kapitalgesellschaft eine natürliche Person oder eine Personengesellschaft, unterliegen nach der Unternehmenssteuerreform 2001 ausgeschüttete Gewinne im Rahmen des sog. Halbeinkünfteverfahrens nur mehr zur Hälfte dem jeweils individuellen Einkommensteuersatz der beteiligten natürlichen Personen, § 3 Nr. 40 S. 1 d) EStG. Betriebsausgaben oder Werbungskosten, die mit Dividenden in wirtschaftlichem Zusammenhang stehen, sind nur zur Hälfte abzugsfähig, § 3 c Abs. 2 EStG[4]. Handelt es sich bei dem Anteilseigner um eine unbeschränkt steuerpflichtige Kapitalgesellschaft, erfolgt in voller Höhe eine steuerliche Freistellung der Dividenden auf der Ebene der empfangenden Kapitalgesellschaft, § 8 b Abs. 1 KStG. Soweit es sich um inländische Dividenden handelt, besteht gemäß § 3 c Abs. 1 EStG ein völliges Abzugsverbot für die damit in unmittelbarem wirtschaftlichen Zusammenhang stehenden Betriebsausgaben.

Der zeitliche Anwendungsbereich des Halbeinkünfteverfahrens bestimmt sich bei inländischen Gewinnausschüttungen nach § 52 Abs. 1 und Abs. 4 a) Nr. 1 EStG (s. dazu *Darst. 7*[5]):

---

[1] Für die Ermittlung der steuerlichen Bemessungsgrundlage sind darüber hinaus bei einer land- und forstwirtschaftlich tätigen Kapitalgesellschaft die Vertragsbeziehungen zwischen den Gesellschaftern und ihrer Kapitalgesellschaft zu berücksichtigen, vgl. dazu auch die Berechnungen in Teil C, Kapitel V, Abschnitt 3, S. 156-166.
[2] Zur geplanten Änderung des Körperschaftsteuersatzes von 25 auf 26,5 % im Rahmen des Gesetzesentwurfs der Bundesregierung zur Fluthilfe s. Teil A, Kapitel III, S. 28 FN 2.
[3] Zur Besteuerung von Kapitalgesellschaften und ihrer Anteilseigner nach der Unternehmenssteuerreform 2001 s. im einzelnen u.a. *Rödder, T./Schumacher, A.*, Unternehmenssteuerreform, 2000, S. 151 ff.; *Hötzel, O.*, Unternehmenssteuerreform, 2000, S. 208 ff.; *Kessler, W./Teufel, T.*, Unternehmenssteuerreform, 2000, S. 1836 ff.; *Harle, G./Kulemann, G.*, Unternehmenssteuerreform, 2001, S. 35 ff.; *König, R./Sureth, C.*, Rechtsformwahl, 2001, S. 53 ff.
[4] Vgl. dazu *Hötzel, O.*, § 3 c Abs. 2 EStG, 2000, S. 249 ff.
[5] DATEV eG, Expertisen § 13 EStG, 2001.

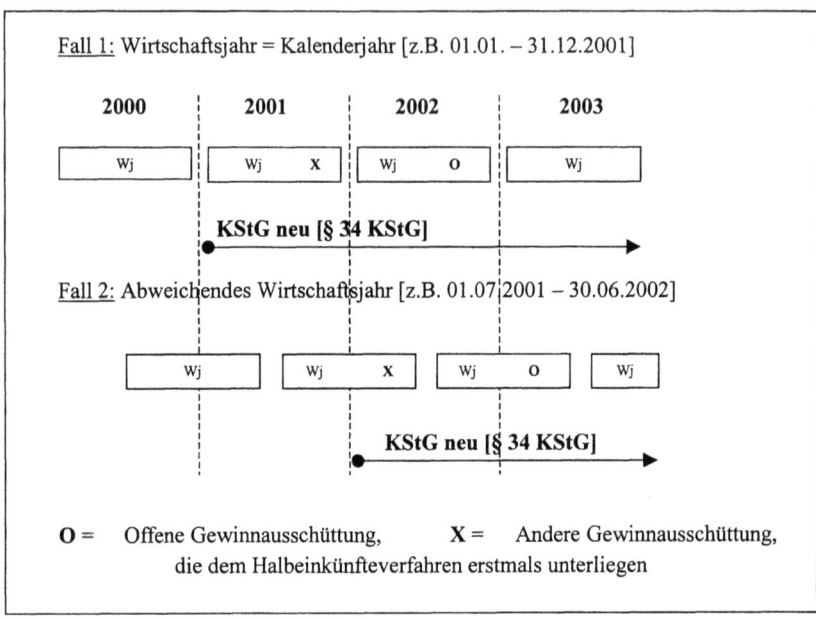

Quelle: DATEV eG, Nürnberg, Unternehmenssteuerreform-Expertisen V.1.11 - [Expertisen], Expertise – Nr. EU13SQ, Rechtsstand 1.2.2001.

Darst. 7: Zeitlicher Anwendungsbereich des Halbeinkünfteverfahrens bei inländischen Gewinnausschüttungen

3. Einkommensteuer

Nach der Darstellung des Begriffs der Einkünfte aus Land- und Forstwirtschaft i.S.d. EStG werden im folgenden die unterschiedlichen Methoden der Gewinnermittlung für die Land- und Forstwirtschaft, spezielle Bilanzierungs- und Bewertungswahlrechte sowie Steuervergünstigungen und -befreiungen des EStG, die grundsätzlich der Einkunftsart Land- und Forstwirtschaft vorbehalten sind, aufgezeigt.

a. Einkünfte aus Land- und Forstwirtschaft

Die Einkünfte aus Land- und Forstwirtschaft gehören gemäß § 2 Abs. 2 Nr. 1 EStG zu den Gewinneinkunftsarten; damit ist Voraussetzung für die steuerliche Anerkennung der Einkünfte aus Land- und Forstwirtschaft neben einer selbständigen, nachhaltigen Betätigung unter Beteiligung am allgemeinen wirtschaftlichen Verkehr eine mit Gewinnerzielungsabsicht vorgenommene Tätigkeit. „Der Begriff der Land- und Forstwirtschaft setzt **weder eine Mindestgröße noch vollen luf** [!] **Besatz** (Betriebsgebäude, Maschinen, sonstige Betriebsmittel) voraus"[1]. Aus Gründen der Verwaltungsvereinfachung wird jedoch ein land- und forstwirtschaftlicher Betrieb grundsätzlich dann nicht mehr angenommen, wenn die bewirtschafteten Flächen insgesamt nicht größer als 3000 m² sind; es sei denn, es handelt sich um intensiv genutzte Flächen, z.B. im Rahmen von Spargel- oder Weinbau[2]. Das Vorliegen eines Forstbetriebs mit einer Fläche von 3 ha und einem wertvollen Baumbestand hat der BFH bejaht[3], einen forstwirtschaftlichen Betrieb mit einer Flächengröße von 0,9 ha dagegen verneint[4].

Nach § 13 Abs. 1 Nr. 1 S. 1 EStG zählen zu den land- und forstwirtschaftlichen Einkünften[5] zunächst die Einkünfte, die durch

1. die planmäßige Nutzung der natürlichen Kräfte des Bodens[6] zur Erzeugung von Pflanzen und Tieren,
2. deren unmittelbare Verwertung durch Veräußerung oder Verbrauch,
3. sowie durch deren unmittelbare Verwertung durch Veredelung

erzielt werden; z.B. Einkünfte aus der Landwirtschaft i.S.v. Feldwirtschaft, der Forstwirtschaft, des Wein- und Gartenbaus.

Soweit der Futterbedarf der eigenen oder auch fremden Tiere durch im Betrieb erzeugte pflanzliche Futtermittel gedeckt werden kann, handelt es sich bei den erzielten Einkünften aus Tierzucht und Tierhaltung grundsätzlich um Einkünfte aus Land- und Forstwirtschaft, § 13 Abs. 1 Nr. 1 S. 2 bis 4 EStG. In diesem Zusammenhang ist zu beachten, dass nicht jede Tierart pflanzliche Futtermittel be-

---

[1] *Pape, M.*, Einkünfte, 2002, Anm. A 3 b (Stand: September 2001).
[2] Vgl. BMWF, Schreiben vom 18.4.1972 = DStZ 1972, S. 210.
[3] Vgl. BFH, Urt. v. 13.4.1989, BStBl II 1989, S. 718.
[4] Vgl. BFH, Bs. v. 26.10.1990, IV R 46/89, NV = *Pape, M.*, Einkünfte, 2002, Anm. A 11 (Stand: September 2001).
[5] Vgl. *Pape, M.*, Einkünfte, 2002, Anm. A 5 (Stand: September 2001); s. hierzu auch insbesondere R 135 EStR; *Märkle, R./Hiller, G.*, Einkommensteuer, 2001, S. 221 ff.; *Glier, J./Schmid, F.*, Landwirtschaft, 2000, S. 133 ff.; *Altehoefer, K.* u.a., Land- und Forstwirtschaft, 1998, S. 62 ff.; *Köhne, M./Wesche, R.*, Steuerlehre, 1995, S. 222 ff.
[6] Nach R 135 Abs. 1 S. 2 EStR gelten „als Boden ... auch Substrate und Wasser". Nach *Altehoefer, K.* u.a., Land- und Forstwirtschaft, 1998, S. 64, kann demzufolge „z.B. eine Windkraftanlage zur Stromerzeugung nicht dem luf [!] Betrieb zugerechnet werden, da ... eine Windkraftanlage .. weder unmittelbar noch mittelbar die natürlichen Kräfte des Grund und Bodens, sondern andere Naturkräfte" nutzt.

nötigt. So gelten z.B. die Einkünfte aus der Aufzucht und der Veräußerung von Hunden als Einkünfte aus Gewerbebetrieb nach § 15 EStG[1]. Soweit die für die Tierzucht oder Tierhaltung nach § 13 Abs. 1 Nr. 1 S. 2 EStG vorgeschriebenen Flächen nachhaltig[2] nicht in dem geforderten Umfang vorhanden[3] sind, sind die Einkünfte aus Tierzucht und Tierhaltung nach einer bestimmten Reihenfolge[4] in Einkünfte aus gewerblicher Tierzucht oder Tierhaltung umzuqualifizieren. Es ist in diesem Zusammenhang zu berücksichtigen, dass etwaige „Verluste aus gewerblicher Tierzucht oder gewerblicher Tierhaltung .. weder mit anderen Einkünften aus Gewerbebetrieb noch mit Einkünften aus anderen Einkunftsarten ausgeglichen ... [oder] nach § 10 d EStG abgezogen werden"[5] dürfen. Ein Verlustabzug nach Maßgabe des § 10 d EStG kann nur bei Gewinnen aus gewerblicher Tierzucht oder Tierhaltung vorgenommen werden, die der Steuerpflichtige in dem unmittelbar vorangegangenen und in den folgenden Wirtschaftsjahren erzielt hat oder erzielt[6].

Zu den Einkünften aus Land- und Forstwirtschaft zählen darüber hinaus auch die Einkünfte aus sonstiger land- und forstwirtschaftlicher Nutzung nach § 62 BewG (z.B. die Einkünfte aus Binnenfischerei, Teichwirtschaft, Imkerei), § 13 Abs. 1 Nr. 2 EStG. Einkünfte aus Jagd gehören nach § 13 Abs. 1 Nr. 3 EStG nur insoweit zu den Einkünften aus Land- und Forstwirtschaft, als diese mit dem Betrieb einer Landwirtschaft oder einer Forstwirtschaft im Zusammenhang stehen[7]. Den Einkünften aus Land- und Forstwirtschaft sind auch Einkünfte, die im Rahmen eines land- und forstwirtschaftlichen Nebenbetriebs erwirtschaftet werden, § 13 Abs. 2 Nr. 1 EStG, zuzurechnen[8].
Soweit die Wohnung des Steuerpflichtigen nach dem 31.12.1998 noch dem Betriebsvermögen zuzurechnen ist[9], erhöht der Nutzungswert der Wohnung die Einkünfte aus Land- und Forstwirtschaft gemäß § 13 Abs. 2 Nr. 2 EStG[10].

---

[1] BFH, Urt. v. 30.9.1980, BStBl II 1981, S. 210.
[2] Vgl. zum Begriff der Nachhaltigkeit in diesem Zusammenhang Kapitel I, Abschnitt 1, S. 38 FN 5.
[3] Zur Gemeinschaftlichen Tierhaltung nach § 51 a BewG i.V.m. § 13 Abs. 1 Nr. 1 S. 5 EStG vgl. Kapitel I, Abschnitt 1, S. 38 f.
[4] S. dazu R 124 a Abs. 2 EStR.
[5] § 15 Abs. 4 S. 1 EStG.
[6] S. § 15 Abs. 4 S. 2 EStG.
[7] Zur Abgrenzung der Einkünfte aus Land- und Forstwirtschaft aus Jagdausübung von einer steuerlich unbeachtlichen Liebhaberei s. *Altehoefer, K.* u.a., Land- und Forstwirtschaft, 1998, S. 84 ff., m.w.N.
[8] S. dazu R 135 Abs. 3 EStR.
[9] *Hiller, G.*, Durchschnittsatzgewinn II, 1999, S. 492, bezeichnet diese Regelung für denkmalgeschützte Wohnungen als sog. „Adelsprivileg".
[10] Zu den Einkünften aus Land- und Forstwirtschaft zählen darüber hinaus Einkünfte von Hauberg-, Wald-, Forst- und Laubgenossenschaften und ähnlichen Realgemeinden i.S.d. § 3

b. Gewinnermittlungsarten

Die Gewinnermittlungsart für einen Betrieb der Land- und Forstwirtschaft bestimmt sich zunächst grundsätzlich nach § 140 AO: soweit Betriebe der Land- und Forstwirtschaft nach anderen Gesetzen als den Steuergesetzen zur Führung von Büchern und Aufzeichnungen verpflichtet sind, haben sie diese Verpflichtung auch für die Besteuerung zu erfüllen. Für die ausschließlich land- und forstwirtschaftlich tätigen Personenhandelsgesellschaften in der Rechtsform einer OHG oder KG ist damit der Gewinn nach § 4 Abs. 1 EStG, für die land- und forstwirtschaftlich tätigen Kapitalgesellschaften nach § 5 EStG zu ermitteln.

Soweit die Verpflichtung zur Führung von Büchern und Aufzeichnungen *nicht* nach anderen Gesetzen als den Steuergesetzen besteht, ist Buchführungspflicht und damit die Gewinnermittlung nach § 4 Abs. 1 EStG für Land- und Forstwirte nach § 141 Abs. 1 AO in folgenden Fällen gegeben:

1. die Umsätze einschließlich der steuerfreien Umsätze (mit Ausnahme der Umsätze nach § 4 Nr. 8 bis 10 UStG) übersteigen 260.000 € im Kalenderjahr (nicht Wirtschaftsjahr), § 141 Abs. 1 S. 1 Nr. 1 AO *oder*
2. der Wirtschaftswert[1] der selbstbewirtschafteten land- und forstwirtschaftlichen Flächen beträgt mehr als 20.500 €, § 141 Abs. 1 S. 1 Nr. 3 AO *oder*
3. der Gewinn[2] aus Land- und Forstwirtschaft übersteigt 25.000 € im Kalenderjahr (nicht Wirtschaftsjahr), § 141 Abs. 1 S. 1 Nr. 5 AO.

Für die Buchführungspflicht ist erforderlich, dass eine der obigen Bedingungen erfüllt wird *und* das Finanzamt rechtzeitig[3] auf den Beginn der Buchführungspflicht hinweist, § 141 Abs. 2 AO. Liegt eine einmalige Überschreitung z.B. der Umsatz- oder Gewinngrenze vor, kann das Finanzamt nach § 148 AO auf die Aufforderung zur Buchführung aus Billigkeitsgründen verzichten.

Abs. 2 KStG, § 13 Abs. 1 Nr. 4 EStG, und die Produktionsaufgabenrente, § 13 Abs. 2 Nr. 3 EStG, soweit die Produktionsaufgabenrente einen Betrag von 18.407 € überschreitet, § 3 Nr. 27 EStG.
[1] Zum Begriff des Wirtschaftswerts s. Kapitel 1, Abschnitt 1, S. 37 f.
[2] Erhöhte Absetzungen oder Sonderabschreibungen sind bei der Überprüfung der Gewinngrenze nach § 141 Abs. 1 S. 1 Nr. 5 AO nicht zu berücksichtigen, s. § 7 a Abs. 6 EStG.
[3] S. BMF, Schreiben betr. Buchführung in land- und forstwirtschaftlichen Betrieben v. 15.12.1981, BStBl I 1981, Tz. 2.1.2, S. 879 f.: „die Mitteilung über die Buchführungspflicht soll möglichst frühzeitig, mindestens aber einen Monat vor Beginn des Wirtschaftsjahres bekannt gegeben werden, von dessen Beginn an die Buchführungspflicht zu erfüllen ist."

Eine besondere Vorschrift für die Ermittlung des Gewinns aus Land- und Forstwirtschaft enthält § 13 a EStG. Bei dieser Gewinnermittlungsvorschrift für Betriebe der Land- und Forstwirtschaft wird der Gewinn nach Durchschnittssätzen ermittelt. Voraussetzung ist, dass die Steuerpflichtigen nicht aufgrund gesetzlicher Vorschriften zur Führung von Büchern und zur regelmäßigen Erstellung von Abschlüssen verpflichtet sind, § 13 a Abs. 1 S. 1 Nr. 1 EStG, also weder nach § 140 AO noch nach § 141 AO buchführungspflichtig sind[1].

Erfüllt ein land- und forstwirtschaftlicher Betrieb weder die Voraussetzungen für die Ermittlung des Gewinns nach Durchschnittssätzen nach § 13 a EStG noch besteht eine Verpflichtung zur Führung von Büchern und regelmäßiger Erstellung von Abschlüssen nach §§ 140, 141 AO bzw. es werden nicht freiwillig Bücher geführt, ist die Gewinnermittlung durch Gegenüberstellung der Betriebseinnahmen und der Betriebsausgaben nach § 4 Abs. 3 EStG möglich.

Kommt ein buchführungspflichtiger Land- und Forstwirt seiner Verpflichtung zur Führung von Büchern und regelmäßiger Erstellung von Abschlüssen nicht oder nicht ordnungsgemäß nach oder werden die für die Einnahmen-Überschussrechnung erforderlichen Aufzeichnungen nicht geführt, ist der Gewinn nach § 162 AO zu schätzen. Es handelt sich bei der Schätzung des Gewinns nach § 162 AO *nicht* um eine eigenständige Gewinnermittlungsmethode, sondern um eine Art „Hilfsverfahren"[2] zur Ermittlung des Gewinns, die aufgrund ihrer Praxisrelevanz jedoch an dieser Stelle zu erwähnen ist.

c. Abweichendes Wirtschaftsjahr

Bei Land- und Forstwirten bestimmt sich der Gewinnermittlungszeitraum nach den Vorschriften des § 4 a EStG i.V.m. §§ 8 b, c EStDV[3]. Grundsätzlich ist danach der Gewinn eines Land- und Forstwirts für das Regelwirtschaftsjahr vom 1. Juli bis 30. Juni zu ermitteln, § 4 a Abs. 1 S. 2 Nr. 1 S. 1 EStG.

---

[1] Ausführlich zur Gewinnermittlung nach Durchschnittssätzen gemäß § 13 a EStG s. *Hiller, G.*, Durchschnittsatzgewinn I, 1999, S. 449 ff.; und *Hiller, G.*, Durchschnittsatzgewinn II, 1999, S. 487 ff.
[2] Vgl. dazu *Köhne, M./Wesche, R.*, Steuerlehre, 1995, S. 265 ff.: i.d.R. wird auf der Basis von Richtsätzen, die das Finanzamt auf der Grundlage der Buchführungsergebnisse steuerlich buchführender Betriebe ermittelt, der Gewinn des einzelnen zu schätzenden Betriebs unter Berücksichtigung besonderer Zu- und Abschläge geschätzt. Mit der Schätzung wird der Aufwand für die Ermittlung und Auswertung der notwendigen Daten vom Steuerpflichtigen auf die Finanzverwaltung verlagert. Allerdings kann (könnte!) die Finanzverwaltung die Erfüllung der Buchführungspflicht über § 328 AO erzwingen. Umfassend dazu auch *Pape, M.*, Schätzung, 2002, Anm. C 335 ff. (Stand: September 2000).
[3] Einkommensteuer-Durchführungsverordnung 2000 (EStDV) vom 10. Mai 2000.

Bei Gewerbetreibenden entspricht das Wirtschaftsjahr dem Kalenderjahr, § 4 a Abs. 1 S. 2 Nr. 3 S. 1 EStG; es sei denn, die Firma ist in das Handelsregister eingetragen. In diesen Fällen umfasst das Wirtschaftsjahr prinzipiell den Zeitraum, für den das Unternehmen regelmäßig Abschlüsse erstellt, § 4 a Abs. 1 S. 2 Nr. 2 S. 1 EStG. Ist jedoch ein Land- und Forstwirt mit seinem land- und forstwirtschaftlich tätigen Unternehmen mit ausschließlicher Tätigkeit *i.S.d. § 13 EStG* in das Handelsregister eingetragen, gilt für dieses Unternehmen grundsätzlich das Regelwirtschaftsjahr vom 1. Juli bis 30. Juni; dass das Handelsrecht keine bestimmten Geschäftsjahre für die Gewinnermittlung vorsieht, ist für das Steuerrecht in diesem Fall unbeachtlich[1]. „Wird in einem Betrieb zwar eine dem Grunde nach luf [!] Tätigkeit ausgeübt, ist der Betrieb jedoch nach ertragsteuerlichen Grundsätzen als **Gewerbebetrieb** einzustufen (zB gewerbliche Tierhaltung; Gewerbebetrieb kraft Rechtsform; Personengesellschaften, die nach § 15 Abs. 3 Nr. 1 EStG Gewerbebetrieb sind), so gelten insoweit die Regelungen für Gewerbebetriebe nach § 4 a Abs. 1 Nr. 2 und 3 EStG. Regel-Wj [!] ist dann das **Kalenderjahr**. Die Umstellung auf ein vom Kalenderjahr abweichendes Wj ist im Einvernehmen mit dem FA möglich (R 25 Abs. 2 EStR)."[2]

Die zeitliche Zuordnung des Gewinns bei vom Kalenderjahr abweichendem Wirtschaftsjahr ist nach § 4 a Abs. 2 EStG wie folgt vorzunehmen:

- Bei *Land- und Forstwirten* ist der Gewinn des Wirtschaftsjahres auf das Kalenderjahr, in dem das Wirtschaftsjahr beginnt, und auf das Kalenderjahr, in dem das Wirtschaftsjahr endet, entsprechend dem zeitlichen Anteil aufzuteilen, § 4 a Abs. 2 Nr. 2 S. 1 EStG[3].
- Bei *Gewerbetreibenden* gilt der Gewinn des Wirtschaftsjahres als in dem Kalenderjahr bezogen, in dem das Wirtschaftsjahr endet, § 4 a Abs. 2 Nr. 2 EStG[4].

---

[1] Vgl. dazu *Schmidt, L./Heinicke, W.*, § 4 a EStG, 2000, Anm. 4, S. 294.
[2] *Giere, H.-W.*, § 4 a EStG, 2002, Anm. A 406 a (Stand: September 2000).
[3] So entfällt z.B. bei einem land- und forstwirtschaftlichen Betrieb mit Wirtschaftsjahr vom 1. Juli 2001 bis 30. Juni 2002 ein Anteil von 6/12 des Gewinns auf das Kalenderjahr 2001 und ein Anteil von 6/12 des Gewinns auf das Kalenderjahr 2002. Veräußerungsgewinne i.S.d. § 14 EStG sind dem Kalenderjahr hinzuzurechnen, in dem sie entstanden sind; § 4 a Abs. 2 Nr. 1 S. 2 EStG.
[4] Damit gilt z.B. der Gewinn einer land- und forstwirtschaftlich tätigen Kapitalgesellschaft mit Wirtschaftsjahr vom 1. Juli 2001 bis 30. Juni 2002 als in 2002 bezogen; die zeitanteilige Aufteilung des Gewinns auf die Kalenderjahre 2001 und 2002 ist nicht möglich, s. auch § 7 Abs. 4 S. 2 KStG.

Mit der Vorschrift des § 4 a Abs. 2 Nr. 1 EStG wird berücksichtigt, dass die Erträge in der Land- und Forstwirtschaft bedingt durch die Naturkräfte starken Schwankungen unterliegen können. Durch die Aufteilung des Ergebnisses auf zwei Veranlagungszeiträume wird den Land- und Forstwirten i.S.d. § 13 EStG „eine **„Durchschnittsbesteuerung"** für einen **zweijährigen Zeitraum**"[1] zugestanden; ist ein land- und forstwirtschaftlich tätiges Unternehmen dagegen nach ertragsteuerlichen Grundsätzen als Gewerbebetrieb einzustufen, ist die gesetzliche Regelung des § 4 a Abs. 2 Nr. 1 EStG nicht anwendbar[2].

d. Ansatz- und Bewertungswahlrechte

Die für die Land- und Forstwirtschaft i.S.d. § 13 EStG bestehenden Ansatz- und Bewertungswahlrechte sind grundsätzlich auch bei der Gewinnermittlung von Betrieben, die zwar ausschließlich land- und forstwirtschaftliche Tätigkeiten ausüben, i.S.d. Ertragsteuerrechts jedoch Einkünfte aus Gewerbebetrieb nach § 15 EStG erzielen, anwendbar[3]:

1. Für *selbsterzeugte*, nicht zum Verkauf bestimmte Vorräte (z.B. Heu, Stroh, Futtergetreide, Kompost, Gülle), deren gewichts- und mengenmäßige Feststellung nur erschwert möglich ist, kann von einer Bestandsaufnahme und Bewertung abgesehen werden[4]. *Zugekaufte* Vorräte sind dagegen zu aktivieren.
2. Aus Vereinfachungsgründen besteht die Möglichkeit, bei Betrieben mit jährlicher Fruchtfolge von der Aktivierung des Feldinventars und der stehenden Ernte abzusehen[5].
3. Bewertungswahlrechte bei der Viehbewertung[6].

Die für land- und forstwirtschaftlich tätige Betriebe möglichen Bewertungsalternativen für den Viehbestand zeigt die folgende *Darst. 8*:

---

[1] *Giere, H.-W.*, § 4 a EStG, 2002, Anm. A 430 (Stand: September 1994).
[2] Vgl. dazu auch die Variationsrechnungen in Teil C, Kapitel V, Abschnitt 5, S. 170-177.
[3] Vgl. zur Anwendbarkeit der steuerlichen Sonderregelungen bei land- und forstwirtschaftlich tätigen Kapitalgesellschaften oben Abschnitt 2, S. 57 f.
[4] S. dazu R 131 Abs. 2 S. 10 EStR sowie BMF, Schreiben betr. Buchführung in land- und forstwirtschaftlichen Betrieben v. 15.12.1981, BStBl I 1981, Tz. 3.1.3., S. 880.
[5] S. dazu R 131 Abs. 2 S. 3 EStR. Ein Landwirt kann jedoch jederzeit zu einer Aktivierung seiner Feldbestände übergehen. Das ihm von der Finanzverwaltung eingeräumte Wahlrecht, auf die Aktivierung seiner Feldbestände zu verzichten, bindet ihn nicht, vgl. dazu BFH, Urt. v. 6.4.2000, BStBl II 2000, S. 422.
[6] BMF, Schreiben betr. Bewertung von Tieren in land- und forstwirtschaftlich tätigen Betrieben nach § 6 Abs. 1 Nrn. 1 und 2 EStG v. 14.11.2001, BStBl I 2001, S. 864 ff.

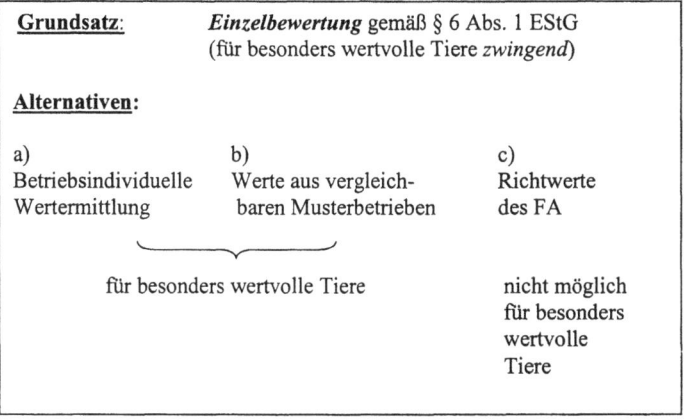

Darst. 8: Bewertungswahlrechte bei der Viehbewertung

e. Aushilfskräfte

Für die Land- und Forstwirtschaft besteht hinsichtlich der Pauschalierung der Lohnsteuer für Teilzeitbeschäftigte eine Sonderregelung in § 40 a Abs. 3 EStG: unter bestimmten Voraussetzungen kann die Lohnsteuer für Aushilfskräfte in der Land- und Fortwirtschaft mit 5 % – im Gegensatz zu 25 % bei kurzfristiger, § 40 a Abs. 1 EStG, und 20 % bei geringfügiger Beschäftigung, § 40 a Abs. 2 EStG, – pauschaliert werden.

Diese Pauschalierungsmöglichkeit der Lohnsteuer ist grundsätzlich für die Beschäftigung von Aushilfskräften in Betrieben der Land- und Forstwirtschaft *i.S.d. § 13 Abs. 1 Nr. 1 bis 4 EStG* vorgesehen. Aber auch Gewerbebetriebe kraft Rechtsform – die, läge eine Personenunternehmung vor, zweifelsfrei Einkünfte aus Land- und Forstwirtschaft nach § 13 EStG erzielen würden – können diese Regelung in Anspruch nehmen[1]. Maßgebend ist, dass „nach den Abgrenzungskriterien des Abschn. [!] 135 EStR ein Betrieb der LuF [!] anzunehmen wäre. ... Für Aushilfskräfte, die in einem Gewerbebetrieb i. S. des § 15 EStG tätig sind, kommt die Pauschalierung nach § 40 a Abs. 3 EStG selbst dann nicht in Betracht, wenn sie mit typisch luf [!] Arbeiten beschäftigt werden.[2]" Darüber hinaus müssen folgende Voraussetzungen für die Lohnsteuerpauschalierung erfüllt sein, § 40 a Abs. 3 und Abs. 4 EStG:

1. Die Aushilfskräfte werden *ausschließlich* mit *typischen* land- und forstwirtschaftlichen Arbeiten, die *nicht ganzjährig* anfallen, beschäftigt. Typische land- und forstwirtschaftliche Arbeiten i.d.S. sind „alle Arbeiten, die der ordnungsgemäßen Bewirtschaftung des land- und forstwirtschaftlichen Betriebs dienen"[3]. Regelmäßige, das ganze Jahr anfallende Arbeiten, wie z.B. die Fütterung und das Melken der Milchkühe, schließen die Anwendung des § 40 a Abs. 3 EStG aus. Begünstigt sind dagegen Arbeiten, die nur von vorübergehender Dauer sind (z.B. Erntearbeiten).
2. Die Pauschalierung der Lohnsteuer mit 5 % ist *nicht* zulässig, wenn es sich bei der Aushilfskraft um eine *land- und forstwirtschaftliche Fachkraft* (z.B. Melker, Landwirtschaftsgehilfe) handelt.
3. Die Dauer der Beschäftigung darf *nicht mehr als 180 Tage* im Kalenderjahr (nicht Wirtschaftsjahr) betragen.
4. Der Stundenlohn darf 12 € im Durchschnitt nicht überschreiten.

f. Steuerbefreiungen und -vergünstigungen

Das EStG und die Verwaltung sehen für Betriebe der Land- und Forstwirtschaft i.S.d. § 13 EStG und für deren Beteiligte über die bereits dargestellten Sonderregelungen hinaus bestimmte steuerliche Befreiungen und Vergünstigungen vor.

Von der Einkommensteuer befreit sind zunächst gemäß *§ 3 Nr. 17 EStG* die Zuschüsse zum Beitrag der Alterssicherung der Landwirte nach § 32 des Gesetzes über die Alterssicherung der Landwirte[4].

---

[1] Vgl. BFH, Urt. v. 5.9.1980, BStBl II 1981, S. 76.
[2] *Altehoefer, K.* u.a., Land- und Forstwirtschaft, 1998, S. 421; s. auch BFH, Urt. v. 3.8.1990, BStBl II 1990, S. 1002 f.
[3] *Lexikon für das Lohnbüro*, Pauschalierung, 2002, S. 399.
[4] Anspruch auf einen nach § 3 Nr. 17 EStG einkommensteuerbefreiten Zuschuss haben die in der Alterssicherung der Landwirte versicherungspflichtigen Unternehmer *einschließlich* der

Eine weitere Steuerbefreiung sieht das EStG für den Grundbetrag der Produktionsaufgabenrente und das Ausgleichsgeld nach dem Gesetz zur Förderung der Einstellung der landwirtschaftlichen Erwerbstätigkeit bis zu einem Höchstbetrag von 18.407 € vor, *§ 3 Nr. 27 EStG*[1].

Eine Sonderregelung für Betriebe der Land- und Forstwirtschaft ergibt sich aus *§§ 6 b, c EStG* für die Übertragung von Veräußerungsgewinnen aus der Veräußerung von Aufwuchs auf Grund und Boden mit zugehörigem Grund und Boden auf Anschaffungs- oder Herstellungskosten von Aufwuchs auf Grund und Boden mit dem dazugehörigen Grund und Boden bzw. auf die Anschaffungs- oder Herstellungskosten von Gebäuden. „**Aufwuchs auf dem Grund und Boden** sind die **Pflanzen**, die auf dem Grund und Boden gewachsen und noch darin verwurzelt sind"[2], z.B. Dauerkulturen (Spargel- oder Rebanlagen, Obstanlagen). Die Begünstigung wird nur dann gewährt, wenn mit der Veräußerung des Aufwuchses auch der zugehörige Grund und Boden mitveräußert wird und beide Wirtschaftsgüter mindestens sechs Jahre ununterbrochen zum Anlagevermögen einer inländischen Betriebsstätte gehört haben. Gemäß Abschn. 29 S. 1 KStR kann § 6 b EStG im Interesse der Gleichmäßigkeit der Besteuerung auch bei der Gewinnermittlung von Körperschaften in Anspruch genommen werden, soweit sich der Betrieb der Körperschaft auf die Land- und Forstwirtschaft beschränkt oder der land- und forstwirtschaftliche Betrieb als organisatorisch verselbständigter Betriebsteil (Teilbetrieb) geführt wird.

Das EStG sieht darüber hinaus einen Freibetrag für Einkünfte aus Land- und Forstwirtschaft von 670 € bei Einzel- bzw. von 1.340 € bei Zusammenveranlagung gemäß *§ 13 Abs. 3 EStG* vor. Maßgebend für die Gewährung dieses Freibetrags bei der Ermittlung des Gesamtbetrags der Einkünfte ist, dass die Summe der Einkünfte 30.700 € bei Einzel- bzw. 61.400 € bei Zusammenveranlagung nicht übersteigt. Der Freibetrag des § 13 Abs. 3 EStG wird nicht gewährt, wenn ein Betrieb ertragsteuerlich als Gewerbebetrieb einzustufen ist, z.B. als gewerblich infizierte oder geprägte Personengesellschaft, § 15 Abs. 3 Nr. 1 bzw. Nr. 2 EStG, oder als Gewerbebetrieb kraft Rechtsform.

---

versicherungspflichtigen Ehegatten, Mitunternehmer, Gesellschafter oder Mitglieder juristischer Personen. Vgl. im einzelnen §§ 1 ff., 32 ff. Gesetz über die Alterssicherung der Landwirte (ALG) vom 29. Juli 1994; und *Gesamtverband der landwirtschaftlichen Alterskassen*, Alterssicherung, 2001, S. 6.
[1] Weitere Ausführungen s. Gesetz zur Förderung der Einstellung der landwirtschaftlichen Erwerbstätigkeit (FELEG) vom 21. Februar 1989.
[2] *Pape, M.*, § 6 b EStG, 2002, Anm. B 943 (Stand: September 2001).

§ 13 a Abs. 6 EStG sieht für bestimmte Sondergewinne im Rahmen der Ermittlung des Gewinns aus Land- und Forstwirtschaft nach Durchschnittssätzen einen Freibetrag in Höhe von 1.534 € vor[1].

Der Freibetrag des *§ 14 a Abs. 4 EStG* in Höhe von 61.800 € für Veräußerungs- oder Entnahmegewinne, die im Zusammenhang mit der Veräußerung oder Entnahme von Grund und Boden zur Abfindung weichender Erben stehen, „soll den Bestand land- und forstwirtschaftlicher Betriebe bei Erbauseinandersetzungen und vorweggenommenen Erbregelungen fördern."[2] Auf Antrag ist die Inanspruchnahme des Freibetrags für jeden einzelnen weichenden Erben einmalig möglich, § 14 a Abs. 4 S. 1 und 4 EStG. Weichender Erbe kann in diesem Zusammenhang jeder gesetzliche Erbe sein, der nicht zur Übernahme des land- und forstwirtschaftlichen Betriebs vorgesehen ist, § 14 a Abs. 4 S. 5 1. Hs. EStG. Die Gewährung des Freibetrags für realisierte Bodengewinne setzt u.a. voraus, dass die Veräußerung oder Entnahme des Grund und Bodens in sachlichem Zusammenhang mit einer Hoferbfolge oder Hofübernahme steht: „die Abfindung geschieht nur dann in vorweggenommener Erbfolge, wenn sie bei der späteren Erbauseinandersetzung anzurechnen ist."[3] Auch ist der Veräußerungsgewinn bzw. der entnommene Grund und Boden innerhalb von zwölf Monaten nach der Veräußerung oder der Entnahme zur Abfindung der weichenden Erben zu verwenden, § 14 a Abs. 4 S. 2 Nr. 1 EStG. Begünstigt ist die Veräußerung oder Entnahme von „nacktem" Grund und Boden eines land- und forstwirtschaftlichen Betriebs und *nicht* die Veräußerung oder Entnahme anderer Wirtschaftsgüter, z.B. Gebäude. Wird Grund und Boden mit einem aufstehenden Gebäude für die Abfindung eines weichenden Erben veräußert oder entnommen, ist aus diesem Grund für die Inanspruchnahme des Freibetrags eine entsprechende Aufteilung des Veräußerungs- oder Entnahmegewinns vorzunehmen.
Die Begünstigung des § 14 a Abs. 4 EStG ist in voller Höhe nur dann zu gewähren, wenn das Einkommen des Steuerpflichtigen in dem Veranlagungszeitraum, welcher der Veräußerung oder Entnahme *vorangegangen* ist, 18.000 € bei Alleinstehenden bzw. 36.000 € bei zusammenveranlagten Ehegatten nicht übersteigt. Der Freibetrag mindert sich für jede angefangenen 250 € bei Alleinstehenden bzw. für jede angefangenen 500 € bei zusammenveranlagten Ehegatten um jeweils 10.300 €. Damit ist die Freibetragsregelung ausgeschlossen, wenn das Einkommen im maßgebenden Veranlagungszeitraum von Alleinstehenden mehr als 19.250 €, bei zusammenveranlagten Ehegatten mehr als 38.500 € beträgt. Der Gewinn aus der Veräußerung oder Entnahme und der Freibetrag ist

---

[1] Vgl. dazu *Hiller, G.*, Durchschnittsatzgewinn II, 1999, S. 489.
[2] *Hiller, G.*, Freibetrag, 2000, S. 166.
[3] *Hiller, G.*, Freibetrag, 2000, S. 166.

bei der Ermittlung des betreffenden Einkommens des Steuerpflichtigen nicht zu berücksichtigen, § 14 a Abs. 4 S. 2 Nr. 2 EStG.
„Die Begünstigung nach § 14 a Abs. 4 EStG kann jeder Stpfl [!] in Anspruch nehmen, der über ein luf [!] **Betriebsvermögen iS des § 13 EStG** verfügt. Dabei ist es ohne Bedeutung, ob der luf [!] Betrieb als Einzelunternehmen oder aber im Rahmen einer Mitunternehmerschaft betrieben wird."[1] Für Gewerbebetriebe mit gewerblichem Betriebsvermögen nach § 15 EStG ist die Anwendung des § 14 a Abs. 4 EStG jedoch ausgeschlossen[2].

§ 34 b EStG sieht auf Antrag für folgende außerordentliche Einkünfte aus Forstwirtschaft eine Tarifermäßigung vor:

- Gewinne aus Land- und Forstwirtschaft, die aus *außerordentlichen Holznutzungen* entstanden sind, § 34 b Abs. 1 Nr. 1 EStG. Außerordentlich ist eine Holznutzung, die auf wirtschaftliche (volks- oder staatswirtschaftliche bzw. privatwirtschaftliche) Gründe zurückzuführen ist[3].
- Gewinne aus Land- und Forstwirtschaft, die aus Holznutzungen infolge *höherer Gewalt* (Kalamitätsnutzungen) entstanden sind, § 34 b Abs. 1 Nr. 2 EStG, z.B. Nutzungen, die durch Windbruch oder Windwurf verursacht werden[4].

Die Tarifermäßigung nach § 34 b EStG kann von natürlichen Personen, die Einkünfte i.S.d. § 13 EStG erzielen, in Anspruch genommen werden. Außerordentliche Einkünfte aus Forstwirtschaft, die ertragsteuerlich den Einkünften aus Gewerbebetrieb zuzurechnen sind, sind entsprechend dem Gesetzeswortlaut („Gewinne aus *Land- und Forstwirtschaft*") dagegen von der Begünstigung ausgeschlossen.[5] Für Kapitalgesellschaften sieht Abschn. 67 KStR eine Billigkeitsregelung vor; § 34 b EStG ist danach eingeschränkt anwendbar.

Für die Ermittlung der Einkünfte forstwirtschaftlicher Betriebe gewährt *§ 51 EStDV* nicht buchführungspflichtigen Forstbetrieben, die ihren Gewinn auch nicht freiwillig nach § 4 Abs. 1 EStG (sondern demzufolge nach §§ 4 Abs. 3 bzw. 13 a EStG) ermitteln, einen pauschalen Betriebsausgabenabzug auf Antrag von 65 % der Einnahmen aus der Holznutzung, § 51 Abs. 1 EStDV. Wird das

---

[1] *Pape, M.*, § 14 a Abs. 4 EStG, 2002, Anm. D 283 (Stand: September 2000).
[2] Vgl. auch die Ausführungen in Teil D, Kapitel II, Abschnitt 2, lit. c, S. 185 f., sowie die Berechnungen in Teil D, Kapitel IV, Abschnitt 1, S. 199-202.
[3] Vgl. dazu R 204 f. EStR.
[4] Vgl. dazu R 206 EStR.
[5] Kritisch s. dazu *Kanzler, H.-J.*, Land- und Forstwirtschaft, 1999, S. 425.

Holz auf dem Stamm verkauft, beträgt der pauschale Betriebsausgabenabzug 40 %, § 51 Abs. 2 EStDV.

Damit ergeben sich folgende Steuervergünstigungen und –befreiungen für die Land- und Forstwirtschaft im Überblick (s. *Darst. 9*):

Steuervergünstigungen und -befreiungen für die Land- und Forstwirtschaft nach dem EStG und der EStDV	
Gewinnermittlung	▫ 65 % pauschaler Betriebsausgabenabzug von Einnahmen aus Holznutzung bei Gewinnermittlung nach §§ 4 Abs. 3, 13 a EStG, 40 % bei Verkauf von Holz auf dem Stamm, § 51 EStDV
	▫ Übertragungsmöglichkeit von Gewinnen aus der Veräußerung von Aufwuchs auf Grund und Boden mit dem dazugehörigen Grund und Boden, §§ 6 b, c EStG
	▫ Pauschalierung der Lohnsteuer, § 40 a Abs. 3 EStG
Steuerbefreiungen	▫ Zuschüsse nach dem ALG, § 3 Nr. 17 EStG
	▫ Grundbetrag der Produktionsaufgabenrente/ Ausgleichsgeld nach dem FELEG bis höchstens 18.407 €, § 3 Nr. 27 EStG
	▫ 670 €/1.340 € für laufende Einkünfte aus Land- und Forstwirtschaft, § 13 Abs. 3 EStG
	▫ 1.534 € für Sondergewinne nach § 13 a EStG, § 13 a Abs. 6 EStG
	▫ Freibetrag bei Veräußerung oder Entnahme von Grund und Boden für Erbabfindungen bis 61.800 € Gewinn je weichenden Erben, § 14 a Abs. 4 EStG
Tarifermäßigung	▫ Tarifermäßigung bei außerordentlichen Einkünften aus Forstwirtschaft, § 34 b EStG

Quelle: Eigene Darstellung, in Anlehnung an *Köhne, M./Wesche, R.*, Steuerlehre, 1995, S. 231.

Darst. 9: Steuervergünstigungen und –befreiungen für die Land- und Forstwirtschaft nach dem EStG und der EStDV

Die Anwendbarkeit der oben aufgezeigten steuerlichen Sonderregelungen für die Land- und Forstwirtschaft werden steuerartenbezogen im folgenden Kapitel V in Abhängigkeit von der zugrunde liegenden Rechtsform des land- und forstwirtschaftlich tätigen Unternehmens zusammenfassend dargestellt.

V. Zusammenfassung: Anwendung der steuerlichen Sonderregelungen in Abhängigkeit von der Rechtsform des Unternehmens

Steuerliche Regelungen	Land- und forstwirtschaftliche Personenunternehmen	Gewerbliche Personenunternehmen	Kapitalgesellschaft
BEWERTUNGSRECHT			
Einheitsbewertung Wert von inländischen land- und forstwirtschaftlichem Vermögen/ Betriebsvermögen	Land- und forstwirtschaftliches Vermögen	Betriebsvermögen modifiziert (s. Kapitalgesellschaft)	Betriebsvermögen *modifiziert*: Bewertung als wirtschaftliche Einheit Land- und Forstwirtschaft (§ 33 Abs. 1 und 2 BewG): land- und forstwirtschaftlich genutzte Flächen Wirtschaftsgebäude Stehende Betriebsmittel Normalbestand an umlaufenden Betriebsmitteln Grunddienstbarkeiten Wiederkehrende Nutzungen und Leistungen Immaterielle Wirtschaftsgüter (Milchlieferrechte, Brennrechte) Soweit **dauernd** dem Betrieb der Land- und Forstwirtschaft zu dienen bestimmt; + ...

Steuerliche Regelungen	Land- und forstwirtschaftliche Personenunternehmen	Gewerbliche Personenunternehmen	Kapitalgesellschaft
			Ansatz mit den Steuerbilanzwerten (§§ 109 i.V.m. 33 Abs. 3 BewG): Zahlungsmittel Geldforderungen Geschäftsguthaben Wertpapiere Geldschulden Überbestände an umlaufenden Betriebsmitteln Tierbestände oder Zweige des Tierbestandes und die hiermit im Zusammenhang stehenden Wirtschaftsgüter, die über §§ 51, 51 a und 62 BewG hinausgehen
Gemeinschaftliche Tierhaltung gemäß §§ 51, 51 a BewG	ja: bei Mitunternehmerschaft	nein	nein
Bedarfsbewertung	Land- und forstwirtschaftliches Vermögen §§ 139 – 144 BewG	Betriebsvermögen *modifiziert*: §§ 139 bis 144 BewG soweit Betriebsgrundstücke ohne Zugehörigkeit zum Gewerbebetrieb einen Betrieb der Land- und Forstwirtschaft bilden würden	Betriebsvermögen *modifiziert*: §§ 139 bis 144 BewG soweit Betriebsgrundstücke ohne Zugehörigkeit zum Gewerbebetrieb einen Betrieb der Land- und Forstwirtschaft bilden würden

Steuerliche Regelungen	Land- und forstwirtschaftliche Personenunternehmen	Gewerbliche Personenunternehmen	Kapitalgesellschaft
SUBSTANZSTEUERN			
Grundsteuer			
Grundsteuerpflicht	ja	ja	ja
Steuermesszahl	6 ‰ (GrSt A)	6 ‰ (GrSt A)	6 ‰ (GrSt A)
Steuergegenstand	Betriebe der Land- und Forstwirtschaft	Betrieben der Land- und Forstwirtschaft gleichgestellte Betriebsgrundstücke (s. Kapitalgesellschaft)	Betrieben der Land- und Forstwirtschaft gleichgestellte Betriebsgrundstücke (§ 33 Abs. 1 und 2 BewG): land- und forstwirtschaftlich genutzte Flächen Wirtschaftsgebäude Stehende Betriebsmittel Normalbestand an umlaufenden Betriebsmitteln Grunddienstbarkeiten Wiederkehrende Nutzungen und Leistungen sowie Immaterielle Wirtschaftsgüter (Milchlieferrechte, Brennrechte) soweit **dauernd** dem Betrieb der Land- und Forstwirtschaft zu dienen bestimmt
Grundsteuererlass bei wesentlicher Ertragsminderung, § 33 GrStG	ja	ja	ja

Steuerliche Regelungen	Land- und forstwirtschaftliche Personenunternehmen	Gewerbliche Personenunternehmen	Kapitalgesellschaft
Erbschaft- und Schenkungsteuer Bewertung als land- und forstwirtschaftliches Vermögen/ Betriebsgrundstück i.S.d. § 99 Abs. 1 Nr. 2 BewG/ Betriebsvermögen	Bedarfsbewertung §§ 139 bis 144 BewG	Bedarfsbewertung §§ 139 bis 144 BewG soweit § 33 Abs. 1 und 2 BewG + Steuerbilanzwerte § 109 BewG soweit § 33 Abs. 3 BewG	Bedarfsbewertung §§ 139 bis 144 BewG soweit § 33 Abs. 1 und 2 BewG + Steuerbilanzwerte § 109 BewG soweit § 33 Abs. 3 BewG = Vermögenswert + Ertragshundertsatz = gemeiner Wert der Anteile an einer Kapitalgesellschaft, § 11 Abs. 2 BewG i.V.m. § 12 Abs. 2 ErbStG
Freibetrag § 13 a Abs. 1 ErbStG	ja	ja	ja*
Bewertungsabschlag § 13 a Abs. 2 ErbStG	ja	ja	ja*
Abzugsfähigkeit von Schulden und Lasten	eingeschränkt §§ 10 Abs. 6 S. 5, 13 a Abs. 6 ErbStG	vollumfänglich § 10 Abs. 6 S. 4 ErbStG	eingeschränkt* §§ 10 Abs. 6 S. 5, 13 a Abs. 6 ErbStG
Tarifbegrenzung § 19 a ErbStG	ja	ja	ja
Stundung § 28 ErbStG	ja	ja	nein

*bei Anteilen an Kapitalgesellschaften mit Sitz oder Geschäftsleitung im Inland und unmittelbarer Beteiligung des Erblassers oder Schenkers *zu mehr als einem Viertel*

Steuerliche Regelungen	Land- und forstwirtschaftliche Personenunternehmen	Gewerbliche Personenunternehmen	Kapitalgesellschaft
VERKEHRSTEUERN			
Kraftfahrzeugsteuer Befreiung § 3 Nr. 7 KraftStG soweit Verwendung der Kraftfahrzeuge und –anhänger für begünstigte Zwecke	ja	ja	ja
Umsatzsteuer Pauschalierung gemäß § 24 UStG	ja	nein (Ausnahme: abgrenzbare Teilbereiche)	nein
ERTRAGSTEUERN			
Gewerbeertragsteuer	nein	ja	ja
Körperschaftsteuer	nein	nein	ja
Einkommensteuer Einkünfte aus Land- und Forstwirtschaft	ja ja	ja nein	nein nein (Einkünfte aus Gewerbebetrieb kraft Rechtsform)
Gewinnermittlungsarten	§ 4 Abs. 1 EStG (§§ 4 Abs. 3, 13 a EStG) gemäß §§ 140, 141 AO	§ 5 EStG (§ 4 Abs. 3 EStG) gemäß §§ 140, 141 AO	§ 5 EStG gemäß § 140 AO
Abweichendes Wirtschaftsjahr	ja	ja (s. auch Kapitalgesellschaft)	ja Eintragung im Handelsregister: Festlegung auf Wirtschaftsjahr durch Einreichung der ersten Schlussbilanz beim Finanzamt

Steuerliche Regelungen	Land- und forstwirtschaftliche Personenunternehmen	Gewerbliche Personenunternehmen	Kapitalgesellschaft
Verteilung des Gewinns	zeitanteilig § 4 a Abs. 2 Nr. 1 EStG	s. Kapitalgesellschaft § 4 a Abs. 2 Nr. 2 EStG	der Gewinn gilt in dem Kalenderjahr als bezogen, in dem das Wirtschaftsjahr endet, §§ 4 a Abs. 2 Nr. 2 EStG, 7 Abs. 4 S. 2 KStG
Ansatz- und Bewertungswahlrechte	ja	ja	ja
Pauschalierung der Lohnsteuer gemäß § 40 a Abs. 3 EStG	ja	nein	ja
Steuerbefreiungen und -vergünstigungen			
- § 3 Nr. 17 EStG	ja	ja	ja
- § 3 Nr. 27 EStG	ja	ja	ja
- § 51 EStDV	§§ 4 Abs. 3, 13 a EStG: ja § 4 Abs. 1 EStG: nein	nein	nein
- § 13 Abs. 3 EStG	ja	nein	nein
- § 13 a Abs. 6 EStG	wenn § 13 a EStG: ja	nein	nein
- § 14 a Abs. 4 EStG	ja	nein	nein
- § 34 b EStG	ja	nein	ja (Abschn. 67 KStR)
- §§ 6 b, c EStG Aufwuchs auf Grund und Boden mit zugehörigem Grund und Boden	ja	ja	ja

C. Einfluss der laufenden Steuerbelastung auf die Rechtsformwahl für ein land- und forstwirtschaftliches Unternehmen

I. Rechtsformstatistik landwirtschaftlicher Betriebe in der Bundesrepublik Deutschland

Die landwirtschaftlichen Betriebe in der Bundesrepublik Deutschland (alte und neue Bundesländer) wurden entsprechend dem Ernährungs- und agrarpolitischen Bericht 2002 der Bundesregierung[1] in den Jahren 1999 und 2001 in den folgenden Rechtsformen geführt (s. *Darst. 10*):

Rechtsform	1999 Betriebe[1] Zahl in 1 000	1999 Betriebe[1] Anteil in %	2001 Betriebe[1] Zahl in 1 000	2001 Betriebe[1] Anteil in %
Einzelunternehmen	450,4	*95,4*	423,7	*94,8*
Personengesellschaften	16,1	*3,4*	17,8	*4,0*
davon				
GbR	13,7	*2,9*	14,8	*3,3*
OHG	0,1	*0,0*	0,1	*0,0*
KG	0,9	*0,2*	1,0	*0,2*
Sonst. Pers.gesellschaften	1,3	*0,3*	1,9	*0,4*
Juristische Personen des privaten [!] Rechts	4,5	*1,0*	4,5	*1,0*
davon				
e.G.	1,4	*0,3*	1,3	*0,3*
GmbH	2,4	*0,5*	2,5	*0,5*
AG	0,1	*0,0*	0,1	*0,0*
Sonst. jur. Personen	.	.	0,6	*0,1*
Juristische Personen des öffentlichen [!] Rechts	0,9	*0,2*	0,9	*0,2*
Betriebe insgesamt	472,0	*100*	446,9	*100*

[1] Betriebe mit mindestens 2 ha LF oder mit Spezialkulturen oder Tierbeständen, wenn festgelegte Mindestgrenzen erreicht oder überschritten werden. 2001: Vorläufige Angaben.

Quelle: Statistisches Bundesamt.

Darst. 10: Rechtsformen in der Landwirtschaft

---

[1] Vgl. *Deutscher Bundestag*, Agrarbericht, 2002, Tabelle 8, S. 12. Hinweis: im Agrarbericht 2002 wurden die Angaben zu den juristischen Personen des privaten und des öffentlichen Rechts verwechselt; vgl. auch *Deutscher Bundestag*, Agrarbericht, 2001, Tabelle 2, S. 8.

II. Eingrenzung des Untersuchungsgegenstandes

1. Einzubeziehende Steuerarten und Festlegung einer Berechnungsreihenfolge

In den die Veranlagungszeiträume 2001 bis 2005 umfassenden Steuerbelastungsvergleich mit dem Ziel der Minimierung der Steuerbelastung für ein land- und forstwirtschaftliches Unternehmen und seine Beteiligten durch die Wahl einer aus steuerlichen Gesichtspunkten geeigneten Rechtsform werden für die Ermittlung der Gesamtsteuerbelastung im Zusammenhang mit der *laufenden Besteuerung* folgende, in Teil B beschriebene Steuerarten einbezogen: Grundsteuer, Kraftfahrzeugsteuer, pauschale Lohnsteuer nach § 40 a EStG, Gewerbeertragsteuer, Körperschaftsteuer und Einkommensteuer einschließlich Kirchensteuer und Solidaritätszuschlag[1].

Die in der Regel rechtsformneutrale Umsatzsteuer ist im Rahmen der Berechnung der laufenden Steuerbelastung für ein land- und forstwirtschaftliches Unternehmen in alternativen Rechtsformen insoweit zu berücksichtigen, als die Pauschalierung der Umsatzsteuer allein land- und forstwirtschaftlich tätigen Personenunternehmen vorbehalten ist, land- und forstwirtschaftlich tätige Gewerbebetriebe kraft Rechtsform dagegen zur „Zwangsoption" verpflichtet sind, § 24 Abs. 2 S. 3 UStG[2]. In der vorliegenden Arbeit wird die Durchschnittssatzbesteuerung nach § 24 UStG in ihrer grundsätzlichen Wirkung anhand eines Beispiels dargestellt[3]. Dabei wird zunächst die Besteuerung der Umsätze eines land- und forstwirtschaftlichen Personenunternehmens nach Durchschnittssätzen i.S.d. § 24 UStG unterstellt und anschließend im Vergleich zur Kapitalgesellschaft – als Gewerbebetrieb kraft Rechtsform – die Auswirkungen der Nichtanwendbarkeit der Durchschnittssatzbesteuerung auf den Erfolg des land- und forstwirtschaftlichen Unternehmens untersucht. Soweit die Umsatzsteuer einer pauschalierenden Land- und Forstwirtschaft Einfluss auf den Erfolg des Unternehmens nimmt ist zu beachten, dass sie auch auf die Höhe der Einkommensteuer, des Solidaritätszuschlags und der Kirchensteuer der Beteiligten wirkt. Dieser ertragsteuerliche Effekt ist dem erfolgswirksamen Effekt gegenüberzustellen.

Aus Gründen der Anschaulichkeit der Steuerbelastungsvergleichsrechnungen wird darüber hinaus auf weitere Ausführungen zur Umsatzsteuer verzichtet.

---

[1] Die Kapitalertragsteuer, §§ 43 ff. EStG, wird in den vorliegenden Steuerbelastungsvergleichsrechnungen nicht berücksichtigt, da auch nach der Unternehmensteuerreform 2001 nicht persönlich steuerbefreite Anteilseigner/Gesellschafter die Kapitalertragsteuer weiterhin anrechnen können, § 36 Abs. 2 S. 2 Nr. 2 S. 1 EStG.
[2] Vgl. dazu die Ausführungen in Teil B, Kapitel III, Abschnitt 2, S. 48-53.
[3] Vgl. Kapitel IV, S. 110-113.

Die individuelle Steuerbelastung der beteiligten natürlichen Personen bestimmt sich nach den ihnen vom land- und forstwirtschaftlich tätigen Unternehmen zuzurechnenden Einnahmen. In einem ersten Schritt wird daher unter Berücksichtigung der betrieblichen Steuerbelastung das Ergebnis des Unternehmens und in einem zweiten Schritt die Steuerbelastung auf der Ebene der Beteiligten ermittelt.

Für die Berechnung der Steuerbelastung ist in diesem Zusammenhang zu berücksichtigen, dass zwischen einzelnen Steuerarten Interdependenzen bestehen, die das steuerliche Ergebnis beeinflussen können. Aus diesem Grund werden auf der Besteuerungsebene „land- und forstwirtschaftliches Unternehmen" zunächst die Steuerarten, die das Ergebnis des Unternehmens als Betriebsausgabe (§ 4 Abs. 4 EStG) und damit die Bemessungsgrundlage für andere Steuerarten zwar mindern, jedoch darüber hinaus keine weiteren steuerlichen Wirkungen auf andere Steuerarten entfalten, berücksichtigt: die Grundsteuer, die Kraftfahrzeugsteuer und die pauschale Lohnsteuer für Aushilfskräfte gemäß § 40 a EStG.

Die Gewerbeertragsteuer zeichnet sich dadurch aus, dass deren Höhe einerseits vom Ertrag des Unternehmens abhängig ist und andererseits den Ertrag des Unternehmens als Betriebsausgabe mindert. Soweit Gewerbeertragsteuer anfällt, wird sie daher im Anschluss an die bereits genannten Steuerarten berücksichtigt. Zu beachten ist, dass sich die Gewerbeertragsteuer und die Umsatzsteuer-Pauschalierung nach § 24 UStG in der Regel gegenseitig ausschließen; eine Ausnahme besteht nur hinsichtlich gewerblich infizierter Personengesellschaften gemäß § 15 Abs. 3 Nr. 1 EStG, soweit von diesen land- und forstwirtschaftliche Umsätze im Rahmen eines abgrenzbaren Teilbereichs ausgeführt werden. In diesen konkreten Fällen ist die Pauschalierung für die land- und forstwirtschaftlichen Umsätze nach § 24 UStG möglich *und* es fällt grundsätzlich Gewerbeertragsteuer an.

Die Anrechnung der Gewerbesteuer auf die Einkommensteuer ist in der Regel erstmals in dem Veranlagungszeitraum anzuwenden, in dem Einkünfte aus Gewerbebetrieb erzielt werden, die aus Wirtschaftsjahren stammen, die nach dem 31. Dezember 2000 beginnen, § 52 Abs. 50 a EStG. Damit ist bei abweichenden Wirtschaftsjahren die Steuerermäßigung grundsätzlich erstmals für den Veranlagungszeitraum 2002 möglich. In der vorliegenden Arbeit wird aus Gründen der Vergleichbarkeit *entgegen der gesetzlichen Regelung* davon ausgegangen, dass die Gewerbesteueranrechnung auch bei einem abweichenden Wirtschaftsjahr bereits ab 2001 anwendbar ist.

Anschließend wird bei Kapitalgesellschaften die Körperschaftsteuer und der Solidaritätszuschlag berechnet. Dabei wird unterstellt, dass die Kapitalgesellschaft ebenfalls bereits ab 2001 in vollem Umfang (auch bei abweichendem Wirtschafsjahr) der Definitivbesteuerung unterliegt[1].

Die Ermittlung der Einkommensteuer und des Solidaritätszuschlags auf der Ebene der Beteiligten erfolgt in einem zweiten Abschnitt. Für die Berechnung der Kirchensteuer sind die Interdependenzen zwischen Einkommensteuer und Kirchensteuer zu berücksichtigen; die Kirchensteuer mindert als Sonderausgabe nach § 10 Abs. 1 Nr. 4 EStG die Bemessungsgrundlage für die Einkommensteuer und damit wiederum ihre eigene Bemessungsgrundlage, § 51 a Abs. 2 EStG.

Gewinnausschüttungen von Kapitalgesellschaften werden aus Vereinfachungsgründen jeweils dem Veranlagungszeitraum zugerechnet, in dem der zugrunde liegende Gewinn erwirtschaftet wurde.

Das verbleibende Einkommen nach Steuern gilt als verbraucht; Zinseffekte werden nicht berücksichtigt.

Damit ergibt sich folgende grundsätzliche Berechnungsreihenfolge für die Ermittlung der Gesamtsteuerbelastung eines land- und forstwirtschaftlichen Unternehmens in alternativen Rechtsformen (s. *Darst. 11*):

Laufende Besteuerung:

Ebene Unternehmen:
1. Grundsteuer
2. Kraftfahrzeugsteuer
3. pauschale Lohnsteuer für Aushilfskräfte gemäß § 40 a EStG
4. Umsatzsteuer
5. Gewerbeertragsteuer
6. Körperschaftsteuer und Solidaritätszuschlag

Ebene Beteiligte:
1. Einkommensteuer, Kirchensteuer und Solidaritätszuschlag

Quelle: Eigene Darstellung, in Anlehnung an *Jacobs, O. H./Scheffler, W.*, Rechtsform, 1996, S. 35 f.

Darst. 11: Berechnungsreihenfolge für die Ermittlung der laufenden Steuerbelastung eines land- und forstwirtschaftlich tätigen Unternehmens und seiner Beteiligten

---

[1] Vgl. zum zeitlichen Anwendungsbereich der Definitivbesteuerung und des Halbeinkünfteverfahrens Teil B, Kapitel IV, Abschnitt 2, S. 59 f.

2. Daten der Modell-Unternehmung

Bei der Modell-Unternehmung handelt es sich um einen land- und forstwirtschaftlichen Haupterwerbsbetrieb in den alten Bundesländern (Bundesland Bayern) mit einer Eigentumsfläche von ca. 50 ha und einer Zupachtfläche von ca. 370 ha. Gegenstand der betrieblichen Tätigkeit ist sowohl Ackerbau als auch eine Schweine- und Rindermast.
Das Wirtschaftsjahr umfasst den Zeitraum vom 1. Juli bis 30. Juni. Für den Fall der Gewerblichkeit ist davon auszugehen, dass das Unternehmen mit seiner Firma in das Handelsregister eingetragen ist; der Gewinnermittlungszeitraum umfasst ebenfalls den 1. Juli bis 30. Juni.

Die Daten der Modell-Unternehmung[1] stellen sich wie folgt dar:

a. Bilanz und Gewinn- und Verlustrechnung

Die Gewinnermittlung erfolgt bei Rechtsformen mit Einkünften aus Land- und Forstwirtschaft nach § 13 EStG durch Betriebsvermögensvergleich gemäß § 4 Abs. 1 EStG, bei Gewerbebetrieben i.S.d. § 15 EStG durch Betriebsvermögensvergleich nach § 5 EStG. Der unter Beachtung steuerlicher Bewertungs- und Bilanzierungsregelungen ermittelte Jahresüberschuss vor Abzug von Steuern und Vergütungen an die Gesellschafter beträgt in den Wirtschaftsjahren:

2000/2001	88.068 €
2001/2002	111.168 €
2002/2003	152.968 €
2003/2004	89.368 €
2004/2005	168.968 €
2005/2006	132.068 €.

Die Grundsteuer ermittelt sich jährlich gleichbleibend in Höhe von 1.330 €.

---

[1] Vgl. zum grundsätzlichen Aufbau einer Steuerbelastungsvergleichsrechnung zwischen alternativen Rechtsformen u.a. *König, R./Sureth, C.*, Rechtsformwahl, 2001, S. 103 ff.; *Kessler, W./Schiffers, J.*, Rechtsformwahl, 1999, S. 51 ff.; und *Jacobs, O. H./Scheffler, W.*, Rechtsform, 1996, S. 36 ff.

Die eingesetzten Zugmaschinen und Anhänger werden ausschließlich in land- und forstwirtschaftlichen Betrieben verwendet und sind dem gemäß von der Kraftfahrzeugsteuer nach § 3 Nr. 7 KraftStG befreit[1].

Es werden je Erntesaison vier Aushilfskräfte für typische land- und forstwirtschaftliche Tätigkeiten, die nicht ganzjährig anfallen (Erntearbeiten), beschäftigt. Der Bruttolohn beträgt jeweils 1.100 €/Arbeitnehmer. Somit fällt je Wirtschaftsjahr eine pauschale Lohnsteuer gemäß § 40 a Abs. 3 EStG in Höhe von (1.100 € x 4 Aushilfskräfte x 5 %) 220 €, ein Solidaritätszuschlag zur Lohnsteuer von 12 € und eine pauschale Lohnkirchensteuer von 15 €[2] an.

Für die Wirtschaftsjahre 2000/2001 bis 2005/2006 ergeben sich die in *Tab. 1* dargestellten vorläufigen Gewinne vor Berücksichtigung von Steuern und Gesellschaftervergütungen. Basis für die Berechnung der absoluten Steuerbelastung in € und der Steuerbelastungsquote in % je Veranlagungszeitraum ist der Gewinn vor Steuern und vor Gesellschaftervergütungen des jeweiligen Kalenderjahres.

	2000/2001	2001/2002	2002/2003	2003/2004	2004/2005	2005/2006
Gewinn vor Steuern und Gesellschaftervergütungen	88.068 €	111.168 €	152.968 €	89.368 €	168.968 €	132.068 €

	2001	2002	2003	2004	2005
Aufteilung des Gewinns gemäß § 4 a Abs. 2 Nr. 1 EStG	44.034 € 55.584 €	55.584 € 76.484 €	76.484 € 44.684 €	44.684 € 84.484 €	84.484 € 66.034 €
Gewinn/Kalenderjahr vor Steuern und Gesellschaftervergütungen	99.618 €	132.068 €	121.168 €	129.168 €	150.518 €

Tab. 1: Gewinne vor Steuern und Gesellschaftervergütungen für die Wirtschaftsjahre 2000/2001 bis 2005/2006

b. Bewertung des Unternehmens für die laufende Besteuerung

Der Einheitswert des land- und forstwirtschaftlichen Vermögens bzw. der Einheitswert des als wirtschaftliche Einheit Land- und Forstwirtschaft zu bewerten-

---

[1] Vgl. dazu obige Ausführungen in Teil B, Kapitel III, Abschnitt 1, S. 47 f.
[2] Der Arbeitgeber pauschaliert für alle Aushilfskräfte die Kirchensteuer mit 7 % der pauschalen Lohnsteuer; vgl. Art. 6 KiStO Bayern in der Bekanntmachung der Neufassung des Gesetzes 1994 = *List, H.*, Kirchensteuer, 1997, S. 23.

den Betriebsvermögens (Betriebsgrundstücke, die losgelöst von ihrer Zugehörigkeit zu einem Gewerbebetrieb einen Betrieb der Land- und Forstwirtschaft bilden würden, § 99 Abs. 1 Nr. 2 BewG) beträgt 73.900 €.

c. Verträge mit Außenstehenden

Die langfristigen Verbindlichkeiten des Unternehmens betragen 200.000 € bei einem Fremdkapitalzinssatz von 6 %. Es ergibt sich damit eine Zinsbelastung je Wirtschaftsjahr in Höhe von 12.000 €.

d. Verträge mit Gesellschaftern

aa. Beteiligungsverhältnisse und Gewinnverteilung

Soweit für das land- und forstwirtschaftliche Unternehmen die Rechtsform einer Personen- oder Kapitalgesellschaft untersucht wird ist davon auszugehen, dass zwei Gesellschafter am Unternehmen zu jeweils gleichen Teilen am Kapital der Gesellschaft beteiligt sind.
Die Gewinn- und Verlustverteilung wird im Verhältnis der Beteiligung der Gesellschafter am Kapital der Gesellschaft 50 % : 50 % vorgenommen.

bb. Gesellschaft-Gesellschafter-Verträge

Im zu untersuchenden Grundfall bestehen mit beiden Gesellschaftern Geschäftsführungsverträge. Die Gesellschafter erhalten im Grundfall jeweils ein Bruttogehalt in Höhe von 22.000 €/p.a.. Sozialversicherungspflicht besteht aufgrund der Ausgestaltung der Geschäftsführungsverträge nicht.

e. Persönliche Verhältnisse

Soweit das land- und forstwirtschaftliche Unternehmen in der Rechtsform einer Personen- oder Kapitalgesellschaft untersucht wird, sind zwei Gesellschafter beteiligt. Folgende persönlichen Verhältnisse der beteiligten Gesellschafter sind zu beachten[1]:

---

[1] Typisch für land- und forstwirtschaftliche Gesellschaften ist die Beteiligung von Familienangehörigen, z.B. als Vater-Sohn-Gesellschaft. Im zu untersuchenden Grundfall wird daher

Gesellschafter	J.E.	H.E.
Familienstand	verheiratet	verheiratet
Anzahl der Kinder	0	0
Kirchensteuerpflicht	ja	ja
Aufteilung des Gewinns[1]	50 %	50 %
Weitere steuerpflichtige Einkünfte:		
Geschäftsführergehalt	22.000 €	22.000 €
Werbungskosten, § 9 a S. 1 Nr. 1 EStG	1.000 €	1.000 €
Vorsorgeaufwendungen	10.138 €	10.138 €
Übrige Sonderausgaben	108 €	108 €

Die Ehegatten der Gesellschafter haben keine eigenen Einkünfte.

f. Steuer- und Hebesätze

	Natürliche Personen	Juristische Personen
Grundsteuer		
Hebesatz A	300 %	300 %
Gewerbesteuer		
Hebesatz	350 %	350 %
Freibetrag	24.500 €	0 €
Steuermesszahl	1 % - 5 %	5 %
Hinzurechnungen gemäß § 8 Nr. 1 GewStG	6.000 €	6.000 €
Kürzungen gemäß § 9 Nr. 1 GewStG[2]	887 €	887 €
Körperschaftsteuer		
Definitivbelastung	----	25 %
Einkommensteuer		
Tarif (Splitting)	2001 – 2005	2001 – 2005
Solidaritätszuschlag	5,5 %	5,5 %
Kirchensteuer		
Regelsteuersatz[3]	8 %	----
Pauschalierung der Lohnsteuer	7 %	7 %

---

von einer derartigen Konstellation der Gesellschafter ausgegangen: J.E. als Vater, H.E. als Sohn und zukünftiger Hoferbe.
[1] Vgl. oben lit. d, aa, S. 85.
[2] Bei Betriebsgrundstücken i.S.d. § 99 Abs. 1 Nr. 2 BewG, die wie land- und forstwirtschaftliches Vermögen bewertet werden, sind nur 100 % des Einheitswerts zugrunde zu legen und nicht wie bei Grundstücken (§ 70 BewG) und bei Betriebsgrundstücken i.S.d. § 99 Abs. 1 Nr. 1 BewG, die wie Grundvermögen bewertet werden, 140 % gem. § 121 a BewG, Abschn. 59 Abs. 4 S. 2 und 4 GewStR.
[3] Vgl. zum bayerischen Kirchensteuertarif die Bekanntmachung des Bayer. Staatsministeriums der Finanzen v. 16.4.2002, BStBl I 2002, S. 600.

III. Grundfall: Steuerbelastungsvergleich für die Jahre 2001 bis 2005

1. Land- und forstwirtschaftliches Einzelunternehmen

Unter der Prämisse, dass der land- und forstwirtschaftliche Betrieb J.E. als Einzelunternehmer[1] zuzurechnen ist, ergeben sich entsprechend der Gewinnsituation für die Jahre 2001 bis 2005 folgende Gesamtsteuerbelastungen[2] (s. *Tab. 2*):

	2001	2002	2003	2004	2005
Gewinn vor Steuern und Gesellschaftervergütungen	99.618 €	132.068 €	121.168 €	129.168 €	150.518 €
./. Kraftfahrzeugsteuer	---	---	---	---	---
./. Grundsteuer	1.330 €	1.330 €	1.330 €	1.330 €	1.330 €
./. Pauschale Lohnsteuer/Kirchensteuer und Solidaritätszuschlag	247 €	247 €	247 €	247 €	247 €
Einkünfte aus LuF[3]	98.041 €	130.491 €	119.591 €	127.591 €	148.941 €
./. Vorsorgeaufwendungen	10.138 €	10.138 €	10.138 €	10.138 €	10.138 €
./. Übrige Sonderausgaben	108 €	1.881 €	3.017 €	2.524 €	2.844 €
zu versteuerndes Einkommen	87.795 €	118.472 €	106.436 €	114.929 €	135.959 €
Einkommensteuer	23.518 €	37.716 €	31.560 €	35.552 €	41.274 €
Solidaritätszuschlag	1.293 €	2.074 €	1.735 €	1.955 €	2.270 €
Kirchensteuer	1.881 €	3.017 €	2.524 €	2.844 €	3.301 €
Grundsteuer	1.330 €	1.330 €	1.330 €	1.330 €	1.330 €
pauschale LSt/KiSt/SolZ	247 €	247 €	247 €	247 €	247 €
Steuerbelastung in €	**28.269 €**	**44.384 €**	**37.396 €**	**41.928 €**	**48.422 €**
Steuerbelastungsquote in %	**28,38%**	**33,61%**	**30,86%**	**32,46%**	**32,17%**

Tab. 2: Gesamtsteuerbelastung 2001 bis 2005 für das land- und forstwirtschaftliche Einzelunternehmen – Grundfall

Die Gesamtsteuerbelastung für die Jahre 2001 bis 2005 beträgt 200.399 €.

---

[1] Vgl. zur Festlegung der zu untersuchenden Rechtsformalternativen Teil A, Kapitel III, S. 27.
[2] Im Veranlagungszeitraum 2001 wurden übrige Sonderausgaben i.S.d. §§ 10 Abs. 1 Nr. 1, 1 a), 4, 6, 7 und 9 und 10 b EStG in Höhe von 108 € bei Zusammenveranlagung berücksichtigt. Für die Veranlagungszeiträume 2002 bis 2005 werden als übrige Sonderausgaben die jeweils im laufenden Veranlagungszeitraum zu zahlende Kirchensteuer für den vorangegangenen Veranlagungszeitraum zu Grunde gelegt; weitere Sonderausgaben werden nicht berücksichtigt.
[3] Die Einkünfte aus Land- und Forstwirtschaft entsprechen i.d.R. der Summe der Einkünfte und, soweit die Voraussetzungen für die Gewährung des Freibetrags nach § 13 Abs. 3 EStG *nicht* gegeben sind, dem Gesamtbetrag der Einkünfte, § 2 Abs. 3 EStG.

Der Freibetrag nach § 13 Abs. 3 EStG wird im Fall des land- und forstwirtschaftlichen Einzelunternehmers J.E. nicht gewährt, da die Summe der Einkünfte jeweils 61.400 € bei Zusammenveranlagung übersteigt.

2. Land- und forstwirtschaftliche Personengesellschaft

Entsprechend der Ausgangsdaten der Modell-Unternehmung sind an der land- und forstwirtschaftlichen OHG J.E. und H.E. zu je 50 % am Kapital und am Gewinn und Verlust der Gesellschaft beteiligt. Der Freibetrag nach § 13 Abs. 3 EStG kann von den Gesellschaftern in Anspruch genommen werden, soweit die Summe der Einkünfte je Gesellschafter bei Zusammenveranlagung 61.400 € nicht übersteigt. Im Grundfall ist daher in den Veranlagungszeiträumen 2001 und 2003 bei den Gesellschaftern je ein Freibetrag nach § 13 Abs. 3 EStG in Höhe von 1.340 € zu berücksichtigen.

Für die Kalenderjahre 2001 bis 2005 ergibt sich folgende Gesamtsteuerbelastung (s. *Tab. 3*):

	2001	2002	2003	2004	2005
Gewinn vor Steuern und Gesellschaftervergütungen	99.618 €	132.068 €	121.168 €	129.168 €	150.518 €
./. Kraftfahrzeugsteuer	---	---	---	---	---
./. Grundsteuer	1.330 €	1.330 €	1.330 €	1.330 €	1.330 €
./. Pauschale Lohnsteuer/Kirchensteuer und Solidaritätszuschlag	247 €	247 €	247 €	247 €	247 €
Einkünfte aus LuF	98.041 €	130.491 €	119.591 €	127.591 €	148.941 €
Einkünfte aus LuF/Gesellschafter	49.021 €	65.246 €	59.796 €	63.796 €	74.471 €
./. Freibetrag § 13 Abs. 3 EStG	1.340 €	---	1.340 €	---	---
./. Vorsorgeaufwendungen	10.138 €	10.138 €	10.138 €	10.138 €	10.138 €
./. Übrige Sonderausgaben	108 €	459 €	882 €	670 €	811 €
zu versteuerndes Einkommen	37.435 €	54.649 €	47.436 €	52.988 €	63.522 €
Einkommensteuer	5.740 €	11.032 €	8.378 €	10.148 €	12.750 €
Solidaritätszuschlag	315 €	606 €	460 €	558 €	701 €
Kirchensteuer	459 €	882 €	670 €	811 €	1.020 €
Persönliche Steuerlast/Gesellschafter	6.514 €	12.520 €	9.508 €	11.517 €	14.471 €
Persönliche Steuerlast Gesellschafter	13.028 €	25.040 €	19.016 €	23.034 €	28.942 €
Grundsteuer	1.330 €	1.330 €	1.330 €	1.330 €	1.330 €
pauschale LSt/KiSt/SolZ	247 €	247 €	247 €	247 €	247 €
Steuerbelastung in €	**14.605 €**	**26.617 €**	**20.593 €**	**24.611 €**	**30.519 €**
Steuerbelastungsquote in %	**14,66%**	**20,15%**	**17,00%**	**19,05%**	**20,28%**

Tab. 3: Gesamtsteuerbelastung 2001 bis 2005 für das land- und forstwirtschaftliche Personenunternehmen – Grundfall

Damit beträgt die steuerliche Gesamtbelastung für die Modell-Unternehmung in der Rechtsform einer land- und forstwirtschaftlichen Personengesellschaft (OHG) für die Jahre 2001 bis 2005 insgesamt 116.945 €.

3. Gewerbebetrieb

a. Gewerbliches Einzelunternehmen

Vor allem für land- und forstwirtschaftliche Betriebe, die in der Vergangenheit häufig an die Grenzen der Gewerblichkeit gestoßen sind (z.b. wegen der Tierbestandsgrenzen oder eines entsprechenden Zukaufs), kann sich ab 2001 die Frage nach einer bewusst anzustrebenden Gewerblichkeit unter dem Aspekt des § 35 EStG[1] ergeben.

Ist davon auszugehen, dass das Modell-Unternehmen seine steuerliche Einordnung als land- und forstwirtschaftlicher Betrieb i.S.d. § 13 EStG verliert und als Gewerbebetrieb gemäß § 15 EStG zu behandeln ist, wird eine besondere Betrachtung der steuerlichen Gesamtbelastung des Unternehmens (s. *Tab. 4*) erforderlich.

Grundsätzlich ist zunächst zu berücksichtigen, dass der Gewinn des Wirtschaftsjahres nicht mehr zeitanteilig auf das Kalenderjahr, in dem das Wirtschaftsjahr beginnt und auf das Kalenderjahr, in dem das Wirtschaftsjahr endet, aufzuteilen ist. Der Gewinn des Wirtschaftsjahres ist bei Gewerbebetrieben vielmehr dem Kalenderjahr zuzurechnen, in dem das Wirtschaftsjahr endet, § 4 a Abs. 2 Nr. 2 EStG.

Da die eingesetzten Kraftfahrzeuge ausschließlich für die in § 3 Nr. 7 KraftStG genannten Zwecke eingesetzt werden, ist Befreiung von der Kraftfahrzeugsteuer gegeben.

Die Pauschalierung der Lohnsteuer gemäß § 40 a Abs. 3 EStG mit einem Pauschalsteuersatz von 5 % kann dann nicht mehr vorgenommen werden, wenn es sich nicht mehr um einen Betrieb i.S.d. § 13 Abs. 1 Nr. 1 bis 4 EStG handelt[2]. Wird unterstellt, dass die im Ausgangsfall bezeichneten Aushilfskräfte in einem einheitlich als Gewerbebetrieb zu beurteilenden Einzelunternehmen beschäftigt werden, kann jedoch die Pauschalierung der Lohnsteuer nach § 40 a Abs. 1 EStG in Betracht kommen, wenn die Arbeitnehmer bei dem Arbeitgeber nur ge-

---

[1] Vgl. dazu die Ausführungen in Teil B, Kapitel IV, Abschnitt 1, S. 55 f.
[2] Vgl. dazu die Ausführungen in Teil B, Kapitel IV, Abschnitt 3, lit. e, S. 67 f.

legentlich, d.h. nicht regelmäßig wiederkehrend beschäftigt werden (in diesem Fall für Erntearbeiten), die Dauer der Beschäftigung 18 zusammenhängende Arbeitstage und der Arbeitslohn während der Beschäftigungsdauer 62 € durchschnittlich je Arbeitstag nicht übersteigt. Bei dieser sog. kurzfristigen Beschäftigung kann die Lohnsteuer unter Verzicht auf die Vorlage einer Lohnsteuerkarte mit einem Pauschalsteuersatz von 25 % berechnet werden, § 40 a Abs. 1 S. 1 EStG.

Für die zu betrachtende Rechtsformalternative des gewerblichen Einzelunternehmens wird die Anwendbarkeit dieser Regelung unterstellt; es ergibt sich damit eine pauschale Lohnsteuer in Höhe von (1.100 € x 4 Aushilfskräfte x 25 %) 1.100 €, ein Solidaritätszuschlag von 60 € und eine pauschale Lohnkirchensteuer von 77 €.

Für den Fall des gewerblichen Einzelunternehmens entsteht darüber hinaus grundsätzlich Gewerbeertragsteuer. Der Gewerbesteuer-Hebesatz beträgt im Ausgangsfall 350 %. Dem Gewinn aus Gewerbebetrieb sind gemäß § 8 Nr. 1 GewStG die Hälfte der Dauerschuldzinsen, 6.000 €, wieder zuzurechnen. Die Summe des Gewinns und der Hinzurechnungen ist um 1,2 % des Einheitswerts des zum Betriebsvermögens gehörenden Grundbesitzes zu kürzen, 887 €, § 9 Nr. 1 GewStG.

Der Freibetrag nach § 13 Abs. 3 EStG ist den Steuerpflichtigen mit Einkünften aus Land- und Forstwirtschaft gemäß § 13 EStG vorbehalten; er wird *nicht* bei der Erzielung von Einkünften aus Gewerbebetrieb i.S.d. § 15 EStG gewährt.

Gewerblicher Einzelunternehmer ist wiederum J.E..

Für das gewerbliche Einzelunternehmen entsteht eine steuerliche Gesamtbelastung für die Jahre 2001 bis 2005 von insgesamt 192.177 €.

	2001	2002	2003	2004	2005
Gewinn vor Steuern und Gesellschaftervergütungen	88.068 €	111.168 €	152.968 €	89.368 €	168.968 €
./. Kraftfahrzeugsteuer	---	---	---	---	---
./. Grundsteuer	1.330 €	1.330 €	1.330 €	1.330 €	1.330 €
./. Pauschale Lohnsteuer/Kirchensteuer und Solidaritätszuschlag	1.237 €	1.237 €	1.237 €	1.237 €	1.237 €
Zwischenergebnis	85.501 €	108.601 €	150.401 €	86.801 €	166.401 €
./. Gewerbesteuer	6.272 €	9.712 €	15.938 €	6.465 €	18.321 €
Einkünfte aus Gewerbebetrieb	79.229 €	98.889 €	134.463 €	80.336 €	148.080 €
./. Vorsorgeaufwendungen	10.138 €	10.138 €	10.138 €	10.138 €	10.138 €
./. Übrige Sonderausgaben	108 €	1.285 €	1.869 €	3.127 €	1.201 €
zu versteuerndes Einkommen	68.983 €	87.466 €	122.456 €	67.071 €	136.741 €
Einkommensteuer	16.064 €	23.372 €	39.090 €	15.018 €	41.602 €
./. Gewerbesteueranrechnung	3.222 €	4.995 €	8.194 €	3.321 €	9.418 €
verbleibende Einkommensteuer	12.842 €	18.377 €	30.896 €	11.697 €	32.184 €
Solidaritätszuschlag	706 €	1.010 €	1.699 €	643 €	1.770 €
Kirchensteuer	1.285 €	1.869 €	3.127 €	1.201 €	3.328 €
Grundsteuer	1.330 €	1.330 €	1.330 €	1.330 €	1.330 €
pauschale LSt/KiSt/SolZ	1.237 €	1.237 €	1.237 €	1.237 €	1.237 €
Gewerbesteuer	6.272 €	9.712 €	15.938 €	6.465 €	18.321 €
Steuerbelastung in €	**23.672 €**	**33.535 €**	**54.227 €**	**22.573 €**	**58.170 €**
Steuerbelastungsquote in %	**26,88%**	**30,17%**	**35,45%**	**25,26%**	**34,43%**

Tab. 4: Gesamtsteuerbelastung 2001 bis 2005 für das gewerbliche Einzelunternehmen – Grundfall

b. Gewerblich infizierte Personengesellschaft

Ausgehend von den Daten des land- und forstwirtschaftlichen Modell-Unternehmens wird unterstellt, dass die ursprünglich land- und forstwirtschaftlich tätige OHG mit den Gesellschaftern J.E. und H.E. durch den Handel mit Betriebsmitteln gewerblich infiziert ist, § 15 Abs. 3 Nr. 1 EStG. In diesem Zusammenhang ist jedoch zu berücksichtigen, dass Tätigkeiten, die die Voraussetzungen der Vereinfachungsregelungen der R 135 Abs. 2 bis 12 EStR erfüllen, als land- und forstwirtschaftlich gelten, R 135 Abs. 1 S. 7 EStR, und damit nicht zur gewerblichen Infektion der Mitunternehmerschaft führen.

Die Zurechnung des Gewinns erfolgt nach § 4 a Abs. 2 Nr. 2 EStG. Für die Gewerbesteuer ist von einem Gewerbesteuer-Hebesatz von 350 % auszugehen. Es ergibt sich folgende Gesamtsteuerbelastung (s. *Tab. 5*).

Die Gesamtsteuerbelastung für die gewerblich infizierte Personengesellschaft beträgt demzufolge für die Jahre 2001 bis 2005 122.823 €.

	2001	2002	2003	2004	2005
Gewinn vor Steuern und Gesellschaftervergütungen	88.068 €	111.168 €	152.968 €	89.368 €	168.968 €
./. Kraftfahrzeugsteuer	---	---	---	---	---
./. Grundsteuer	1.330 €	1.330 €	1.330 €	1.330 €	1.330 €
./. Pauschale Lohnsteuer/Kirchensteuer und Solidaritätszuschlag	1.237 €	1.237 €	1.237 €	1.237 €	1.237 €
Zwischenergebnis	85.501 €	108.601 €	150.401 €	86.801 €	166.401 €
./. Gewerbesteuer	*6.272 €*	*9.712 €*	*15.938 €*	*6.465 €*	*18.321 €*
Einkünfte aus Gewerbebetrieb	79.229 €	98.889 €	134.463 €	80.336 €	148.080 €
Einkünfte aus Gewerbebetrieb/Gesellschafter	39.615 €	49.445 €	67.232 €	40.168 €	74.040 €
./. Vorsorgeaufwendungen	10.138 €	10.138 €	10.138 €	10.138 €	10.138 €
./. Übrige Sonderausgaben	108 €	284 €	494 €	907 €	252 €
zu versteuerndes Einkommen	29.369 €	39.023 €	56.600 €	29.123 €	63.650 €
Einkommensteuer	3.550 €	6.180 €	11.344 €	3.156 €	12.794 €
./. Gewerbesteueranrechnung	1.611 €	2.498 €	4.097 €	1.661 €	4.709 €
verbleibende Einkommensteuer	1.939 €	3.682 €	7.247 €	1.495 €	8.085 €
Solidaritätszuschlag	106 €	202 €	398 €	82 €	444 €
Kirchensteuer	284 €	494 €	907 €	252 €	1.023 €
Persönliche Steuerlast/Gesellschafter	2.329 €	4.378 €	8.552 €	1.829 €	9.552 €
Persönliche Steuerlast Gesellschafter	4.658 €	8.756 €	17.104 €	3.658 €	19.104 €
Grundsteuer	1.330 €	1.330 €	1.330 €	1.330 €	1.330 €
pauschale LSt/KiSt/SolZ	1.237 €	1.237 €	1.237 €	1.237 €	1.237 €
Gewerbesteuer	6.272 €	9.712 €	15.938 €	6.465 €	18.321 €
Steuerbelastung in €	**13.497 €**	**21.035 €**	**35.609 €**	**12.690 €**	**39.992 €**
Steuerbelastungsquote in %	**15,33%**	**18,92%**	**23,28%**	**14,20%**	**23,67%**

Tab. 5: Gesamtsteuerbelastung 2001 bis 2005 für die gewerblich infizierte Personengesellschaft – Grundfall

4. Land- und forstwirtschaftlich tätige Kapitalgesellschaft

Unter der Prämisse, dass für die land- und forstwirtschaftliche Modell-Unternehmung die Rechtsform der GmbH gewählt wird, werden folgende Grundfälle unterschieden:

a. Volle Thesaurierung der Gewinne,
b. Zahlung von Geschäftsführergehältern von zunächst jeweils 22.000 €/ Gesellschafter; der verbleibende Gewinn wird *thesauriert*,
c. Vollausschüttung der Gewinne,
d. Zahlung von Geschäftsführergehältern von zunächst jeweils 22.000 €/ Gesellschafter; der verbleibende Gewinn wird *ausgeschüttet*.

Zu beachten ist, dass sich bei einer land- und forstwirtschaftlich tätigen Kapitalgesellschaft der Gewinnermittlungszeitraum ebenfalls nach § 4 a Abs. 2 Nr. 2 EStG bestimmt, § 7 Abs. 4 S. 2 KStG. Sowohl die Vorschriften über die Befreiung von der Kraftfahrzeugsteuer nach § 3 Nr. 7 KraftStG als auch über die Pauschalierung der Lohnsteuer für Aushilfskräfte gemäß § 40 a Abs. 3 EStG sind anwendbar.

a. Steuerbelastung bei Vollthesaurierung

Die sich bei voller Thesaurierung der Gewinne ergebende Gesamtsteuerbelastung für die land- und forstwirtschaftlich tätige GmbH ist der *Tab. 6* zu entnehmen:

	2001	2002	2003	2004	2005
Vorläufiges zu versteuerndes Einkommen vor Steuern und Gesellschaftervergütungen	88.068 €	111.168 €	152.968 €	89.368 €	168.968 €
./. Kraftfahrzeugsteuer	---	---	---	---	---
./. Grundsteuer	1.330 €	1.330 €	1.330 €	1.330 €	1.330 €
./. Pauschale Lohnsteuer/Kirchensteuer und Solidaritätszuschlag	247 €	247 €	247 €	247 €	247 €
Zwischenergebnis	86.491 €	109.591 €	151.391 €	87.791 €	167.391 €
./. Gewerbesteuer	13.643 €	17.083 €	23.309 €	13.836 €	25.692 €
Ergebnis nach Gewerbesteuer	72.848 €	92.508 €	128.082 €	73.955 €	141.699 €
Körperschaftsteuer	18.212 €	23.127 €	32.020 €	18.488 €	35.424 €
Solidaritätszuschlag	1.002 €	1.272 €	1.761 €	1.017 €	1.948 €
Grundsteuer	1.330 €	1.330 €	1.330 €	1.330 €	1.330 €
pauschale LSt/KiSt/SolZ	247 €	247 €	247 €	247 €	247 €
Gewerbesteuer	13.643 €	17.083 €	23.309 €	13.836 €	25.692 €
Steuerbelastung in €	34.434 €	43.059 €	58.667 €	34.918 €	64.641 €
Steuerbelastungsquote in %	39,10%	38,73%	38,35%	39,07%	38,26%

Tab. 6: Gesamtsteuerbelastung 2001 bis 2005 für die land- und forstwirtschaftlich tätige Kapitalgesellschaft bei Vollthesaurierung – Grundfall

Für die land- und forstwirtschaftlich tätige GmbH errechnet sich für den zu betrachtenden Grundfall bei Thesaurierung der Gewinne eine Steuerbelastung für die Kalenderjahre 2001 bis 2005 von insgesamt 235.719 €.
Da die Gesellschafter der land- und forstwirtschaftlich tätigen Kapitalgesellschaft über keine anderweitigen Einkünfte verfügen, ist die volle Thesaurierung der erzielten Gewinne wenig realistisch. Vor allem Gesellschafter der doch personenbezogenen land- und forstwirtschaftlich tätigen Kapitalgesellschaften wer-

den mehr oder weniger auf Leistungen „ihrer" Kapitalgesellschaft angewiesen sein. Aus diesem Grund werden im folgenden die Steuerbelastungen für die Fälle, in denen die Kapitalgesellschaft ihren Gesellschaftern ihre Leistungen für die Geschäftsführung durch entsprechende Gehälter vergütet und/oder Gewinne an die Gesellschafter ausschüttet, berechnet.

b. Zahlung von Geschäftsführergehältern und Thesaurierung der verbleibenden Gewinne

Die Gesellschafter erhalten jeweils ein jährliches Bruttogehalt für ihre Geschäftsführungsleistungen in Höhe von 22.000 €. Lohnsteuer ist nicht einzubehalten. Die verbleibenden Gewinne werden in voller Höhe thesauriert. Die Einkünfte aus nichtselbständiger Arbeit gemäß § 19 EStG werden um den Arbeitnehmer-Pauschbetrag nach § 9 a S. 1 Nr. 1 EStG in Höhe von 1.000 €[1] vermindert. Es ergibt sich folgende Gesamtsteuerbelastung (s. *Tab. 7*):

	2001	2002	2003	2004	2005
Vorläufiges zu versteuerndes Einkommen vor Steuern und Gesellschaftervergütungen	88.068 €	111.168 €	152.968 €	89.368 €	168.968 €
./. Kraftfahrzeugsteuer	---	---	---	---	---
./. Grundsteuer	1.330 €	1.330 €	1.330 €	1.330 €	1.330 €
./. Pauschale Lohnsteuer/Kirchensteuer und Solidaritätszuschlag	247 €	247 €	247 €	247 €	247 €
Zwischenergebnis	86.491 €	109.591 €	151.391 €	87.791 €	167.391 €
./. Geschäftsführergehälter	44.000 €	44.000 €	44.000 €	44.000 €	44.000 €
Zwischenergebnis	42.491 €	65.591 €	107.391 €	43.791 €	123.391 €
./. Gewerbesteuer	7.089 €	10.530 €	16.755 €	7.283 €	19.138 €
Ergebnis nach Gewerbesteuer	35.402 €	55.061 €	90.636 €	36.508 €	104.253 €
Körperschaftsteuer	8.850 €	13.765 €	22.659 €	9.127 €	26.063 €
Solidaritätszuschlag	487 €	757 €	1.246 €	502 €	1.433 €
Grundsteuer	1.330 €	1.330 €	1.330 €	1.330 €	1.330 €
pauschale LSt/KiSt/SolZ	247 €	247 €	247 €	247 €	247 €
Gewerbesteuer	7.089 €	10.530 €	16.755 €	7.283 €	19.138 €
Steuerbelastung in €	18.003 €	26.629 €	42.237 €	18.489 €	48.211 €
Steuerbelastungsquote in %	20,44%	23,95%	27,61%	20,69%	28,53%

Tab. 7: Gesamtsteuerbelastung 2001 bis 2005 für die land- und forstwirtschaftlich tätige Kapitalgesellschaft bei Zahlung von Geschäftsführergehältern und Thesaurierung der verbleibenden Gewinne – Grundfall

---

[1] Der exakte Arbeitnehmer-Pauschbetrag gemäß § 9 a S. 1 Nr. 1 EStG beträgt ab 1.1.2002 1.044 €. Aus Vereinfachungsgründen wird für die nachfolgenden Berechnungen von einem Arbeitnehmer-Pauschbetrag von 1.000 € ausgegangen.

Bei Zahlung von Geschäftsführervergütungen in Höhe von 22.000 €/p.a. und Gesellschafter und Thesaurierung der verbleibenden Gewinne ergibt sich für den zu betrachtenden Grundfall eine Gesamtsteuerbelastung für die Jahre 2001 bis 2005 von 153.569 €.

Zu beachten ist, dass in den zu untersuchenden Kalenderjahren bei den Gesellschaftern keine Einkommensteuer, kein Solidaritätszuschlag und keine Kirchensteuer entsteht, da bei einem zunächst unterstellten Geschäftsführergehalt von 22.000 €/p.a. unter den gegebenen Bedingungen nach Abzug der Sonderausgaben der jährliche Grundfreibetrag bei Zusammenveranlagung[1] nicht überschritten wird.

c. Zahlung von Geschäftsführergehältern und Vollausschüttung der verbleibenden Gewinne

Bei der Ausschüttung der nach Zahlung von Geschäftsführergehältern verbleibenden Gewinne ist zu beachten, dass diese als Einkünfte aus Kapitalvermögen i.S.d. § 20 Abs. 1 Nr. 1 S. 1 EStG dem Halbeinkünfteverfahren, § 3 Nr. 40 d) EStG, unterliegen. Als Werbungskosten wird der Pauschbetrag gemäß § 9 a S. 1 Nr. 2 EStG in Höhe von 102 € bei Zusammenveranlagung berücksichtigt; weitere Werbungskosten, die unter § 3 c Abs. 2 EStG fallen, sind im zu untersuchenden Grundfall nicht entstanden. Darüber hinaus wird der Sparerfreibetrag des § 20 Abs. 4 EStG in Höhe von 3.100 € von den Einnahmen i.S.d. § 20 EStG abgezogen.

Bei der Berechnung der Gesamtsteuerbelastung von Unternehmen und Gesellschafter ist ferner zu beachten, dass für die Ermittlung der Einkommensteuer als Bemessungsgrundlage für die Kirchensteuer das zu versteuernde Einkommen um die nach § 3 Nr. 40 EStG steuerfreien Beträge wieder zu erhöhen ist; § 51 a Abs. 2 S. 2 EStG. Damit ist die Festsetzung und Erhebung von Kirchensteuer denkbar, obwohl keine Einkommensteuer festgesetzt und erhoben wird.

Bei Zahlung von Geschäftsführergehältern von 22.000 €/p.a. und Gesellschafter und Vollausschüttung der nach Abzug der Geschäftsführergehälter noch verbleibenden Gewinne an die Gesellschafter ergibt sich für die Kalenderjahre 2001 bis 2005 eine Gesamtsteuerbelastung von 166.915 € (s. *Tab. 8*).

---

[1] Grundfreibeträge bei Zusammenveranlagung: 2001 28.186 DM, 2002 14.470 €, 2003/2004 14.852 €, 2005 15.328 €, §§ 32 a Abs. 1 Nr. 1 i.V.m. 52 Abs. 41 EStG.

	2001	2002	2003	2004	2005
Vorläufiges zu versteuerndes Einkommen vor Steuern und Gesellschaftervergütungen	88.068 €	111.168 €	152.968 €	89.368 €	168.968 €
./. Kraftfahrzeugsteuer	---	---	---	---	---
./. Grundsteuer	1.330 €	1.330 €	1.330 €	1.330 €	1.330 €
./. Pauschale Lohnsteuer/Kirchensteuer und Solidaritätszuschlag	247 €	247 €	247 €	247 €	247 €
Zwischenergebnis	86.491 €	109.591 €	151.391 €	87.791 €	167.391 €
./. Geschäftsführergehälter	44.000 €	44.000 €	44.000 €	44.000 €	44.000 €
Zwischenergebnis	42.491 €	65.591 €	107.391 €	43.791 €	123.391 €
./. Gewerbesteuer	7.089 €	10.530 €	16.755 €	7.283 €	19.138 €
Ergebnis nach Gewerbesteuer	35.402 €	55.061 €	90.636 €	36.508 €	104.253 €
./. Körperschaftsteuer	8.850 €	13.765 €	22.659 €	9.127 €	26.063 €
./. Solidaritätszuschlag	487 €	757 €	1.246 €	502 €	1.433 €
Gewinn nach KSt/SolZ	26.065 €	40.539 €	66.731 €	26.879 €	76.757 €
Steuerzahllast Unternehmensebene	18.003 €	26.629 €	42.237 €	18.489 €	48.211 €
Einkommensteuer Gesellschafter	---	1.384 €	3.776 €	---	4.564 €
Solidaritätszuschlag Gesellschafter	---	76 €	206 €	---	250 €
Kirchensteuer Gesellschafter	220 €	502 €	1.018 €	174 €	1.176 €
Steuerbelastung in €	**18.223 €**	**28.591 €**	**47.237 €**	**18.663 €**	**54.201 €**
Steuerbelastungsquote in %	**20,69%**	**25,72%**	**30,88%**	**20,88%**	**32,08%**

Tab. 8: Gesamtsteuerbelastung 2001 bis 2005 für die land- und forstwirtschaftlich tätige Kapitalgesellschaft bei Zahlung von Geschäftsführergehältern und Vollausschüttung der verbleibenden Gewinne – Grundfall

d. Steuerbelastung bei Vollausschüttung

Für den Grundfall des Modell-Unternehmens wird abschließend davon ausgegangen, dass keine Vergütungen für die von den Gesellschaftern für die Gesellschaft erbrachten Leistungen gezahlt werden, sondern der Gewinn nach Unternehmenssteuern und nach Feststellung vollumfänglich an die Gesellschafter ausgeschüttet wird.

Damit ergeben sich folgende Steuerbelastungen für die land- und forstwirtschaftlich tätige GmbH und ihre Gesellschafter (s. *Tab. 9*); die Gesamtsteuerbelastung im Fall der Vollausschüttung beträgt für die Jahre 2001 bis 2005 237.491 €.

	2001	2002	2003	2004	2005
Vorläufiges zu versteuerndes Einkommen vor Steuern und Gesellschaftervergütungen	88.068 €	111.168 €	152.968 €	89.368 €	168.968 €
./. Kraftfahrzeugsteuer	---	---	---	---	---
./. Grundsteuer	1.330 €	1.330 €	1.330 €	1.330 €	1.330 €
./. Pauschale Lohnsteuer/Kirchensteuer und Solidaritätszuschlag	247 €	247 €	247 €	247 €	247 €
Zwischenergebnis	86.491 €	109.591 €	151.391 €	87.791 €	167.391 €
./. Gewerbesteuer	13.643 €	17.083 €	23.309 €	13.836 €	25.692 €
Ergebnis nach Gewerbesteuer	72.848 €	92.508 €	128.082 €	73.955 €	141.699 €
./. Körperschaftsteuer	18.212 €	23.127 €	32.020 €	18.488 €	35.424 €
./. Solidaritätszuschlag	1.002 €	1.272 €	1.761 €	1.017 €	1.948 €
Gewinn nach KSt/SolZ	53.634 €	68.109 €	94.301 €	54.450 €	104.327 €
Steuerzahllast Unternehmensebene	34.434 €	43.059 €	58.667 €	34.918 €	64.641 €
Einkommensteuer Gesellschafter	---	---	---	---	---
Solidaritätszuschlag Gesellschafter	---	---	---	---	---
Kirchensteuer Gesellschafter	---	218 €	698 €	---	856 €
Steuerbelastung in €	34.434 €	43.277 €	59.365 €	34.918 €	65.497 €
Steuerbelastungsquote in %	39,10%	38,93%	38,81%	39,07%	38,76%

Tab. 9: Gesamtsteuerbelastung 2001 bis 2005 für die land- und forstwirtschaftlich tätige Kapitalgesellschaft bei Vollausschüttung – Grundfall

5. Analyse der Belastungsunterschiede

a. Vergleich der absoluten Steuerbelastungen

Wird die Steuerbelastung des zu untersuchenden land- und forstwirtschaftlichen Modell-Unternehmens in den gewählten alternativen Rechtsformen[1] nach ihrer absoluten Höhe für die einzelnen Kalenderjahre aufsteigend angeordnet, ergibt

---

[1] Es werden folgende Abkürzungen verwendet:
luf EU   land- und forstwirtschaftliches Einzelunternehmen
luf OHG   land- und forstwirtschaftlich tätige OHG
gew. EU   gewerbliches Einzelunternehmen
gew. inf. OHG   gewerblich infizierte OHG
GmbH/Th.   GmbH, die ihren nach Steuern verbleibenden Gewinn ohne Zahlung von Geschäftsführergehältern in voller Höhe thesauriert
GmbH/G/Th.   GmbH, die ihren nach Zahlung von Geschäftsführergehältern und Steuern verbleibenden Gewinn in voller Höhe thesauriert
GmbH/G/A.   GmbH, die ihren nach Zahlung von Geschäftsführergehältern und Steuern verbleibenden Gewinn in voller Höhe ausschüttet
GmbH/A.   GmbH, die ihren nach Steuern verbleibenden Gewinn ohne Zahlung von Geschäftsführergehältern in voller Höhe ausschüttet

sich die aus *Tab. 10* und *Darst. 12* zu ersehende Rangfolge der Vorteilhaftigkeit der einzelnen Rechtsformalternativen im Zeitablauf:

Alternative Rechtsformen	2001	2002	2003	2004	2005	2001 - 2005
luf OHG (1)	14.605 €	26.617 €	20.593 €	24.611 €	30.519 €	116.945 €
gew. inf. OHG (2)	13.497 €	21.035 €	35.609 €	12.690 €	39.992 €	122.823 €
GmbH/G/Th. (3)	18.003 €	26.629 €	42.237 €	18.489 €	48.211 €	153.569 €
GmbH/G/A. (4)	18.223 €	28.591 €	47.237 €	18.663 €	54.201 €	166.915 €
gew. EU (5)	23.672 €	33.535 €	54.227 €	22.573 €	58.170 €	192.177 €
luf EU (6)	28.269 €	44.384 €	37.396 €	41.928 €	48.422 €	200.399 €
GmbH/Th. (7)	34.434 €	43.059 €	58.667 €	34.918 €	64.641 €	235.719 €
GmbH/A. (8)	34.434 €	43.277 €	59.365 €	34.918 €	65.497 €	237.491 €

Tab. 10: Ergebnisübersicht der Gesamtsteuerbelastungen im Rechtsformvergleich 2001 bis 2005 – Grundfall

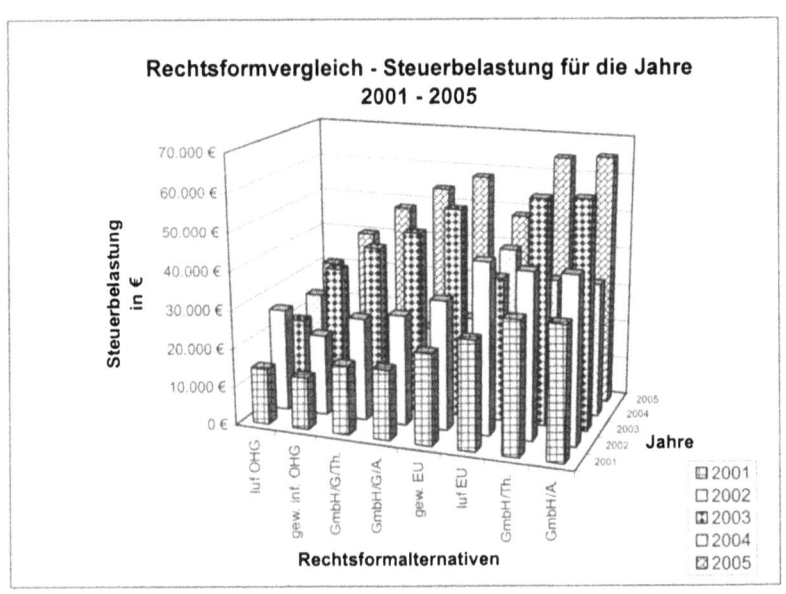

Quelle: Eigene Berechnungen.

Darst. 12: Steuerbelastungsvergleich 2001 bis 2005 – Grundfall

Die Gesamtsteuerbelastung des land- und forstwirtschaftlichen Unternehmens in den alternativen Rechtsformen in den Jahren 2001 bis 2005 lässt sich dabei zusammenfassend wie folgt darstellen (s. Darst. 13):

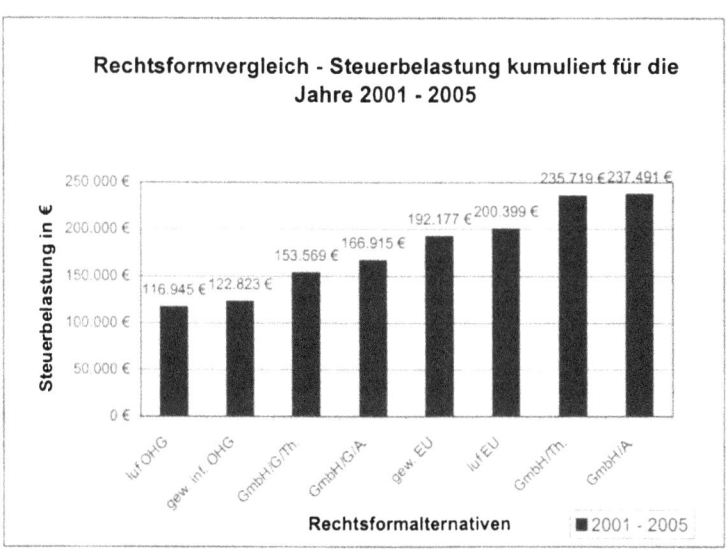

Quelle: Eigene Berechnungen.

Darst. 13: Rechtsformvergleich: Steuerbelastung kumuliert für die Jahre 2001 bis 2005 – Grundfall

b. Analyse der Belastungsdifferenzen

Betrachtet man die kumulierte Steuerbelastung für die alternativen Rechtsformen im Zeitablauf für die Jahre 2001 bis 2005 ergibt sich, dass zwischen der „günstigsten" und der „teuersten" Rechtsformalternative für das land- und forstwirtschaftliche Modell-Unternehmen, der land- und forstwirtschaftlich tätigen OHG und der GmbH bei Vollausschüttung, eine absolute Steuerdifferenz in Höhe von 120.546 € liegt.

Die „GmbH bei Vollausschüttung" und die „GmbH bei Vollthesaurierung" sind die Rechtsformalternativen, die unter den gegebenen Bedingungen des Modell-Unternehmens zu den höchsten Steuerbelastungen im Zeitablauf 2001 bis 2005 führen. Die GmbH bei Vollthesaurierung der erzielten Gewinne ist lediglich um 1.772 € im Zeitablauf günstiger als die GmbH bei Vollausschüttung. Die Differenz liegt in diesem Fall in der Kirchensteuerpflicht der Gesellschafter begründet. Zwar entsteht in den Jahren 2001 bis 2005 durch die Vollausschüttung der Gewinne aufgrund der persönlichen steuerlichen Verhältnisse der Gesellschafter unter Berücksichtigung des Halbeinkünfteverfahrens keine Einkommensteuer und kein Solidaritätszuschlag. Für die Berechnung der Kirchensteuer ist jedoch zu berücksichtigen, dass das zu versteuernde Einkommen um die bisher nicht berücksichtigte Hälfte der Kapitaleinnahmen wieder zu erhöhen ist, § 51 a Abs. 2 S. 2 EStG[1]. Kirchensteuer wird bei den Gesellschaftern in den Jahren 2002, 2003 und 2005 festgesetzt und erhoben, da bei den Gesellschaftern bei Nichtberücksichtigung des Halbeinkünfteverfahrens entsprechend Einkommensteuer entstehen würde.

Durch die Definitivbesteuerung ist die Steuerbelastung auf der Ebene der Kapitalgesellschaft in den zu betrachtenden Fällen – unabhängig davon, ob die GmbH ausschüttet oder thesauriert – gleich hoch: bei beiden Varianten beträgt die Steuerzahllast auf der Ebene der Gesellschaft für die Jahre 2001 bis 2005 insgesamt 235.719 €.

Eine wesentliche Minderung der absoluten Steuerbelastung ergibt sich für die Rechtsformalternative GmbH durch die Zahlung von Geschäftsführergehältern an die Gesellschafter.

Im konkreten Ausgangsfall führt die Zahlung von Geschäftsführergehältern von insgesamt 44.000 €/p.a. an die Gesellschafter im Vergleich zur Nichtleistung von derartigen Vergütungen – *unabhängig vom Ausschüttungsverhalten* der Gesellschaft – für die Jahre 2001 bis 2005 zunächst zu einer absoluten Steuerminderung auf der *Ebene der Kapitalgesellschaft* in Höhe von 82.150 €. Bedingt ist diese Steuerentlastung der GmbH durch die Minderung der Gewerbeertragsteuer (32.768 €), der Körperschaftsteuer (46.807 €) und des Solidaritätszuschlags (2.575 €) durch die Verringerung der steuerlichen Bemessungsgrundlage durch Abzug der Geschäftsführergehälter als Betriebsausgabe.

Auf der *Ebene der Gesellschafter* entstehen allerdings durch Ausschüttung oder aber Thesaurierung der verbleibenden Gewinne durch die GmbH entsprechend unterschiedliche Steuerzahllasten in Bezug auf die Einkommensteuer, den Solidaritätszuschlag und die Kirchensteuer. Soweit die GmbH im zu betrachtenden Ausgangsfall die nach Zahlung von Geschäftsführergehältern verbleibenden Gewinne thesauriert, ist dies im Vergleich zur Ausschüttung der Gewinne die steuerlich günstigere Alternative: durch die Thesaurierung fällt um insgesamt 13.346 € weniger Einkommensteuer, Solidaritätszuschlag und Kirchensteuer an

---

[1] Im Gegenzug zur vollen Berücksichtigung der Einnahmen aus Kapitalvermögen sind für die Berechnung der Kirchensteuer jedoch die entstandenen Werbungskosten in voller Höhe abziehbar, § 51 a Abs. 2 S. 2 EStG.

als bei Vollausschüttung. In diesem Zusammenhang ist allerdings zu beachten, dass dieses Ergebnis im konkreten Ausgangsfall vor allem darauf zurückzuführen ist, dass die Geschäftsführergehälter dergestalt festgelegt wurden, dass bei den Gesellschaftern durch Ausschöpfung des Werbungskosten-Pauschbetrages nach § 9 a S. 1 Nr. 1 EStG, durch Abzug von Sonderausgaben und durch Einbeziehung der jeweils in den einzelnen Veranlagungszeiträumen geltenden Grundfreibeträge des § 32 a Abs. 1 EStG insoweit keine Einkommensteuer und Zuschlagsteuern entstehen, als neben den Einkünften aus nichtselbständiger Arbeit gemäß § 19 EStG keine weiteren Einkünfte erzielt werden. Schüttet dagegen die GmbH die nach Abzug der Geschäftsführergehälter verbleibenden Gewinne an ihre Gesellschafter aus, erzielen die Beteiligten zusätzlich zu den Einkünften aus nichtselbständiger Arbeit i.S.d. § 19 EStG auch Einkünfte aus Kapitalvermögen i.S.d. § 20 EStG.

Wird isoliert nur die Rechtsformalternative der GmbH für ein land- und forstwirtschaftliches Unternehmen betrachtet, lässt sich zusammenfassend festhalten, dass durch die Definitivbesteuerung der Kapitalgesellschaft – unabhängig vom Ausschüttungsverhalten der Gesellschaft – die Steuerbelastung mit einem Körperschaftsteuersatz von 25 % als feste (Kalkulations-) Größe gegeben ist. Dabei kann vor allem bei den für die Land- und Forstwirtschaft typischen personenbezogenen Kapitalgesellschaften durch die Zahlung von Vergütungen an die Gesellschafter Steuerbelastung von der Gesellschaftsebene zielgerichtet auf die Ebene der Gesellschafter verlagert werden. Bevor jedoch entsprechende steuerliche Gestaltungsmaßnahmen auf der Ebene der Kapitalgesellschaft ergriffen werden können, ist grundsätzlich die Ebene der Gesellschafter und deren persönliche steuerliche Situation zu untersuchen: ausgehend von den steuerlichen Gegebenheiten beim einzelnen Gesellschafter können steuerliche Gestaltungsmaßnahmen bei der Kapitalgesellschaft umgesetzt werden. Während durch die Zahlung von Geschäftsführergehältern die Steuerbelastung der Rechtsformalternative der Kapitalgesellschaft entscheidend beeinflusst werden kann (so „verbessert" sich die Kapitalgesellschaft durch die Zahlung von Geschäftsführergehältern bei Vollausschüttung von Rangplatz 8 auf Rangplatz 4 und die Kapitalgesellschaft bei Vollthesaurierung von Rangplatz 7 auf Rangplatz 3) ist eine Einflussnahme durch die Zahlung von Geschäftsführergehältern bei Personenunternehmen nicht möglich.

Das land- und forstwirtschaftliche Einzelunternehmen i.S.d. § 13 EStG ist im Vergleich mit anderen Rechtsformalternativen hinsichtlich der absoluten Steuerbelastung relativ teuer. So ergäbe sich allein durch die Verteilung der Einkünfte des Einzelunternehmers auf zwei (Familien-)Gesellschafter für die Jahre 2001 bis 2005 eine um 83.454 € geringere Gesamtsteuerbelastung.

Bei einem land- und forstwirtschaftlichen Einzelunternehmen i.S.d. § 13 EStG ist im Vergleich zu den gewerblichen Rechtsformalternativen zunächst zu beachten, dass der Gewinn des jeweiligen Veranlagungszeitraums auf zwei Kalenderjahre aufzuteilen ist, § 4 a Abs. 2 Nr. 1 EStG. Damit ergibt sich für jeden Veranlagungszeitraum eine andere Bemessungsgrundlage für die Einkommensteuer, den Solidaritätszuschlag und die Kirchensteuer als bei den gewerblichen Unternehmen, deren Gewinn in dem Kalenderjahr als bezogen gilt, in dem das Wirtschaftsjahr endet, § 4 a Abs. 2 Nr. 2 EStG.

Über den gesamten Lebenszyklus eines Unternehmens gleichen sich die beiden Gewinnzurechnungsarten, ob für land- und forstwirtschaftliche Gewinne nach § 4 a Abs. 2 Nr. 1 EStG oder für gewerbliche Gewinne nach § 4 a Abs. 2 Nr. 2 EStG, wieder aus. Jedoch kann die Zurechnung der Gewinne bei Gewerbetreibenden in das Kalenderjahr, in dem das Wirtschaftsjahr endet, bei hohen Gewinnen und im Zeitablauf sinkenden Steuersätzen zu einer geringeren Steuerbelastung als bei der Gewinnzurechnung für Land- und Forstwirte führen. Unter dem Blickwinkel der sinkenden Steuersätze im Zuge der Unternehmenssteuerreform 2001 ergeben sich bei isolierter Betrachtung der Veranlagungszeiträume 2001 bis 2005 für den zu Grunde liegenden Ausgangsfall folgende unterschiedliche Gewinne je Kalenderjahr vor Steuern für das land- und forstwirtschaftliche Einzelunternehmen bzw. die land- und forstwirtschaftlich tätige OHG einerseits und das gewerbliche Einzelunternehmen bzw. die nach § 15 Abs. 3 Nr. 1 EStG gewerblich infizierte OHG andererseits (s. *Tab. 11*):

	2001	2002	2003	2004	2005
Gewinn je Kalenderjahr vor Steuern luf EU/luf OHG	99.618 €	132.068 €	121.168 €	129.168 €	150.518 €
Gewinn je Kalenderjahr vor Steuern gewerbl. EU/gewerbl. infizierte OHG	88.068 €	111.168 €	152.968 €	89.368 €	168.968 €
Differenz	11.550 €	20.900 €	-31.800 €	39.800 €	-18.450 €

Tab. 11: Gewinnzurechnung nach § 4 a Abs. 2 Nr. 1 bzw. 2 EStG – Grundfall

Die absolute Steuerbelastung des land- und forstwirtschaftlichen Einzelunternehmens ist kumuliert für die Jahre 2001 bis 2005 um 8.222 € höher als bei dem gewerblichen Einzelunternehmen: während beim gewerblichen Einzelunternehmen die absolute Belastung mit Einkommensteuer, Solidaritätszuschlag, Kirchensteuer und Gewerbesteuer für die Jahre 2001 bis 2005 179.342 € beträgt, errechnet sich für das land- und forstwirtschaftliche Einzelunternehmen eine Belastung mit Einkommensteuer, Solidaritätszuschlag und Kirchensteuer für den selben Zeitraum in Höhe von 192.514 €. Damit ergibt sich eine vorläufige Steuerbelastungsdifferenz zugunsten des gewerblichen Einzelunternehmens in Höhe von 13.172 €.

Zu untersuchen ist in diesem Zusammenhang, inwieweit die geringere Steuerbelastung des zu Grunde liegenden Ausgangsfalls in der Rechtsform eines gewerblichen Einzelunternehmens auf:

- die Gewinnzurechnungsvorschrift des § 4 a Abs. 2 Nr. 2 EStG,
- inwieweit diese auf die Entlastung von der Gewerbesteuer durch die pauschalierte Anrechnung der Gewerbesteuer auf die Einkommensteuer i.S.d. § 35 EStG bzw.
- auf die Pauschalierung der Lohnsteuer nach § 40 a Abs. 1 bzw. 3 EStG zurückzuführen ist.

Für diesen Zweck wird der Gewinn des land- und forstwirtschaftlichen Einzelunternehmens zunächst abweichend von § 4 a Abs. 2 Nr. 1 EStG *entgegen der gesetzlichen Regelung* nicht auf zwei Kalenderjahre verteilt, sondern wie bei einem gewerblichen Einzelunternehmen nach § 4 a Abs. 2 Nr. **2** EStG dem Kalenderjahr zugerechnet, in dem das Wirtschaftsjahr endet. Mit diesem Schritt kann später auch die Wirkung der pauschalen Anrechnung der Gewerbesteuer auf die Einkommensteuer nach § 35 EStG isoliert dargestellt werden. Der Freibetrag für Land- und Forstwirte gemäß § 13 Abs. 3 EStG kann vom land- und forstwirtschaftlichen Einzelunternehmer des Ausgangsfalls nicht in Anspruch genommen werden, da die Summe der Einkünfte in den Veranlagungszeiträumen 2001 bis 2005 jeweils 61.400 € übersteigt.

Für das land- und forstwirtschaftliche Einzelunternehmen ergibt sich bei Anwendung der Vorschrift des § 4 a Abs. 2 Nr. **2** EStG folgende Steuerbelastung für die Jahre 2001 bis 2005 (s. *Tab. 12*):

	2001	2002	2003	2004	2005
Gewinn vor Steuern und Gesellschaftervergütungen	88.068 €	111.168 €	152.968 €	89.368 €	168.968 €
Einkünfte aus LuF	86.491 €	109.591 €	151.391 €	87.791 €	167.391 €
./. Vorsorgeaufwendungen	10.138 €	10.138 €	10.138 €	10.138 €	10.138 €
./. Übrige Sonderausgaben	108 €	1.504 €	2.235 €	3.746 €	1.404 €
zu versteuerndes Einkommen	76.245 €	97.949 €	139.018 €	73.907 €	155.849 €
Einkommensteuer	18.820 €	27.964 €	46.872 €	17.582 €	49.626 €
Solidaritätszuschlag	1.035 €	1.538 €	2.577 €	967 €	2.729 €
Kirchensteuer	1.505 €	2.237 €	3.749 €	1.406 €	3.970 €
Grundsteuer	1.330 €	1.330 €	1.330 €	1.330 €	1.330 €
pauschale LSt/KiSt/SolZ	247 €	247 €	247 €	247 €	247 €
Steuerbelastung in €	22.937 €	33.316 €	54.775 €	21.532 €	57.902 €
Steuerbelastungsquote in %	26,04%	29,97%	35,81%	24,09%	34,27%

Tab. 12: Steuerbelastung des land- und forstwirtschaftlichen Einzelunternehmens unter Anwendung des § 4 a Abs. 2 Nr. 2 EStG – Grundfall

Die Gesamtsteuerbelastung würde in diesem Fall kumuliert für die Jahre 2001 bis 2005 190.462 € betragen.

Wird die Steuerbelastung des land- und forstwirtschaftlichen Einzelunternehmens mit der korrekten Gewinnzurechnung nach § 4 a Abs. 2 Nr. 1 EStG mit der Steuerbelastung des land- und forstwirtschaftlichen Einzelunternehmens mit der *unterstellten* Gewinnzurechnung nach § 4 a Abs. 2 Nr. 2 EStG verglichen ergibt sich für den zu betrachtenden Ausgangsfall für die Jahre 2001 bis 2005, dass für das land- und forstwirtschaftliche Einzelunternehmen mit einer Gewinnverteilung wie bei einem Gewerbebetrieb eine geringere steuerliche Belastung in Höhe von insgesamt 9.937 € anfallen würde. Dies liegt zum einen darin begründet, dass die Gewinne durch die Zurechnung in das Kalenderjahr, in dem das Wirtschaftsjahr endet, in den Jahren 2001, 2002 und 2004 im Vergleich geringer ausfallen als bei einer zeitanteiligen Aufteilung auf zwei Kalenderjahre (s. oben *Tab. 11*). Zum anderen sinkt der Steuersatz in 2003 und 2005 maximal um 1,5- bzw. 5-Prozentpunkte, so dass die „Verschiebung" der steuerlichen Bemessungsgrundlage durch die Gewinnzurechnungsvorschrift des § 4 a Abs. 2 Nr. 2 EStG in die jeweiligen Veranlagungszeiträume grundsätzlich zu einer geringfügigen Steuerminderung führt.

Die Steuerbelastung des gewerblichen Einzelunternehmens beträgt tatsächlich kumuliert für die Jahre 2001 bis 2005 192.177 €. Davon entfallen auf Einkommensteuer, Solidaritätszuschlag, Kirchensteuer und Gewerbesteuer 179.342 €.

Um nun die steuerliche Wirkung der pauschalen Anrechnung der Gewerbesteuer auf die Einkommensteuer isoliert darstellen zu können, wird für die Schaffung vergleichbarer Ausgangsgrößen in einem weiteren Schritt unterstellt, dass auch das gewerbliche Einzelunternehmen die Pauschalierung der Lohnsteuer nach § 40 a Abs. 3 EStG mit 5 % vornehmen könnte. Für diesen Fall würde sich für die Jahre 2001 bis 2005 eine Steuerbelastung für das gewerbliche Einzelunternehmen bzw. für dessen Unternehmer J.E. von insgesamt 189.489 €^{1} ergeben. Davon entfielen 181.604 € auf Einkommensteuer, Solidaritätszuschlag, Kirchensteuer und Gewerbesteuer. Wird nun die steuerliche Belastung des land- und forstwirtschaftlichen Unternehmens mit einer unterstellten Gewinnzurechnung nach § 4 a Abs. 2 Nr. 2 EStG *ohne* Gewerbesteuer mit der steuerlichen Belastung eines gewerblichen Unternehmens mit einer korrekten Gewinnzurechnung nach § 4 a Abs. 2 Nr. 2 EStG und unter Berücksichtigung der pauschalen Lohnsteuer nach § 40 a Abs. 3 EStG verglichen, ergibt sich eine um 973 € geringere Steuerbelastung des gewerblichen Einzelunternehmens. Diese Differenz ist durch die pauschale Anrechnung der Gewerbesteuer auf die Einkommensteuer bedingt. Insoweit kommt es zu einer Überentlastung des gewerbetreibenden Steuerpflichtigen durch § 35 EStG.

Zusammenfassend ergibt sich für den Vergleich der Steuerbelastung des land- und forstwirtschaftlichen Einzelunternehmens mit einer Gewinnzurechnung nach § 4 a Abs. 2 Nr. 1 EStG mit der Steuerbelastung des gewerblichen Einzelunternehmens mit einer Gewinnzurechnung nach § 4 a Abs. 2 Nr. 2 EStG für den zu Grunde liegenden Ausgangsfall folgendes: die absolute Steuerdifferenz für die Jahre 2001 bis 2005 beträgt *zuungunsten* des land- und forstwirtschaftlichen Einzelunternehmens 8.222 €. Beim gewerblichen Einzelunternehmen fallen in der Summe insgesamt 13.172 € weniger an Einkommensteuer, Kirchensteuer, Solidaritätszuschlag und Gewerbesteuer an als beim land- und forstwirtschaftlichen Einzelunternehmen. Der steuerliche Vorteil aus der Gewinnzurechnungsvorschrift des § 4 a Abs. 2 Nr. 2 EStG beträgt für den Gewerbetreibenden in dem Zeitraum 2001 bis 2005 9.937 € und die Entlastung durch die pauschale Anrechnung der Gewerbesteuer auf die Einkommensteuer nach § 35 EStG 973 €. Erhöht wird die absolute Steuerbelastung des gewerblichen Einzelunternehmens jedoch durch die Pauschalierung der Lohnsteuer nach § 40 a Abs. 1 EStG und der dadurch bedingten pauschalen Lohnsteuer von absolut 4.950 €. 2.262 € geringere Belastung an Einkommensteuer, Kirchensteuer, Solidaritätszuschlag und Gewerbesteuer sind dagegen auf den entsprechend höheren Betriebsausgabenabzug zurückzuführen, so dass die

---

[1] Die Berechnung der Steuerbelastung für das gewerbliche Einzelunternehmen unter Berücksichtigung der pauschalen Lohn-, Lohnkirchensteuer und des Solidaritätszuschlags von 247 €/p.a. ist nicht in einer eigenen Berechnung dargestellt.

endgültige Mehrbelastung des gewerblichen Einzelunternehmens durch die Pauschalierungsregelung des § 40 a Abs. 1 EStG 2.688 € beträgt.

Es ist festzuhalten, dass die Verteilung des Gewinns auf zwei Kalenderjahre nach § 4 a Abs. 2 Nr. 1 EStG unter den gegebenen Bedingungen des land- und forstwirtschaftlichen Modell-Unternehmens bei isolierter Betrachtung nur für die Jahre 2001 bis 2005 zu einer durchschnittlichen steuerlichen Mehrbelastung des land- und forstwirtschaftlichen Unternehmers je Kalenderjahr von 1.987 € führt. Die Regelung des § 4 a Abs. 2 Nr. 1 EStG soll grundsätzlich Gewinnschwankungen, die in der Land- und Forstwirtschaft durch die enge Verbindung mit der Natur entstehen können, einer Durchschnittsbesteuerung zuführen[1]. In Variationsrechnungen ist daher zu prüfen, wann die Gewinnzurechnungsvorschrift des § 4 a Abs. 2 Nr. 1 EStG für den Land- und Forstwirt von Vorteil sein kann[2].

Die niedrigste steuerliche Gesamtbelastung für die Beteiligten ergibt sich für den zu untersuchenden Ausgangsfall für die Rechtsform der land- und forstwirtschaftlich tätigen Personengesellschaft (OHG). Durch die Verteilung der erzielten land- und forstwirtschaftlichen Einkünfte auf mehrere Personen (Angehörige) wird grundsätzlich eine Minderung der Einkommensteuerprogression erzielt. Zu beachten ist, dass auch bei der Personengesellschaft hinsichtlich der Gewinnzurechnung i.S.d. § 4 a Abs. 2 EStG bei der Ermittlung des Einkommens zu unterscheiden ist, ob es sich um eine eigentlich land- und forstwirtschaftlich tätige oder um eine gewerblich infizierte Personengesellschaft handelt. Für den betrachteten Grundfall der land- und forstwirtschaftlich tätigen Personengesellschaft[3] ist zu berücksichtigen, dass die Verteilung der Einkünfte auf zwei Gesellschafter in den Veranlagungszeiträumen 2001 und 2003 bei den Gesellschaftern zu Summen von Einkünften führt, die nicht mehr als 61.400 € je zusammenveranlagtem Gesellschafter betragen und damit die Anwendung der Freibetragsregelung des § 13 Abs. 3 EStG bei jedem Gesellschafter ermöglicht wird. Wird die Gesamtsteuerbelastung für die Jahre 2001 bis 2005 zunächst unter Berücksichtigung des § 13 Abs. 3 EStG berechnet, ergibt sich für die land- und forstwirtschaftlich tätige Personengesellschaft und ihre Gesellschafter eine Steuerbelastung für die Jahre 2001 bis 2005 in Höhe von 116.945 €. Ohne die Regelung des § 13 Abs. 3 EStG ergäbe sich dagegen eine Gesamtsteuerbelastung von 118.709 €. Die Beteiligten der land- und forstwirtschaftlich tätigen OHG werden dementsprechend in den Veranlagungszeiträumen 2001 bis 2005

---

[1] Vgl. dazu die Ausführungen in Teil B, Kapitel IV, Abschnitt 3, lit. c, S. 66.
[2] Vgl. dazu Kapitel 5, Abschnitt 5, S. 170-177.
[3] Vgl. Abschnitt 2, S. 88 f.

um insgesamt 1.764 € steuerlich mehr entlastet als die Beteiligten der gewerblich infizierten OHG.

Um eine bessere Vergleichbarkeit der Ergebnisse zu erzielen, wird der Gewinn vor Steuern der land- und forstwirtschaftlich tätigen Personengesellschaft in einem weiteren Schritt *abweichend von der gesetzlichen Vorschrift* des § 4 a Abs. 2 Nr. 1 EStG nach § 4 a Abs. 2 Nr. **2** EStG dem Kalenderjahr, in dem das Wirtschaftsjahr endet, zugerechnet und die steuerliche Gesamtbelastung (s. *Tab. 13*) ermittelt. Die Freibetragsregelung des § 13 Abs. 3 EStG bleibt an dieser Stelle unberücksichtigt.

	2001	2002	2003	2004	2005
Gewinn vor Steuern und Gesellschaftervergütungen	88.068 €	111.168 €	152.968 €	89.368 €	168.968 €
Einkünfte aus LuF	86.491 €	109.591 €	151.391 €	87.791 €	167.391 €
Einkünfte aus LuF/Gesellschafter	43.246 €	54.796 €	75.696 €	43.896 €	83.696 €
./. Vorsorgeaufwendungen	10.138 €	10.138 €	10.138 €	10.138 €	10.138 €
./. Sonderausgaben/Pauschale	108 €	361 €	620 €	1.139 €	326 €
zu versteuerndes Einkommen	33.000 €	44.297 €	64.938 €	32.619 €	73.232 €
Einkommensteuer	4.518 €	7.750 €	14.244 €	4.080 €	16.032 €
Solidaritätszuschlag	248 €	426 €	783 €	224 €	881 €
Kirchensteuer	361 €	620 €	1.139 €	326 €	1.282 €
Persönliche Steuerlast/Gesellschafter	5.127 €	8.796 €	16.166 €	4.630 €	18.195 €
Persönliche Steuerlast Gesellschafter	10.254 €	17.592 €	32.332 €	9.260 €	36.390 €
Grundsteuer	1.330 €	1.330 €	1.330 €	1.330 €	1.330 €
pauschale LSt/KiSt/SolZ	247 €	247 €	247 €	247 €	247 €
Steuerbelastung in €	**11.831 €**	**19.169 €**	**33.909 €**	**10.837 €**	**37.967 €**
Steuerbelastungsquote in %	**13,43%**	**17,24%**	**22,17%**	**12,13%**	**22,47%**

Tab. 13: Steuerbelastung der land- und forstwirtschaftlichen Personengesellschaft (OHG) unter Anwendung des § 4 a Abs. 2 Nr. **2** EStG – Grundfall

Unter Anwendung der Gewinnzurechnungsvorschrift des § 4 a Abs. 2 Nr. **2** EStG ergäbe sich für die land- und forstwirtschaftlich tätige Personengesellschaft eine Gesamtsteuerbelastung für die Jahre 2001 bis 2005 von 113.713 €.

Die tatsächliche Gesamtsteuerbelastung der land- und forstwirtschaftlich tätigen OHG unter Berücksichtigung der eigentlichen Gewinnzurechnungsvorschrift des § 4 a Abs. 2 Nr. 1 EStG, ohne Berücksichtigung des Freibetrags nach § 13 Abs.

3 EStG, würde für die Jahre 2001 bis 2005 118.709 € betragen. Damit „kostet" die Gewinnzurechnungsvorschrift des § 4 a Abs. 2 Nr. 1 EStG die land- und forstwirtschaftlich tätige Gesellschaft und ihre Gesellschafter bei isolierter Betrachtung des Zeitraums 2001 bis 2005 4.996 € mehr an Einkommensteuer, Solidaritätszuschlag und Kirchensteuer.
Für die Anwendung der Gewinnzurechnungsvorschrift des § 4 a Abs. 2 Nr. 2 EStG ist die Gewerblichkeit unmittelbare Voraussetzung, die bei einer grundsätzlich land- und forstwirtschaftlich tätigen Personengesellschaft durch die „Abfärbewirkung" des § 15 Abs. 3 Nr. 1 EStG erzielt werden kann. Die Konsequenz der Gewerblichkeit ist das grundsätzliche Entstehen von Gewerbesteuer, die Pauschalierung der Lohnsteuer nach § 40 a Abs. 1 EStG und in der Regel der Verlust der Umsatzsteuer-Pauschalierungsmöglichkeit i.S.d. § 24 UStG.

Um die nominelle Wirkung der Gewerbesteuer und der pauschalen Anrechnung der Gewerbesteuer auf die Einkommensteuer nach § 35 EStG für die gewerblich infizierte Personengesellschaft darstellen zu können, wird zunächst unterstellt, dass auch die gewerblich infizierte OHG die Lohnsteuer nach § 40 a Abs. 3 EStG mit 5 % pauschalieren kann und damit eine jährliche Lohn-, Lohnkirchensteuer und Solidaritätszuschlag für die gewerblich infizierte OHG in Höhe von 247 € anfällt. Für diesen Fall ergäbe sich für die Jahre 2001 bis 2005 eine Steuerbelastung von insgesamt 119.618 €[1]. Wird die steuerliche Belastung der land- und forstwirtschaftlich tätigen Personengesellschaft mit der unterstellten Gewinnzurechnung nach § 4 a Abs. 2 Nr. 2 EStG mit der steuerlichen Belastung der gewerblich infizierten Personengesellschaft mit der korrekten Gewinnermittlung nach § 4 a Abs. 2 Nr. 2 EStG und unter Berücksichtigung der Pauschalierung der Lohnsteuer nach § 40 a Abs. 3 EStG verglichen, ergibt sich eine Steuermehrbelastung *zuungunsten* der gewerblich infizierten OHG in Höhe von 5.905 €, die auf die Gewerbesteuer zurückzuführen ist: mit der Aufteilung der Einkünfte auf zwei Gesellschafter ist eine Minderung der Einkommensteuerprogression verbunden. Da die Steuerpflichtigen im zu Grunde liegenden Ausgangsfall nicht die höchste Progressionsstufe erreichen, kommt es zu keiner vollständigen Entlastung von der Gewerbesteuer mehr; es ist eine endgültige Belastung mit Gewerbesteuer in Höhe von 5.905 € für den Zeitraum 2001 bis 2005 zu berücksichtigen. Eine vollständige Entlastung von der Gewerbesteuer könnte in dem zu Grunde liegenden Modellfall nur bei einem niedrigeren Gewerbesteuer-Hebesatz erreicht werden[2].

---

[1] Die Berechnung der Steuerbelastung für die gewerblich infizierte Personengesellschaft und ihre Gesellschafter unter Berücksichtigung der pauschalen Lohn-, Lohnkirchensteuer und des Solidaritätszuschlags von 247 €/p.a. ist nicht in einer eigenen Berechnung dargestellt.
[2] Vgl. dazu die Ausführungen in Kapitel V, Abschnitt 2, S. 152-156.

Die bei der gewerblich infizierten Personengesellschaft anzuwendende höhere pauschale Lohnsteuer nach § 40 a Abs. 1 EStG führt durch den höheren Betriebsausgabenabzug zunächst zu einer zusätzlichen Minderung von Gewerbesteuer, Einkommensteuer, Solidaritätszuschlag und Kirchensteuer in Höhe von 1.745 €. Dieser Steuerminderung ist jedoch die absolute Erhöhung der pauschalen Lohnsteuer von 4.950 € gegenüberzustellen, so dass die tatsächliche Steuererhöhung durch die Pauschalierungsregelung des § 40 a Abs. 1 EStG 3.205 € beträgt.

Für den Steuerbelastungsvergleich für die Jahre 2001 bis 2005 zwischen der land- und forstwirtschaftlich tätigen und der gewerblich infizierten OHG ergibt sich für den zu Grunde liegenden Ausgangsfall damit folgendes: die Freibetragsregelung des § 13 Abs. 3 EStG vermindert die Steuerbelastung für die an der land- und forstwirtschaftlich tätigen Personengesellschaft beteiligten Gesellschafter um insgesamt 1.764 €. Die Gewinnzurechnungsvorschrift des § 4 a Abs. 2 Nr. 1 EStG bedeutet für die land- und forstwirtschaftlich tätige Personengesellschaft dagegen – isoliert betrachtet für die Jahre 2001 bis 2005 – einen steuerlichen Nachteil in Höhe von 4.996 €. Durch den im Verhältnis zum Einzelunternehmer niedrigeren Einkommensteuertarif der Gesellschafter der gewerblich infizierten OHG ist auch nach der pauschalen Anrechnung der Gewerbesteuer auf die Einkommensteuer für die Gesellschafter der gewerblich infizierten Personengesellschaft noch eine Belastung durch Gewerbesteuer in Höhe von 5.905 € zu berücksichtigen. Durch die Nichtanwendbarkeit der Pauschalierung der Lohnsteuer mit 5 % für Aushilfskräfte ergibt sich für die gewerbliche Gesellschaft darüber hinaus eine steuerliche Mehrbelastung von 3.205 €. Insgesamt ist die gewerblich infizierte Personengesellschaft im betrachteten Ausgangsfall damit um 5.878 € steuerlich mehr belastet als die land- und forstwirtschaftlich tätige OHG.

Zusammenfassend ist damit für den Grundfall der Modell-Unternehmung festzuhalten, dass die land- und forstwirtschaftlich tätige Personengesellschaft aus den genannten Gründen die im Vergleich steuerlich günstigste Rechtsformalternative ist. Das land- und forstwirtschaftliche Einzelunternehmen ist im Vergleich zu den anderen berücksichtigten Rechtsformalternativen dagegen als relativ ungünstig zu bezeichnen: „kostet" diese Rechtsform im Vergleich zur land- und forstwirtschaftlichen Personengesellschaft doch ein Mehr an Steuerzahllast für die Jahre 2001 bis 2005 von 83.454 € und ist damit steuerlich höher belastet als die gewerblich infizierte Personengesellschaft oder die Kapitalgesellschaft, die an ihre Gesellschafter – unabhängig von ihrem Ausschüttungsverhalten – Geschäftsführergehälter bezahlt.

Bevor im folgenden die wesentlichen Einflussfaktoren auf die Steuerzahllast des land- und forstwirtschaftlichen Unternehmens variiert werden und deren Einfluss auf die steuerliche Gesamtbelastung in Abhängigkeit von der jeweiligen Rechtsform untersucht wird, soll die steuerliche Wirkung der für land- und forstwirtschaftliche Unternehmen möglichen Umsatzsteuerpauschalierung nach § 24 UStG und die Folgen deren Nichtanwendbarkeit für Gewerbebetriebe kraft Rechtsform anhand eines Beispiels aufgezeigt werden.

IV. Exkurs: Pauschalierung nach § 24 UStG oder Regelbesteuerung?

Die Frage, ob die Durchschnittssatzbesteuerung nach § 24 UStG für den land- und forstwirtschaftlichen Unternehmer steuerlich günstiger ist als die Regelbesteuerung ist *einzelfallbezogen* durch eine entsprechende Kalkulation zu entscheiden. Für eine steuerlich motivierte Rechtsformwahl ist in diesem Zusammenhang allerdings zu beachten, dass die Pauschalierung nach § 24 UStG für Gewerbebetriebe kraft Rechtsform und gewerblich geprägte Personengesellschaften i.S.d. § 15 Abs. 3 Nr. 2 EStG nicht anwendbar ist, § 24 Abs. 2 S. 3 UStG. Gewerblich infizierte Personengesellschaften i.S.d. § 15 Abs. 3 Nr. 1 EStG und land- und forstwirtschaftliche Einzelunternehmer, die auch gewerblich tätig sind, können dagegen die Durchschnittssatzbesteuerung grundsätzlich anwenden; Voraussetzung ist jedoch die exakte Trennung der land- und forstwirtschaftlichen von den gewerblichen Umsätzen[1].

Die Entscheidung für oder gegen eine Rechtsform, bei der die Pauschalierung der Umsatzsteuer nicht anwendbar ist, z.B. bei einer GmbH, wird in der Regel nur dann von dem Aspekt der Umsatzsteuer beeinflusst werden, wenn es sich um ein land- und forstwirtschaftliches Unternehmen handelt, dass regelmäßig einen Umsatzsteuerüberhang erzielt. Dies kann z.B. bei gut wirtschaftenden Betrieben oder bei arbeitsintensiven Viehhaltungszweigen, z.B. bei der Milchkuh- oder Zuchtschweinehaltung, der Fall sein, bei denen der Anteil des nicht vorsteuerbelasteten Aufwands (eigene Arbeitsleistung, Futterversorgung aus dem eigenen Betrieb) relativ hoch und der Anteil der Zukäufe an vorsteuerbelasteten Vorleistungen im Verhältnis relativ gering ist. Da bei der Pauschalierung die vereinnahmte Umsatzsteuer als Betriebseinnahme und die verausgabte Vorsteuer als Betriebsausgabe zu erfassen ist, kann sich in diesen Fällen ein zusätzlicher Gewinn für den land- und forstwirtschaftlichen Unternehmer ergeben. Darüber hinaus ist zu berücksichtigen, dass keine Beratungs- und Buchführungskosten im Zusammenhang mit der Umsatzsteuer anfallen.

---

[1] Vgl. dazu Ausführungen in Teil B, Kapitel III, Abschnitt 2, lit. a, S. 51 f.

Die von Gewerbebetrieben kraft Rechtsform und von gewerblich geprägten Personengesellschaften i.S.d. § 15 Abs. 3 Nr. 2 EStG kraft Gesetz anzuwendende Regelbesteuerung ist dagegen erfolgsneutral; die Differenz zwischen Umsatzsteuer und Vorsteuer ist an das Finanzamt abzuführen.

Folgendes Beispiel[1] soll die mögliche Wirkung der Pauschalierung der Umsatzsteuer nach § 24 UStG auf den Erfolg eines land- und forstwirtschaftlichen Unternehmens bei gleichen Ausgangsdaten für ein pauschalierendes land- und forstwirtschaftliches Einzelunternehmen im Vergleich zu einer regelbesteuernden land- und forstwirtschaftlich tätigen GmbH aufzeigen (s. *Darst. 14*):

Gewinn- und Verlustrechnung des nach § 24 UStG pauschalierenden land- und forstwirtschaftlichen Einzelunternehmens:

Aufwand		Ertrag	
Vorleistungen	200.000 €	Umsätze	350.000 €
Vorsteuer[2]	24.000 €	Umsatzsteuer 9 %[3]	31.500 €
Löhne	30.000 €		
Gewinn	127.500 €		
	381.500 €		381.500 €

Gewinn- und Verlustrechnung der regelbesteuernden GmbH:

Aufwand		Ertrag	
Vorleistungen	200.000 €	Umsätze	350.000 €
Löhne	30.000 €		
Gewinn (-7.500 €)	120.000 €		
	350.000 €		350.000 €

Quelle: Eigene Darstellung, in Anlehnung an *Fischer, U.*, Umsatzbesteuerung, 1998, S. 14.

Darst. 14: Beispiel für die Vorteilhaftigkeit der Pauschalierung der Umsatzsteuer nach § 24 UStG

---

[1] In Anlehnung an *Fischer, U.*, Umsatzbesteuerung, 1998, S. 14.
[2] Die Vorsteuer ergibt sich aus dem Zukauf von Vorleistungen, die je nach dem mit dem Regelsteuersatz, mit dem ermäßigten Steuersatz bzw. mit dem Durchschnittssteuersatz belastet sind.
[3] Vgl. zu den Durchschnittssätzen nach § 24 UStG Teil B, Kapitel III, Abschnitt 2, lit. a, S. 52.

Wie aus dem Beispiel zu ersehen ist, ergibt sich für den zugrunde liegenden Fall ein höherer Gewinn für das pauschalierende land- und forstwirtschaftliche Einzelunternehmen in Höhe von

	Pauschale Umsatzsteuer	31.500 €
-	tatsächliche Vorsteuer	24.000 €
	Vorteil aus Pauschalierung	7.500 €

7.500 €/p.a.. Von der GmbH ist dieser Betrag als Umsatzsteuerzahllast an das Finanzamt abzuführen.

Darüber hinaus sind bei der GmbH die zusätzlichen Kosten für die termingebundenen Buchführungsarbeiten für Zwecke der Umsatzsteuer sowie die Erstellung von Umsatzsteuer-Voranmeldungen und –Jahreserklärungen im Zusammenhang mit der Umsatzsteuer zu berücksichtigen, die im Beispiel mit 600 € veranschlagt werden. Dadurch würde sich der Nachteilhaftigkeit der Rechtsform der GmbH im Vergleich zum pauschalierenden land- und forstwirtschaftlichen Einzelunternehmen „umsatzsteuerbedingt" um 600 € auf 8 100 €/p.a. erhöhen. Die Umsatzsteuerzahllast würde in diesem Fall um 96 €/p.a. sinken.

Die Regelbesteuerung ist für ein land- und forstwirtschaftliches Unternehmen grundsätzlich dann günstiger, wenn die vorsteuerbelasteten Ausgaben die umsatzsteuerpflichtigen Einnahmen über einen längeren Zeitraum hinweg überwiegen. Dies kann in wirtschaftlich angespannten Situationen, die nicht nur von vorübergehender Dauer sind, oder im Rahmen geplanter größerer Wachstumsschritte und den damit verbundenen Investitionen der Fall sein. Herrschen Betriebszweige vor, bei denen die bezogenen Vorleistungen regelmäßig vorsteuerbelastet sind, z.B. in der Schweine- oder Geflügelmast[1], kann auch dies für die Regelbesteuerung sprechen. Die Regelbesteuerung könnte auch aus Wettbewerbsgründen von Bedeutung sein: verkauft der Land- und Forstwirt seine Produkte an andere Unternehmer i.S.d. UStG, so ist es diesen möglich, die in Rechnung gestellte pauschale Umsatzsteuer als Vorsteuer beim Finanzamt geltend zu machen. Verkauft der Land- und Forstwirt seine Produkte dagegen an Endverbraucher oder an andere pauschalierende Land- und Forstwirte, so sind unter der Voraussetzung gleicher Nettoverkaufspreise seine Produkte in der Regel um 2 % teurer als die von regelbesteuernden Unternehmern. Vor allem im Bereich

---

[1] So ist die Geflügelmast heute in der Regel so organisiert, dass der Landwirt sämtliche Vorleistungen (Küken, Futtermittel, Tierarztleistungen etc.) vom zukünftigen Abnehmer des schlachtreifen Geflügels zu beziehen hat, um eine einheitliche Produktqualität zu erzielen.

der Direktvermarktung (z.B. auf sog. Bauernmärkten) kann dies für die Regelbesteuerung sprechen.

Der finanzielle Vor- oder Nachteil aus der Pauschalierung der Umsatzsteuer nach § 24 UStG ist auf der Basis entsprechender Kalkulationen einzelfallbezogen zu berechnen und in den Steuerbelastungsvergleich zwischen den alternativen Rechtsformen einzubeziehen. Je nach dem, ob ein Vorsteuer- oder Umsatzsteuerüberhang bei dem land- und forstwirtschaftlichen Unternehmen entsteht, sinkt oder erhöht sich der Gewinn/Verlust des pauschalierenden Unternehmens im Verhältnis zur regelbesteuernden Kapitalgesellschaft durch die zusätzliche Betriebsausgabe bzw. -einnahme. Dies beeinflusst beim pauschalierenden land- und forstwirtschaftlichen Unternehmer die Höhe der Einkommensteuer, des Solidaritätszuschlags und der Kirchensteuer entsprechend.

Aus Gründen der Anschaulichkeit wird in der vorliegenden Arbeit auf die Einbeziehung der Umsatzsteuer in den Steuerbelastungsvergleich zwischen alternativen Rechtsformen für ein land- und forstwirtschaftliches Unternehmen verzichtet. Es ist jedoch ausdrücklich darauf hinzuweisen, dass die Umsatzsteuer vor allem bei der Entscheidung für oder gegen die Rechtsformalternative der Kapitalgesellschaft im konkreten Einzelfall sehr wohl entscheidungsrelevant sein kann und aus diesem Grund im Rahmen eines Steuerbelastungsvergleichs entsprechend zu berücksichtigen ist.

V. Variationsrechnungen

Durch die Variation bestimmter steuerbeeinflussender Faktoren soll die steuerliche Vor- bzw. Nachteilhaftigkeit der einzelnen Rechtsformalternativen für ein land- und forstwirtschaftliches Unternehmen in ausgewählten Lebenslagen im Vergleich aufgezeigt und die dafür zu Grunde liegenden Ursachen analysiert werden.

1. Variation des Gewinns

Einer der wesentlichen Einflussfaktoren auf die Steuerbelastung eines Unternehmens und seiner Beteiligten ist die Höhe des vom Unternehmen erzielten Gewinns vor Steuern und Gesellschaftervergütungen.
Im folgenden wird daher für die Modell-Unternehmung des Grundfalls für die einzelnen Rechtsformalternativen unter sonst gleichbleibenden Bedingungen die

absoluten Steuerbelastungen für die Jahre 2001 bis 2005 bei steigenden Gewinnen berechnet. Die sich durch die unterschiedlichen Gewinnhöhen ergebenden steuerlichen Mehr- oder Minderbelastungen der einzelnen Rechtsformen im Vergleich werden durch die Bildung einer steuerlichen Vorteilhaftigkeitsreihenfolge dargestellt. Diejenige Rechtsformalternative, die unter den gegebenen Bedingungen mit der geringsten Steuerbelastung verbunden ist, erhält Rangplatz 1 und diejenige Rechtsformalternative, die unter den gegebenen Bedingungen mit der höchsten Steuerbelastung verbunden ist, Rangplatz 8.
Eine Analyse der Ursachen für die unterschiedlichen steuerlichen Gesamtbelastungen der einzelnen Rechtsformen in den jeweiligen Gewinn-Alternativen schließt sich an.

Für die Variation der Gewinnhöhe wird der Gewinn des Grundfalls[1] zunächst auf die Höhe des Grundfreibetrages bei Zusammenveranlagung zuzüglich der Vorsorgeaufwendungen in Höhe von 10.138 € und der übrigen Sonderausgaben in Höhe von 108 € reduziert und für diese Alternative für die ausgewählten Rechtsformen die absolute Steuerbelastung für die Kalenderjahre 2001 bis 2005 berechnet (*Gewinn-Alternative A*). Anschließend wird die Gewinnhöhe als Zwischenwert der Gewinne der Alternative A und des Grundfalls festgelegt und ebenfalls die absolute Steuerbelastung ermittelt (*Gewinn-Alternative B*). Durch die Anwendung von einfachen Multiplikatoren auf die Gewinnhöhe des jeweiligen Wirtschaftsjahres des Grundfalls wird der Gewinn des land- und forstwirtschaftlichen Unternehmens im folgenden sukzessive erhöht und die jeweiligen absoluten Steuerbelastungen für den Zeitraum 2001 bis 2005 für die einzelnen Rechtsformalternativen bestimmt (*Gewinn-Alternativen C bis G*). Dabei ermittelt sich der Gewinn durch die Multiplikation des Gewinns des Grundfalles für die einzelnen Berechnungsalternativen wie folgt:

Gewinn-Alternative C   Gewinn Grundfall x 1,5
Gewinn-Alternative D   Gewinn Grundfall x 2,0
Gewinn-Alternative E   Gewinn Grundfall x 2,5
Gewinn-Alternative F   Gewinn Grundfall x 3,0
Gewinn-Alternative G   Gewinn Grundfall x 5,0

Der so ermittelte Gewinn des land- und forstwirtschaftlichen Unternehmens wird anschließend um die Grundsteuer und die pauschale Lohnsteuer nach § 40 a EStG gekürzt. Dabei ist zu beachten, dass das gewerbliche Einzelunternehmen und die gewerblich infizierte OHG, im Gegensatz zu den anderen gewählten Rechtsformalternativen, die Lohnsteuer für Aushilfskräfte nicht mit 5 % nach § 40 a Abs. 3 EStG pauschalieren können; die pauschale Lohnsteuer ist nach § 40

---

[1] Vgl. Kapitel II, Abschnitt 2, lit. a, S. 83.

a Abs. 1 EStG mit 25 % zu berechnen. Die Grundsteuer beträgt dagegen unabhängig von der Rechtsform des land- und forstwirtschaftlichen Betriebs gleichbleibend 1.330 €. Es ergeben sich folgende Gewinne *vor* Steuern und Gesellschaftervergütungen für die Jahre 2001 bis 2005 (s. *Tab. 14*):

Wirtschaftsjahr	Alternative A	Alternative B	Alternative C	Alternative D	Alternative E	Alternative F	Alternative G
2000/2001	24.050 €	56.059 €	132.102 €	176.136 €	220.170 €	264.204 €	440.340 €
2001/2002	24.658 €	67.913 €	166.752 €	222.336 €	277.920 €	333.504 €	555.840 €
2002/2003	24.716 €	88.842 €	229.452 €	305.936 €	382.420 €	458.904 €	764.840 €
2003/2004	25.098 €	57.233 €	134.052 €	178.736 €	223.420 €	268.104 €	446.840 €
2004/2005	25.574 €	97.271 €	253.452 €	337.936 €	422.420 €	506.904 €	844.840 €
2005/2006	25.574 €	78.821 €	198.102 €	264.136 €	330.170 €	396.204 €	660.340 €

Tab. 14: Variation der Gewinne

Zu beachten sind die Gewinnzurechnungsvorschriften für Land- und Forstwirte, § 4 a Abs. 2 Nr. 1 EStG, bzw. für Gewerbetreibende, § 4 a Abs. 2 Nr. 2 EStG, die zu unterschiedlichen Bemessungsgrundlagen für die Besteuerung führen können.

Für die ausgewählten Rechtsformen ermitteln sich für die einzelnen Gewinn-Alternativen A bis G folgende Steuerbelastungen im Zeitablauf 2001 bis 2005:

Steuerbelastungen Gewinn-Alternative A (s. *Tab. 15*)

Alternative Rechtsformen	2001	2002	2003	2004	2005	2001 - 2005
luf EU	1.577 €	1.577 €	1.577 €	1.577 €	1.577 €	7.885 €
luf OHG	1.577 €	1.577 €	1.577 €	1.577 €	1.577 €	7.885 €
gew. EU	2.637 €	2.658 €	2.660 €	2.673 €	2.689 €	13.317 €
gew. inf. OHG	2.637 €	2.658 €	2.660 €	2.673 €	2.689 €	13.317 €
GmbH/Th.	10.529 €	10.756 €	10.777 €	10.920 €	11.097 €	54.079 €
GmbH/G/Th.	1.577 €	1.577 €	1.577 €	1.577 €	1.577 €	7.885 €
GmbH/G/A.	1.577 €	1.577 €	1.577 €	1.577 €	1.577 €	7.885 €
GmbH/A.	10.529 €	10.756 €	10.777 €	10.920 €	11.097 €	54.079 €

Tab. 15: Absolute Steuerbelastungen – Gewinn-Alternative A

Für die Gewinn-Alternative A ergibt sich damit folgende steuerliche Vorteilhaftigkeitsreihenfolge für die einzelnen Rechtsformen (s. Tab. 16):

Alternative Rechtsformen	2001 - 2005
luf EU (1)	7.885 €
luf OHG (1)	7.885 €
GmbH/G/Th. (1)	7.885 €
GmbH/G/A. (1)	7.885 €
gew. EU (2)	13.317 €
gew. inf. OHG (2)	13.317 €
GmbH/Th. (3)	54.079 €
GmbH/A. (3)	54.079 €

Tab. 16: Vorteilhaftigkeit der Rechtsformen für die Gewinn-Alternative A

Steuerbelastungen Gewinn-Alternative B (s. Tab. 17)

Alternative Rechtsformen	2001	2002	2003	2004	2005	2001 - 2005
luf EU	11.967 €	18.517 €	15.818 €	17.580 €	7.551 €	**71.433 €**
luf OHG	3.665 €	8.135 €	5.823 €	7.045 €	1.577 €	**26.245 €**
gew. EU	11.269 €	15.379 €	23.323 €	10.905 €	25.532 €	**86.408 €**
gew. inf. OHG	4.701 €	7.298 €	12.988 €	4.805 €	14.957 €	**44.749 €**
GmbH/Th.	22.480 €	26.907 €	34.722 €	22.919 €	37.869 €	**144.897 €**
GmbH/G/Th.	6.051 €	10.478 €	18.293 €	6.489 €	21.439 €	**62.750 €**
GmbH/G/A.	6.051 €	10.478 €	18.475 €	6.489 €	21.733 €	**63.226 €**
GmbH/A.	22.480 €	26.907 €	34.722 €	22.919 €	37.891 €	**144.919 €**

Tab. 17: Absolute Steuerbelastungen – Gewinn-Alternative B

Für die Gewinn-Alternative B ergibt sich somit folgende steuerliche Vorteilhaftigkeitsreihenfolge (s. Tab. 18):

Alternative Rechtsformen	2001 - 2005
luf OHG (1)	26.245 €
gew. inf. OHG (2)	44.749 €
GmbH/G/Th. (3)	62.750 €
GmbH/G/A. (4)	63.226 €
luf EU (5)	71.433 €
gew. EU (6)	86.408 €
GmbH/Th. (7)	144.897 €
GmbH/A. (8)	144.919 €

Tab. 18: Vorteilhaftigkeit der Rechtsformen für die Gewinn-Alternative B

Steuerbelastungen Gewinn-Alternative C (s. *Tab. 19*)

Alternative Rechtsformen	2001	2002	2003	2004	2005	2001 - 2005
luf EU	54.911 €	79.698 €	68.387 €	75.215 €	83.180 €	361.391 €
luf OHG	33.665 €	54.217 €	45.195 €	51.007 €	61.235 €	245.319 €
gew. EU	44.647 €	61.887 €	93.234 €	42.414 €	97.636 €	339.818 €
gew. inf. OHG	28.707 €	41.700 €	68.440 €	27.401 €	75.408 €	241.656 €
GmbH/Th.	50.876 €	63.814 €	87.226 €	51.604 €	96.188 €	349.708 €
GmbH/G/Th.	34.446 €	47.384 €	70.797 €	35.174 €	79.758 €	267.559 €
GmbH/G/A.	38.344 €	54.366 €	83.421 €	38.048 €	94.128 €	308.307 €
GmbH/A.	51.354 €	64.752 €	91.922 €	52.020 €	102.626 €	362.674 €

Tab. 19: Absolute Steuerbelastungen – Gewinn-Alternative C

In Abhängigkeit von den absoluten Steuerbelastungen für die Jahre 2001 bis 2005 bestimmt sich damit für die Gewinn-Alternative C die Reihenfolge der steuerlichen Vorteilhaftigkeit der einzelnen Rechtsformalternativen wie folgt (s. *Tab. 20*):

Alternative Rechtsformen	2001 - 2005
gew. inf. OHG (1)	241.656 €
luf OHG (2)	245.319 €
GmbH/G/Th. (3)	267.559 €
GmbH/G/A. (4)	308.307 €
gew. EU (5)	339.818 €
GmbH/Th. (6)	349.708 €
luf EU (7)	361.391 €
GmbH/A. (8)	362.674 €

Tab. 20: Vorteilhaftigkeit der Rechtsformen für die Gewinn-Alternative C

Steuerbelastungen Gewinn-Alternative D (s. *Tab. 21*)

Alternative Rechtsformen	2001	2002	2003	2004	2005	2001 - 2005
luf EU	82.328 €	114.971 €	99.379 €	108.502 €	117.936 €	523.116 €
luf OHG	55.759 €	88.063 €	74.025 €	83.085 €	95.989 €	396.921 €
gew. EU	68.270 €	90.921 €	132.220 €	64.465 €	137.029 €	492.905 €
gew. inf. OHG	46.105 €	65.648 €	106.801 €	44.005 €	114.919 €	377.478 €
GmbH/Th.	67.318 €	84.569 €	115.786 €	68.289 €	127.735 €	463.697 €
GmbH/G/Th.	50.888 €	68.140 €	99.356 €	51.859 €	111.305 €	381.548 €
GmbH/G/A.	59.024 €	80.694 €	120.608 €	58.441 €	135.083 €	453.850 €
GmbH/A.	68.400 €	89.213 €	128.036 €	69.283 €	142.653 €	497.585 €

Tab. 21: Absolute Steuerbelastungen – Gewinn-Alternative D

Damit ergibt sich folgende steuerliche Vorteilhaftigkeitsrangfolge für die einzelnen Rechtsformen im Rahmen der Gewinn-Alternative D (s. *Tab. 22*):

Alternative Rechtsformen	2001 - 2005
gew. inf. OHG (1)	377.478 €
GmbH/G/Th. (2)	381.548 €
luf OHG (3)	396.921 €
GmbH/G/A. (4)	453.850 €
GmbH/Th. (5)	463.697 €
gew. EU (6)	492.905 €
GmbH/A. (7)	497.585 €
luf EU (8)	523.116 €

Tab. 22: Vorteilhaftigkeit der Rechtsformen für die Gewinn-Alternative D

Steuerbelastungen Gewinn-Alternative E (s. *Tab. 23*)

Alternative Rechtsformen	2001	2002	2003	2004	2005	2001 - 2005
luf EU	109.748 €	150.286 €	130.372 €	141.787 €	152.694 €	684.887 €
luf OHG	81.739 €	123.339 €	105.015 €	116.373 €	130.747 €	557.213 €
gew. EU	91.908 €	119.917 €	171.204 €	86.530 €	176.419 €	645.978 €
gew. inf. OHG	65.718 €	92.977 €	145.852 €	62.616 €	154.426 €	521.589 €
GmbH/Th.	83.761 €	105.324 €	144.345 €	84.974 €	159.281 €	577.685 €
GmbH/G/Th.	67.331 €	88.894 €	127.915 €	68.544 €	142.852 €	495.536 €
GmbH/G/A.	80.077 €	107.478 €	158.763 €	79.204 €	176.986 €	602.508 €
GmbH/A.	88.481 €	115.302 €	165.207 €	88.168 €	183.677 €	640.835 €

Tab. 23: Absolute Steuerbelastungen – Gewinn-Alternative E

Die Darstellung der steuerlichen Vorteilhaftigkeit der einzelnen Rechtsformalternativen gestaltet sich für die Gewinn-Alternative E wie folgt (s. *Tab. 24*):

Alternative Rechtsformen	2001 - 2005
GmbH/G/Th. (1)	495.536 €
gew. inf. OHG (2)	521.589 €
luf OHG (3)	557.213 €
GmbH/Th. (4)	577.685 €
GmbH/G/A. (5)	602.508 €
GmbH/A. (6)	640.835 €
gew. EU (7)	645.978 €
luf EU (8)	684.887 €

Tab. 24: Vorteilhaftigkeit der Rechtsformen für die Gewinn-Alternative E

Steuerbelastungen Gewinn-Alternative F (s. *Tab. 25*)

Alternative Rechtsformen	2001	2002	2003	2004	2005	2001 - 2005
luf EU	137.164 €	185.560 €	161.361 €	175.074 €	187.453 €	**846.612 €**
luf OHG	109.159 €	158.691 €	136.005 €	149.659 €	165.505 €	**719.019 €**
gew. EU	115.518 €	148.950 €	210.195 €	108.589 €	215.812 €	**799.064 €**
gew. inf. OHG	87.606 €	122.043 €	184.840 €	83.223 €	193.863 €	**671.575 €**
GmbH/Th.	100.203 €	126.080 €	172.905 €	101.659 €	190.828 €	**691.675 €**
GmbH/G/Th.	83.773 €	109.650 €	156.474 €	85.230 €	174.398 €	**609.525 €**
GmbH/G/A.	101.491 €	134.838 €	197.698 €	100.246 €	219.668 €	**753.941 €**
GmbH/A.	109.277 €	141.930 €	203.233 €	108.453 €	225.514 €	**788.407 €**

Tab. 25: Absolute Steuerbelastungen – Gewinn-Alternative F

Für die Alternative F, der Gewinn-Alternative mit den zweithöchsten Unternehmensgewinnen im Zeitablauf, ergibt sich folgende Vorteilhaftigkeitsreihenfolge für die einzelnen Rechtsformen (s. *Tab. 26*):

Alternative Rechtsformen	2001 - 2005
GmbH/G/Th. (1)	609.525 €
gew. inf. OHG (2)	671.575 €
GmbH/Th. (3)	691.675 €
luf OHG (4)	719.019 €
GmbH/G/A. (5)	753.941 €
GmbH/A. (6)	788.407 €
gew. EU (7)	799.064 €
luf EU (8)	846.612 €

Tab. 26: Vorteilhaftigkeit der Rechtsformen für die Gewinn-Alternative F

Steuerbelastungen Gewinn-Alternative G (s. *Tab. 27*)

Alternative Rechtsformen	2001	2002	2003	2004	2005	2001 - 2005
luf EU	246.868 €	326.699 €	283.752 €	315.031 €	326.254 €	1.498.604 €
luf OHG	218.829 €	299.789 €	259.973 €	282.811 €	304.533 €	1.365.935 €
gew. EU	210.045 €	265.089 €	366.131 €	196.834 €	373.376 €	1.411.475 €
gew. inf. OHG	182.005 €	238.181 €	340.777 €	171.421 €	351.430 €	1.283.814 €
GmbH/Th.	165.973 €	209.102 €	287.142 €	168.400 €	317.014 €	1.147.631 €
GmbH/G/Th.	149.543 €	192.672 €	270.712 €	151.970 €	300.585 €	1.065.482 €
GmbH/G/A.	190.663 €	248.424 €	360.392 €	187.298 €	396.487 €	1.383.264 €
GmbH/A.	196.071 €	252.846 €	362.606 €	193.398 €	400.178 €	1.405.099 €

Tab. 27: Absolute Steuerbelastungen – Gewinn-Alternative G

Bei den der Gewinn-Alternative G unterstellten Gewinne ergibt sich folgende steuerliche Belastungsreihenfolge für die einzelnen Rechtsformen (s. *Tab. 28*):

Alternative Rechtsformen	2001 - 2005
GmbH/G/Th. (1)	1.065.482 €
GmbH/Th. (2)	1.147.631 €
gew. inf. OHG (3)	1.283.814 €
luf OHG (4)	1.365.935 €
GmbH/G/A. (5)	1.383.264 €
GmbH/A. (6)	1.405.099 €
gew. EU (7)	1.411.475 €
luf EU (8)	1.498.604 €

Tab. 28: Vorteilhaftigkeit der Rechtsformen für die Gewinn-Alternative G

Einen Überblick über die Ergebnisse der Steuerbelastungsberechnungen für die einzelnen Gewinn-Alternativen A bis G in Abhängigkeit von den jeweiligen Rechtsformen im Zeitablauf 2001 bis 2005 gibt *Darst. 15*.

Wird die steuerliche Vorteilhaftigkeitsreihenfolge für die einzelnen Rechtsformen in Abhängigkeit von der jeweiligen Gewinn-Alternative gebildet, ergibt sich zusammenfassend folgende Übersicht (s. *Tab. 29*)[1]:

Alternative Rechtsformen	Alternative A	Alternative B	Alternative C	Alternative D	Alternative E	Alternative F	Alternative G
luf EU	1	5	7	8	8	8	8
luf OHG	1	1	2	3	3	4	4
gew. EU	2	6	5	6	7	7	7
gew. inf. OHG	2	2	1	1	2	2	3
GmbH/Th.	3	7	6	5	4	3	2
GmbH/G/Th.	1	3	3	2	1	1	1
GmbH/G/A.	1	4	4	4	5	5	5
GmbH/A.	3	8	8	7	6	6	6

Tab. 29: Vorteilhaftigkeit der Rechtsformen für die Gewinn-Alternativen A - G

---

[1] Die *Tab. 29* „Vorteilhaftigkeit der Rechtsformen für die Gewinn-Alternativen A-G" ist nochmals als Falttafel im Anhang abgebildet, um eine parallele Lektüre mit den folgenden Ausführungen zu ermöglichen, s. Anhang II, S. 226.

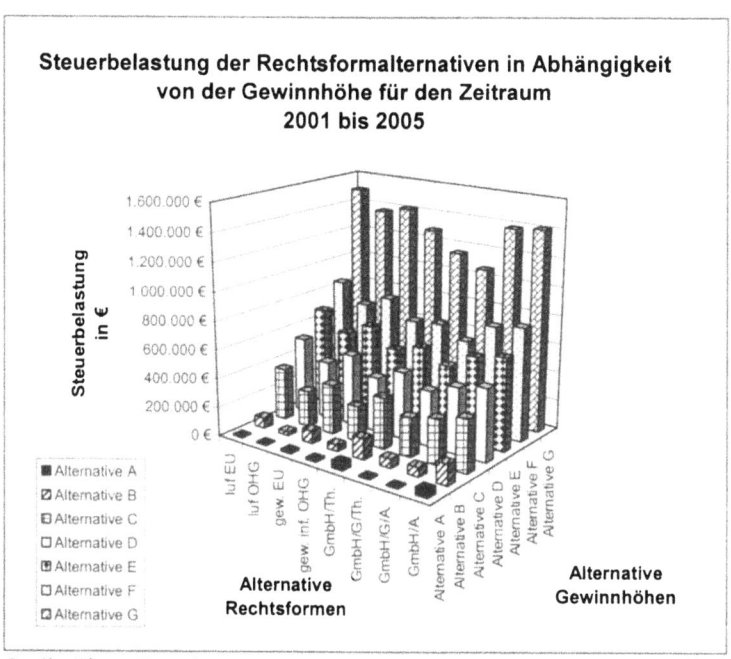

Quelle: Eigene Berechnungen.

Darst. 15: Steuerbelastung der Rechtsformalternativen in Abhängigkeit von der Gewinnhöhe für den Zeitraum 2001 bis 2005

Bemerkenswert bei der isolierten Betrachtung der Rangplätze ist, dass die von den Land- und Forstwirten in der Bundesrepublik Deutschland favorisierte Rechtsform des *land- und forstwirtschaftlichen Einzelunternehmens*[1] bei steigenden Gewinnen sehr schnell zur höchsten absoluten Steuerbelastung im Vergleich führt und damit aus steuerlicher Sicht zur ungünstigsten Rechtsformalternative wird. So „fällt" die Rechtsform des land- und forstwirtschaftlichen Einzelunternehmens bereits bei der Gewinn-Alternative B, deren unterstellter Gewinn *noch unter dem Gewinn des Grundfalls* liegt, im Vergleich zur Gewinn-Alternative A von Rangplatz 1 auf Rangplatz 5 ab und ab der Gewinn-Alternative D ist das land- und forstwirtschaftliche Einzelunternehmen eindeutig die steuerlich ungünstigste Rechtsformalternative.

---

[1] Vgl. dazu Teil A, Kapitel I, S. 24: nahezu 95 % aller Land- und Forstwirte in der BRD wirtschaften in der Rechtsform des Einzelunternehmens.

Auffällig ist auch, dass die *GmbH*, die ihren *Gewinn vollständig* an ihre Gesellschafter *ausschüttet*, im Durchschnitt die zweitungünstigste Rechtsform-Wahl darstellt: steigt der Gewinn unter sonst gleichbleibenden Bedingungen an, verbessert sich die voll ausschüttende GmbH nur geringfügig vom letzten Rangplatz auf Rangplatz 6.

Durch die *Zahlung von Geschäftsführergehältern* an die Gesellschafter in Höhe von 44.000 € je Wirtschaftsjahr und der damit verbundenen Minderung der Bemessungsgrundlage für die Gewerbeertragsteuer, die Körperschaftsteuer und den Solidaritätszuschlag verbessert sich die *ausschüttende GmbH* immerhin für die Gewinn-Alternativen B bis D vom letzten bzw. 7. Rangplatz auf Rangplatz 4. Für die Gewinn-Alternativen E bis G wird durch die Zahlung einer Vergütung an die Gesellschafter im Vergleich zur Steuerbelastung der anderen Rechtsformalternativen der Rangplatz 5 erreicht. Für die Gewinn-Alternative A bedeutet die Zahlung einer Vergütung der darüber hinaus ausschüttenden GmbH an ihre Gesellschafter für Geschäftsführungsleistungen eine Verbesserung vom letzten auf den ersten Rangplatz. Dies ist allerdings vor allem auf zwei Faktoren zurückzuführen: zunächst ist der Gewinn der Gewinn-Alternative A so niedrig, dass die Zahlung der Gehälter von 44.000 €/Wirtschaftsjahr zu negativen Ergebnissen der Kapitalgesellschaft führt. Aufgrund der dadurch fehlenden Bemessungsgrundlage fallen auf der Ebene der Gesellschaft keine gewinnabhängigen Steuern mehr an. Die absolute Steuerbelastung der Gesellschaft besteht somit lediglich aus Grundsteuer und pauschaler Lohnsteuer. Gewinne, die an die Gesellschafter ausgeschüttet werden könnten, sind danach im Beispielsfall nicht mehr vorhanden. Darüber hinaus sind die Geschäftsführergehälter so festgelegt, dass, soweit keine weiteren Einkünfte mehr von den Gesellschaftern oder deren Ehegatten erzielt werden, keine Einkommensteuer, Solidaritätszuschlag und Kirchensteuer auf der Ebene der Gesellschafter anfällt.

Die in der Gesamtschau der Gewinn-Alternativen A bis G günstigste Rechtsformalternative ist die *GmbH*, die *nach Zahlung der Geschäftsführergehälter* an ihre Gesellschafter die *noch verbleibenden Gewinne thesauriert*. Ab der Gewinn-Alternative D nimmt diese Rechtsformalternative bereits den Rangplatz 2 und ab der Gewinn-Alternative E sogar durchgehend den Rangplatz 1 ein. Da durch die Zahlung der Geschäftsführergehälter bei der Gewinn-Alternative A weder auf der Ebene der Gesellschaft noch auf der Ebene der Gesellschafter gewinnabhängige Steuern entstehen, steht diese Rechtsformalternative auch bei der Gewinn-Alternative A auf Rangplatz 1 (wie auch das land- und forstwirtschaftliche Einzelunternehmen, die land- und forstwirtschaftlich tätige OHG und die GmbH, die grundsätzlich die nach Zahlung von Geschäftsführergehältern verbleibenden Gewinne an ihre Gesellschafter ausschüttet). Im konkreten Ausgangsfall ist jedoch für die Zahlung der Geschäftsführergehälter durch die Kapitalgesellschaft an ihre Gesellschafter zu beachten, dass die Geschäftsführergehälter sehr niedrig – vor allem im Verhältnis zu den unterstellten sukzessiv steigenden Gewinnen – festgelegt wurden[1].

Günstig in der Gesamtschau der Gewinn-Alternativen A bis G ist im Vergleich mit anderen Rechtsformalternativen auch die *gewerblich infizierte OHG*, gefolgt von der *land- und forstwirtschaftlich tätigen OHG*. Dies ist bei Personengesellschaften zunächst grundsätzlich auf die Aufteilung der Einkünfte auf mehrere Steuerpflichtige und der dadurch bedingten Minderung der Einkommensteuerprogression zurückzuführen. Darüber hinaus wird der Belastungsunterschied zwischen einer gewerblich infizierten und einer land- und forstwirtschaftlich tätigen OHG von weiteren steuerbestimmenden Faktoren beeinflusst: zu beachten ist der Freibetrag nach § 13 Abs. 3 EStG für Land- und Forstwirte i.S.d. § 13 EStG, der Abzug der Gewerbesteuer als Betriebsausgabe und die pauschalierte Anrechnung der Gewerbesteuer auf die Einkommensteuer i.S.d. § 35 EStG bei der gewerblich infizierten Personengesellschaft, die Vorschrift für die Ermittlung der pauschalen Lohnsteuer nach § 40 a EStG sowie die Gewinnzurechnungsvorschriften des § 4 a Abs. 2 Nr. 1 bzw. 2 EStG. Für die einzelnen Gewinn-Alternativen wird in diesem Zusammenhang auf die weiteren Ausführungen verwiesen.

Die *ausschließlich thesaurierenden GmbH* wird bei steigenden Gewinnen eine immer günstigere Rechtsformalternative; so verbessert sie sich vom letzten Rangplatz im Rahmen der Gewinn-Alternative A auf den zweiten Rangplatz im Rahmen der Gewinn-Alternative G.

Das *gewerbliche Einzelunternehmen* ist im Vergleich zu den anderen Rechtsformalternativen im Durchschnitt als ungünstig zu bezeichnen; bei den Gewinn-Alternativen E bis G nimmt es sogar nur den siebenten Rangplatz ein.

Für die Untersuchung der steuerlichen Belastungsunterschiede zwischen den jeweiligen Rechtsformen und deren Ursachen für die einzelnen Gewinn-Alternativen A bis G sind neben den Steuerbelastungsdifferenzen zwischen Personenunternehmen und Kapitalgesellschaft einerseits insbesondere auch die steuerlichen Belastungsunterschiede zwischen land- und forstwirtschaftlichem bzw. gewerblichem Einzelunternehmen und land- und forstwirtschaftlich tätiger bzw. gewerblich infizierter Personengesellschaft andererseits zu analysieren.

---

[1] Vgl. zur Variation der Geschäftsführergehälter Abschnitt 3, lit. a, S. 157-162.

Für die Darstellung der steuerlichen Belastungsdifferenzen zwischen land- und forstwirtschaftlichem und gewerblichem Personenunternehmen wird zunächst für die einzelnen Gewinn-Alternativen der Gewinn eines Wirtschaftsjahres des land- und forstwirtschaftlichen Einzelunternehmens bzw. der land- und forstwirtschaftlich tätigen OHG *abweichend von der gesetzlichen Vorschrift* des § 4 a Abs. 2 Nr. 1 EStG wie bei Gewerbebetrieben mit abweichendem Wirtschaftsjahr nach § 4 a Abs. 2 Nr. **2** EStG dem Kalenderjahr zugerechnet, in dem das Wirtschaftsjahr endet. Darüber hinaus wird unterstellt, dass auch das gewerbliche Einzelunternehmen und die gewerblich infizierte OHG die Pauschalierung der Lohnsteuer für Aushilfskräfte nach § 40 a Abs. 3 EStG mit 5 % vornehmen können. Durch diese Vorgehensweise kann in einem ersten Schritt die Wirkung des Abzugs der Gewerbesteuer als Betriebsausgabe und der pauschalen Anrechnung der Gewerbesteuer auf die Einkommensteuer nach § 35 EStG auf die absolute Steuerhöhe für das gewerbliche im Vergleich zum land- und forstwirtschaftlich tätigen Personenunternehmen isoliert dargestellt werden. Im Anschluss an diese Betrachtung werden die Auswirkungen der unterschiedlichen Pauschalierungsregelungen der Lohnsteuer nach § 40 a Abs. 1 bzw. 3 EStG auf die Steuerbelastung untersucht. Dabei ist dem steuerlichen Effekt des höheren Betriebsausgabenabzugs für das gewerbliche Unternehmen für Lohnsteuer nach § 40 a Abs. 1 EStG die im Gegenzug auch höhere absolute Lohnsteuerbelastung gegenüberzustellen. Darüber hinaus wird untersucht, inwieweit die Steuermehr- oder -minderbelastung des land- und forstwirtschaftlich tätigen bzw. gewerblichen Personenunternehmens tatsächlich auf die Anwendung der maßgebenden Gewinnzurechnungsvorschrift des § 4 a Abs. 2 EStG zurückzuführen ist.

Die entsprechenden Berechnungsschritte werden im folgenden im Rahmen der Gewinn-Alternativen A und B bei den Personenunternehmen ausführlich dargestellt und erläutert; für den steuerlichen Rechtsformvergleich für die Gewinn-Alternativen C bis G beschränken sich die Ausführungen dann auf den Vergleich der entsprechend bereits ermittelten steuerlichen Differenzen zwischen den einzelnen Rechtsformalternativen.

Für die *Gewinn-Alternative A* ergibt sich sowohl für das land- und forstwirtschaftliche Einzelunternehmen als auch für die land- und forstwirtschaftlich tätige OHG sowie für die GmbH, die ihren nach Zahlung der Geschäftsführergehälter und Steuern verbleibenden Gewinn entweder ausschüttet oder thesauriert, für den Zeitraum 2001 bis 2005 eine steuerliche Belastung von insgesamt 7.885 €. Damit nehmen diese Rechtsformalternativen im Rahmen der Gewinn-Alternative A Rangplatz 1 ein. Aufgrund der geringen Gewinnhöhen vor Gesellschaftervergütungen und Steuern in der Gewinn-Alternative A und durch die Zahlung von relativ niedrigen Geschäftsführergehältern von insgesamt 44.000 €

im Wirtschaftsjahr entsteht bei der Kapitalgesellschaft weder auf der Ebene der Gesellschaft Gewerbesteuer, Körperschaftsteuer und Solidaritätszuschlag noch auf der Ebene der Gesellschafter Einkommensteuer, Solidaritätszuschlag oder Kirchensteuer. Verbleibende Gewinne für eine mögliche Thesaurierung oder Ausschüttung sind nach Zahlung der Geschäftsführergehälter nicht mehr gegeben. Die absolute Steuerbelastung für die Jahre 2001 bis 2005 besteht damit aus Grundsteuer und pauschaler Lohnsteuer für Aushilfskräfte in Höhe von insgesamt 7.885 €. Bei den land- und forstwirtschaftlich (tätigen) Personenunternehmen ergeben sich aufgrund der geringen Gewinnhöhen der Gewinn-Alternative A ebenfalls keine gewinnabhängigen Steuern. Auch in diesen Fällen bestimmt sich die absolute Steuerbelastung in Höhe von 7.885 € ausschließlich durch die Grundsteuer und die pauschale Lohnsteuer für Aushilfskräfte. Die Freibetragsregelung des § 13 Abs. 3 EStG kann aufgrund der geringen Einkünfte aus Land- und Forstwirtschaft weder von dem Einzelunternehmer noch von den Gesellschaftern der land- und forstwirtschaftlich tätigen Personengesellschaft genutzt werden.

Die Steuerbelastung des gewerblichen Einzelunternehmens und der gewerblich infizierten OHG beläuft sich für den Zeitraum 2001 bis 2005 für die Gewinn-Alternative A auf jeweils insgesamt 13.317 € und verweist damit diese Rechtsformalternativen auf Rangplatz 2. Zwar entsteht in diesen Fällen Gewerbesteuer, jedoch kann diese aufgrund der nicht anfallenden tariflichen Einkommensteuer nicht nach § 35 EStG angerechnet werden. In diesem Zusammenhang ist zu beachten, „dass eine Anrechnung allenfalls bis zu einer Einkommensteuer von 0 DM [€!] führen kann. Eine negative Steuer kann sich nicht ergeben, denn eine Tarifermäßigung ist keine Steuervergütung"[1]. Die Belastung mit Gewerbesteuer, die sowohl für das gewerbliche Einzelunternehmen als auch für die gewerblich infizierte OHG für die Jahre 2001 bis 2005 absolut 482 € beträgt, stellt demnach bei der Gewinn-Alternative A eine Definitivbelastung dar. Darüber hinaus belaufen sich Grundsteuer und pauschale Lohnsteuer nach § 40 a Abs. 1 EStG für die Jahre 2001 bis 2005 bei den gewerblichen Personenunternehmen auf insgesamt 12.835 €. Es ergibt sich eine steuerliche Mehrbelastung der Rechtsformalternativen des gewerblichen Einzelunternehmens und der gewerblich infizierten OHG im Vergleich zum land- und forstwirtschaftlichen Einzelunternehmen, der land- und forstwirtschaftlich tätigen OHG und der Geschäftsführergehälter zahlenden GmbH von insgesamt 5.432 € für die Jahre 2001 bis 2005.

Die teuerste Rechtsformalternative, Rangplatz 3, für die Gewinn-Alternative A ist die GmbH, die ohne Zahlung von Geschäftsführergehältern ihren Gewinn entweder thesauriert oder ausschüttet. Dabei entsteht die Steuerbelastung aber nicht auf der Ebene der Gesellschafter, da aufgrund der festgelegten Gewinnhöhen der Gewinn-Alternative A auch bei einer eventuellen Ausschüttung der Ge-

---

[1] *Wendt, M.*, Gewerbesteuer, 2000, S. 1177, m.w.N.

winne weder Einkommensteuer, Solidaritätszuschlag noch Kirchensteuer anfällt. Die Steuerbelastung entsteht ausschließlich auf der Ebene der Gesellschaft durch die Besteuerung mit Grundsteuer, pauschaler Lohnsteuer, Gewerbesteuer, Körperschaftsteuer und Solidaritätszuschlag in Höhe von insgesamt 54.079 €. Damit ist die GmbH, die ihren Gewinn nicht durch die Zahlung entsprechender Vergütungen an ihre Gesellschafter vermindert, im Fall der Gewinn-Alternative A um 46.194 € für die Jahre 2001 bis 2005 teurer als die Rechtsformalternativen, die auf Rangplatz 1 stehen.

Im Rahmen der *Gewinn-Alternative B* ist die land- und forstwirtschaftlich tätige OHG mit einer steuerlichen Belastung für die Jahre 2001 bis 2005 von insgesamt 26.245 € die steuerlich günstigste Alternative, gefolgt von der gewerblich infizierten OHG auf Rangplatz 2 mit einer absoluten Steuerbelastung von 44.749 €.

Die Steuerbelastungsdifferenz für die Jahre 2001 bis 2005 zwischen der land- und forstwirtschaftlich tätigen und der gewerblich infizierten OHG beträgt absolut 18.504 € zu Lasten der gewerblich infizierten Personengesellschaft. Es stellt sich die Frage, auf welche Gründe diese doch wesentlich geringere absolute Steuerbelastung des land- und forstwirtschaftlich tätigen Personenunternehmens im Zeitablauf im Vergleich zur gewerblich infizierten OHG zurückzuführen ist. Eine um 2.980 € geringere steuerliche Belastung an Einkommensteuer, Solidaritätszuschlag und Kirchensteuer ist für die Gesellschafter der land- und forstwirtschaftlich tätigen Personengesellschaft mit der Anwendung der Freibetragsregelung des § 13 Abs. 3 EStG verbunden, da in der Gewinn-Alternative B die Summe der Einkünfte je Gesellschafter in den Veranlagungszeiträumen 2001 bis 2005 jeweils 61.400 € nicht übersteigt. Für die Ermittlung der steuerlichen Entlastung durch die Freibetragsregelung für die Land- und Forstwirtschaft wird die absolute Steuerbelastung für die Jahre 2001 bis 2005 zunächst unter Berücksichtigung des Freibetrags und daran anschließend ohne die Freibetragsregelung berechnet. Der Freibetrag führt danach in den Jahren 2001 bis 2004 zu einer Minderung der Steuerbelastung für die beiden Gesellschafter in Höhe von insgesamt 2.980 €; im Veranlagungszeitraum 2005 geht die Freibetragsregelung aufgrund der geringen Höhe der Einkünfte aus Land- und Forstwirtschaft ins Leere.
In einem weiteren Schritt wird der Gewinn der land- und forstwirtschaftlich tätigen Personengesellschaft, *abweichend von der gesetzlichen Vorschrift* des § 4 a Abs. 2 Nr. 1 EStG, wie bei einem Gewerbebetrieb mit abweichendem Wirtschaftsjahr nach § 4 a Abs. 2 Nr. **2** EStG zugerechnet und die jeweilige Steuerbelastung je Veranlagungszeitraum berechnet. Für die Ermittlung der absoluten Steuerbelastung der gewerblich infizierten OHG wird im Gegenzug unterstellt, dass diese die Pauschalierung der Lohnsteuer nach § 40 a Abs. **3** EStG durch-

führen kann. Durch diese Vorgehensweise sind die Gewinne sowohl der land- und forstwirtschaftlich tätigen als auch der gewerblich infizierten OHG in den Jahren 2001 bis 2005 gleich hoch. Die Freibetragsregelung des § 13 Abs. 3 EStG bleibt in diesem Zusammenhang unberücksichtigt. Es ergeben sich folgende absolute Steuerbelastungen im Zeitablauf 2001 bis 2005 (s. *Tab. 30*):

	2001	2002	2003	2004	2005
Steuerbelastung *luf* OHG					
Gewinnzurechnung § 4 a Abs. 2 Nr. 2 EStG	2.817 €	5.947 €	11.283 €	2.587 €	13.039 €
Steuerbelastung *gew. inf.* OHG					
Pauschal. der LSt § 40 a Abs. 3 EStG	3.819 €	6.594 €	12.314 €	3.860 €	14.281 €
Steuerbelastungsdifferenz	-1.002 €	-647 €	-1.031 €	-1.273 €	-1.242 €

Tab. 30: Gewinn-Alternative B: Steuerbelastungsdifferenz zwischen land- und forstwirtschaftlich tätiger und gewerblich infizierter OHG bei Gewinnzurechnung nach § 4 a Abs. 2 Nr. 2 EStG bzw. Pauschalierung der Lohnsteuer nach § 40 a Abs. 3 EStG

Trotz des Abzugs der Gewerbesteuer als Betriebsausgabe und der pauschalen Anrechnung der Gewerbesteuer auf die Einkommensteuer nach § 35 EStG bleibt die gewerblich infizierte OHG in Höhe von 5.195 € mit Gewerbesteuer belastet. Maßgebend für diese steuerliche Mehrbelastung der gewerblich infizierten Personengesellschaft in der zu Grunde gelegten Gewinn-Alternative B ist der jeweilige persönliche Steuersatz der Gesellschafter. Je niedriger nämlich der persönliche Durchschnitts-Steuersatz, desto geringer ist die steuerliche Wirkung des Abzugs der Gewerbesteuer als Betriebsausgabe und desto geringer letztendlich die Entlastung von der Einkommensteuer durch die pauschale Anrechnung der Gewerbesteuer nach § 35 EStG. In der Gewinn-Alternative B führt die niedrige Einkommensteuer der Gesellschafter der gewerblich infizierten OHG in den Veranlagungszeiträumen 2001 und 2004 sogar dazu, dass gewerbesteuerliches Anrechnungsguthaben in Höhe von 506 € bzw. 684 € verloren geht, da ein Vor- oder Rücktrag der gewerbesteuerlichen Ermäßigungsbeträge gesetzlich nicht vorgesehen ist.

Der Betriebsausgabenabzug für die pauschale Lohnsteuer, die Lohnkirchensteuer und den Solidaritätszuschlag nach § 40 a Abs. 1 EStG beträgt in dem zu Grunde gelegten Ausgangsfall für die gewerblich infizierte OHG für die Jahre 2001 bis 2005 kumuliert 6.185 €, der Betriebsausgabenabzug für die land- und forstwirtschaftlich tätige Personengesellschaft dagegen 1.235 €. Durch den höheren Betriebsausgabenabzug nach § 40 a Abs. 1 EStG vom vorläufigen Ergebnis der gewerblich infizierten OHG ergibt sich in der Summe der Jahre 2001 bis 2005 zunächst durch die entsprechend geringere Bemessungsgrundlage für die gewinnabhängigen Steuern eine vorläufige Steuerminderung von 1.069 € (s. *Tab. 31*), der jedoch die steuerlichen Mehrbelastung durch die nach § 40 a Abs. 1 EStG höhere pauschale Lohnsteuer von 4.950 € (6.185 € - 1.235 €) gegenüberzustellen ist.

Es errechnet sich eine steuerliche Mehrbelastung durch die Lohnsteuerpauschalierung mit 25 % für die gewerblich infizierte Personengesellschaft in Höhe von insgesamt 3.881 €.

	2001	2002	2003	2004	2005
Steuerbelastung *gew. inf.* OHG Pauschal. der LSt § 40 a Abs. 1 EStG	2.134 €	4.731 €	10.421 €	2.238 €	12.390 €
Steuerbelastung *gew. inf.* OHG Pauschal. der LSt § 40 a Abs. 3 EStG	2.242 €	5.017 €	10.737 €	2.283 €	12.704 €
Steuerbelastungsdifferenz	-108 €	-286 €	-316 €	-45 €	-314 €

Tab. 31: Vorläufige Steuerminderung durch den höheren Betriebsausgabenabzug bei Pauschalierung der Lohnsteuer nach § 40 a Abs. 1 bzw. 3 EStG – gewerblich infizierte Personengesellschaft

Ein weiterer Aspekt, der in der zu betrachtenden Gewinn-Alternative B aus steuerlicher Sicht für die Rechtsform der land- und forstwirtschaftlich tätigen OHG spricht, ist die in diesem Fall günstigere Gewinnzurechnungsvorschrift des § 4 a Abs. 2 Nr. 1 EStG für Land- und Forstwirte.

Wird der Gewinn der land- und forstwirtschaftlich tätigen Personengesellschaft nach § 4 a Abs. 2 Nr. 1 EStG – wie gesetzlich vorgesehen – zeitanteilig auf zwei Wirtschaftsjahre verteilt, ergibt sich – ohne Berücksichtigung der Freibetragsregelung des § 13 Abs. 3 EStG – eine Steuerbelastung in Höhe von 29.225 €. Würde dagegen, abweichend von der gesetzlichen Vorschrift, der Gewinn der land- und forstwirtschaftlich tätigen OHG nach § 4 a Abs. 2 Nr. 2 EStG, also dem Kalenderjahr, in dem das Wirtschaftsjahr endet, zugerechnet, betrüge die absolute Steuerbelastung für die Jahre 2001 bis 2005 um 6.448 € mehr (s. *Tab. 32*):

	2001	2002	2003	2004	2005
Steuerbelastung luf OHG Gewinnzurechnung § 4 a Abs. 2 Nr. 1 EStG	4.363 €	8.931 €	6.551 €	7.803 €	1.577 €
Steuerbelastung luf OHG Gewinnzurechnung § 4 a Abs. 2 Nr. 2 EStG	2.817 €	5.947 €	11.283 €	2.587 €	13.039 €
Steuerbelastungsdifferenz	1.546 €	2.984 €	-4.732 €	5.216 €	-11.462 €

Tab. 32: Gewinn-Alternative B: Steuerbelastung nach § 4 a Abs. 2 Nr. 1 bzw. 2 EStG für die land- und forstwirtschaftlich tätige OHG

In der betrachteten Gewinn-Alternative B führt die Zurechnungsvorschrift des § 4 a Abs. 2 Nr. 1 EStG damit tatsächlich zu einer für die land- und forstwirtschaftlichen Unternehmer im Vergleich günstigeren Durchschnittsbesteuerung der erzielten Gewinne.

Werden die einzelnen steuerlichen Belastungsdifferenzen zwischen der land- und forstwirtschaftlich tätigen und der gewerblich infizierten OHG abschließend zusammengefasst, so ist für die Gewinn-Alternative B festzuhalten, dass die gewerblich infizierte OHG mit 5.195 € Gewerbesteuer und mit 3.881 € mehr Lohnsteuer belastet ist als die land- und forstwirtschaftlich tätige OHG. Hinzu kommt auch eine steuerliche Benachteiligung für die gewerblich infizierte Personengesellschaft durch die Gewinnzurechnungsvorschrift nach § 4 a Abs. 2 Nr. 2 EStG in Höhe von 6.448 €. Die Freibetragsregelung des § 13 Abs. 3 EStG führt darüber hinaus zu einer zusätzlichen Entlastung der land- und forstwirtschaftlichen Unternehmer in Höhe von 2.980 €. Damit summiert sich die steuerliche Mehrbelastung der gewerblich infizierten Personengesellschaft im Zeitablauf auf insgesamt 18.504 €.

Während die Personengesellschaften bei der Gewinn-Alternative B Rangplatz 1 und 2 (wenn auch mit bereits entscheidendem steuerlichen Belastungsunterschied zwischen land- und forstwirtschaftlich tätiger und gewerblich infizierter Personengesellschaft) einnehmen, werden Rangplatz 3 und 4 von der GmbH bekleidet, die ihren Gesellschaftern für deren Tätigkeit als Geschäftsführer Vergütungen bezahlt. Auf der Ebene der Kapitalgesellschaft entsteht durch Grundsteuer, pauschale Lohnsteuer, Gewerbesteuer und durch die Definitivbelastung mit 25 % Körperschaftsteuer und 5,5 % Solidaritätszuschlag sowohl im Fall der Thesaurierung als auch im Fall der Ausschüttung der verbleibenden Gewinne eine jeweils in den Jahren 2001 bis 2005 gleich hohe Steuerzahllast von 62.750 €. Die Steuerbelastungsdifferenz von insgesamt 476 € zu Lasten der ausschüttenden GmbH ergibt sich in den Jahren 2003 und 2005 auf der Ebene der Gesellschafter. Im Jahr 2003 entsteht Kirchensteuer von 182

€, für deren Berechnung das Halbeinkünfteverfahren nach § 3 Nr. 40 EStG nicht anzuwenden ist, § 51 a Abs. 2 S. 2 EStG, und im Jahr 2005 führt die Zusammenrechnung der Einkünfte aus nichtselbständiger Arbeit und aus Kapitalvermögen bei den Gesellschaftern zur Festsetzung von Einkommensteuer, Kirchensteuer und Solidaritätszuschlag von 294 €.

Das land- und forstwirtschaftliche Einzelunternehmen nimmt bereits bei der Gewinn-Alternative B den 5. Rangplatz ein, gefolgt vom gewerblichen Einzelunternehmen auf Rangplatz 6. Auch die Steuerbelastungsdifferenz zwischen land- und forstwirtschaftlichem und gewerblichem Einzelunternehmen in Höhe von 14.975 € ist auf die bereits bekannten Faktoren zurückzuführen: die mögliche Inanspruchnahme der Freibetragsregelung des § 13 Abs. 3 EStG durch den land- und forstwirtschaftlichen Einzelunternehmer, die Belastung des gewerblichen Einzelunternehmens mit Gewerbesteuer trotz Betriebsausgabenabzug und pauschaler Anrechnung der Gewerbesteuer auf die Einkommensteuer nach § 35 EStG, auf die Pauschalierung der Lohnsteuer nach § 40 a Abs. 1 bzw. 3 EStG sowie auf die Gewinnzurechnungsvorschrift des § 4 a Abs. 2 EStG.

Die Freibetragsregelung des § 13 Abs. 3 EStG kann vom land- und forstwirtschaftlichen Einzelunternehmer aufgrund der Höhe Summe seiner Einkünfte in den Veranlagungszeiträumen 2001 und 2005 berücksichtigt werden; die steuerliche Entlastung im Vergleich zum gewerblichen Einzelunternehmer beträgt dadurch insgesamt 886 € im Zeitablauf 2001 bis 2005.

Interessant ist, dass die tatsächliche Belastung des gewerblichen Einzelunternehmens und seines Unternehmers durch die Gewerbesteuer im Vergleich zur gewerblich infizierten OHG und deren Gesellschafter wesentlich geringer ist. Die absolute Gewerbesteuerbelastung auf der Ebene der Personengesellschaft bzw. auf der Ebene des Einzelunternehmens ist unter der gegebenen Gewinnsituation der Gewinn-Alternative B in jedem zu betrachtenden Kalenderjahr gleich hoch. Auch beim gewerbesteuerlichen Anrechnungsguthaben nach § 35 EStG gibt es sowohl bei den Gesellschaftern der gewerblich infizierten Personengesellschaft als auch bei dem Unternehmer des gewerblichen Einzelunternehmens keine Unterschiede in der absoluten Höhe der Gewerbesteuer. Da aber der persönliche Durchschnitts-Steuersatz des gewerblichen Einzelunternehmers aufgrund der höheren, ihm allein zuzuordnenden Einkünfte aus Gewerbebetrieb über den persönlichen Durchschnitts-Steuersätzen der Gesellschafter der gewerblich infizierten Personengesellschaft liegt, wird der gewerbliche Einzelunternehmer durch den Abzug der Gewerbesteuer als Betriebsausgabe höher entlastet als die Gesellschafter der gewerblich infizierten OHG. So beträgt die Mehrbelastung des *gewerblichen* Einzelunternehmens und seines Unternehmers durch die Gewerbesteuer im Vergleich zum *land- und forstwirt-*

schaftlichen Einzelunternehmen in den Jahren 2001 bis 2005 1.432 € (s. *Tab. 33*); die *gewerblich infizierte* Personengesellschaft und ihre Gesellschafter sind dagegen im Vergleich zur *land- und forstwirtschaftlich tätigen* Personengesellschaft bei gleichen Gewinnen mit 5.195 € mehr durch die Gewerbesteuer belastet.

	2001	2002	2003	2004	2005
Steuerbelastung *luf* EU Gewinnzurechnung § 4 a Abs. 2 Nr. 2 EStG	10.363 €	14.424 €	22.551 €	9.907 €	24.598 €
Steuerbelastung *gew.* EU Pauschal. der LSt § 40 a Abs. 3 EStG	10.617 €	14.764 €	22.750 €	10.204 €	24.940 €
Steuerbelastungsdifferenz	-254 €	-340 €	-199 €	-297 €	-342 €

Tab. 33: Gewinn-Alternative B: Steuerbelastungsdifferenz zwischen land- und forstwirtschaftlich tätigem und gewerblichem Einzelunternehmen bei Gewinnzurechnung nach § 4 a Abs. 2 Nr. 2 EStG bzw. Pauschalierung der Lohnsteuer nach § 40 a Abs. 3 EStG

Die Pauschalierung der Lohnsteuer nach § 40 a Abs. 1 EStG führt auch beim gewerblichen Einzelunternehmen zu einer Mehrbelastung an Lohnsteuer im Vergleich zum land- und forstwirtschaftlichen Einzelunternehmen von absolut 4.950 €. Gemindert werden Gewerbesteuer, Einkommensteuer, Solidaritätszuschlag und Kirchensteuer jedoch durch den Abzug der höheren pauschalen Lohnsteuer als Betriebsausgabe um insgesamt 1.817 € (s. *Tab. 34*):

	2001	2002	2003	2004	2005
Steuerbelastung *gew.* EU Pauschal. der LSt § 40 a Abs. 1 EStG	8.702 €	12.812 €	20.756 €	8.338 €	22.965 €
Steuerbelastung *gew.* EU Pauschal. der LSt § 40 a Abs. 3 EStG	9.040 €	13.187 €	21.173 €	8.627 €	23.363 €
Steuerbelastungsdifferenz	-338 €	-375 €	-417 €	-289 €	-398 €

Tab. 34: Vorläufige Steuerminderung durch den höheren Betriebsausgabenabzug bei Pauschalierung der Lohnsteuer nach § 40 a Abs. 1 bzw. 3 EStG – gewerbliches Einzelunternehmen

Damit ergibt sich eine steuerliche Mehrbelastung des gewerblichen Einzelunternehmens aus der Vorschrift des § 40 a Abs. 1 EStG um 3.133 €.

Die Gewinnzurechnungsvorschrift des § 4 a Abs. 2 Nr. 2 EStG führt in den Jahren 2001 bis 2005 in der Gewinn-Alternative B beim gewerblichen Einzelunternehmer zu einer Mehrbelastung an Einkommensteuer, Solidaritätszuschlag und Kirchensteuer in Höhe von 9.524 € (s. *Tab. 35*):

	2001	2002	2003	2004	2005
Steuerbelastung l/f EU					
Gewinnzurechnung § 4 a Abs. 2 Nr. 1 EStG	12.442 €	18.517 €	15.818 €	17.580 €	7.962 €
Steuerbelastung l/f EU					
Gewinnzurechnung § 4 a Abs. 2 Nr. 2 EStG	10.363 €	14.424 €	22.551 €	9.907 €	24.598 €
Steuerbelastungsdifferenz	2.079 €	4.093 €	-6.733 €	7.673 €	-16.636 €

Tab. 35: Gewinn-Alternative B: Steuerbelastung nach § 4 a Abs. 2 Nr. 1 bzw. 2 EStG für land- und forstwirtschaftliche Einzelunternehmen

Während in den Jahren 2001, 2002 und 2004 der land- und forstwirtschaftliche Einzelunternehmer mit insgesamt 13.845 € mehr an Einkommensteuer, Solidaritätszuschlag und Kirchensteuer als der gewerbliche Einzelunternehmer belastet ist, bedingt die Gewinnzurechnungsvorschrift des § 4 a Abs. 2 Nr. 2 EStG, wie oben dargestellt, in den Jahren 2003 und 2005 eine Gewinnhöhe, die beim gewerblichen Einzelunternehmer im Gegenzug zu einer steuerlichen Mehrbelastung für diese beiden Veranlagungszeiträume von 23.369 € im Vergleich zum land- und forstwirtschaftlichen Einzelunternehmer führt.

Werden die Wirkungen der steuerbeeinflussenden Faktoren zusammengefasst, so ergibt sich insgesamt eine steuerliche Mehrbelastung der Rechtsform des gewerblichen Einzelunternehmens im Vergleich zum land- und forstwirtschaftlichen Einzelunternehmen von 14.975 €.

Die Kapitalgesellschaft, die keine Vergütungen an ihre Gesellschafter entrichtet und die ihre nach Zahlung von Grundsteuer, pauschaler Lohnsteuer, Gewerbesteuer, Körperschaftsteuer und Solidaritätszuschlag verbleibenden Gewinne entweder thesauriert oder aber an ihre Gesellschafter in voller Höhe ausschüttet, ist die teuerste Rechtsform im Rahmen der Gewinn-Alternative B. Während für die GmbH, die ihren Gewinn in den Jahren 2001 bis 2005 thesauriert, eine absolute Steuerbelastung in Höhe von 144.897 € anfällt (Rangplatz 7), ergibt sich für die ihren Gewinn vollständig an ihre Gesellschafter ausschüttende GmbH eine Steuerbelastung von insgesamt 144.919 € (Rangplatz 8). Die Belastung mit Körperschaftsteuer und Solidaritätszuschlag auf der Ebene der Kapitalgesellschaft ist sowohl für die thesaurierende als auch für die ausschüttende GmbH durch die Definitivbesteuerung mit 25 % Körperschaftsteuer und 5,5 % Solidaritätszuschlag gleich hoch. Auf der Ebene der Gesellschafter ergeben sich grundsätzlich keine Unterschiede in der Besteuerung, da die im Rahmen der Gewinn-Alternative B vorgenommenen relativ geringen Ausschüttungen durch das Halbeinkünfteverfahren des § 3 Nr. 40 EStG nur zur Hälfte der Besteuerung unterliegen. Eine Ausnahme besteht lediglich für den Veranlagungszeitraum 2005, da für die Berechnung der Kirchensteuer das Halbeinkünfteverfahren nicht anwendbar ist, § 51 a Abs. 2 S. 2 EStG. In 2005 fällt aus diesem Grund je Gesellschafter eine Kirchensteuer von jeweils 11 € an.

Ab der Gewinn-Alternative C ist die Freibetragsregelung für die Land- und Forstwirte nach § 13 Abs. 3 EStG aufgrund der unterstellten Gewinnhöhe und der dadurch bedingten Höhe der Summe der Einkünfte der Beteiligten nicht mehr anwendbar.

Für die *Gewinn-Alternative C*, für die der Gewinn des Grundfalls mit 1,5 multipliziert wurde, ist die Rechtsform der gewerblich infizierten OHG mit einer absoluten Steuerbelastung von 241.656 € für die Jahre 2001 bis 2005 die steuerlich günstigste Rechtsformalternative. Die land- und forstwirtschaftlich tätige OHG nimmt mit einer Steuerbelastung von 245.319 € Rangplatz 2 ein.
Es stellt sich in diesem Zusammenhang die Frage, warum die gewerblich infizierte Personengesellschaft trotz Belastung mit Gewerbesteuer und höherer pauschaler Lohnsteuer die im Vergleich günstigere Rechtsformalternative ist.

Für die Ermittlung einer eventuellen Mehr- oder Minderbelastung der gewerblich infizierten OHG durch die Gewerbesteuer wird der Gewinn der land- und forstwirtschaftlich tätigen Personengesellschaft, wie bereits im Grundsatz dargestellt, nach § 4 a Abs. 2 Nr. 2 EStG und im Gegenzug die pauschale Lohnsteuer der gewerblich infizierten OHG nach § 40 a Abs. 3 EStG berechnet und die jeweilige absolute Steuerzahllast für die einzelnen Veranlagungszeiträume ermittelt. Durch diese „Gleichschaltung" der Gewinne sowohl für die land- und forstwirtschaftlich tätige als auch für die gewerblich infizierte Personengesellschaft kann die Wirkung der Gewerbesteuer durch den Betriebsausgabenabzug und durch die pauschale Anrechnung auf die Einkommensteuer nach § 35 EStG isoliert dargestellt werden.
Es ergibt sich nach Durchführung dieser Berechnung eine Mehrbelastung durch die Gewerbesteuer für die gewerblich infizierte OHG von 2.273 €.
Die höhere pauschale Lohnsteuer führt bei der gewerblich infizierten OHG durch den höheren Betriebsausgabenabzug zu einer um insgesamt 2.016 € geringeren Belastung an Gewerbesteuer, Einkommensteuer, Solidaritätszuschlag

und Kirchensteuer. Dem steht jedoch die höhere absolute pauschale Lohnsteuer entgegen; es ergibt sich eine Mehrbelastung durch Anwendung des § 40 a Abs. 1 EStG in Höhe von 4.950 €. Damit ist die gewerblich infizierte Personengesellschaft in der Differenz um 2.934 € mehr mit Lohnsteuer belastet als die land- und forstwirtschaftlich tätige OHG.
Die Gewinnzurechnungsvorschrift des § 4 a Abs. 2 Nr. 2 EStG bedingt für die gewerblich infizierte OHG jedoch eine geringere steuerliche Gesamtbelastung im Vergleich zur land- und forstwirtschaftlich tätigen OHG von 8.870 € für die Jahre 2001 bis 2005. Ermittelt wird dieser Wert durch die Gegenüberstellung der steuerlichen Belastung der land- und forstwirtschaftlich tätigen Personengesellschaft mit Gewinnzurechnung nach § 4 a Abs. 2 Nr. 1 bzw. Nr. 2 EStG. Damit ist die günstigere steuerliche Belastungssituation der gewerblich infizierten OHG im Vergleich zur land- und forstwirtschaftlich tätigen OHG für die Gewinn-Alternative C ausschließlich auf die Gewinnzurechnungsvorschrift des § 4 a Abs. 2 EStG zurückzuführen; sowohl hinsichtlich der Gewerbesteuer als auch der pauschalen Lohnsteuer ist die gewerblich infizierte Personengesellschaft jedoch aus steuerlicher Sicht teurer als die land- und forstwirtschaftlich tätige OHG.

Die Kapitalgesellschaft, die ihre verbleibenden Gewinne nach Zahlung von Steuern und Geschäftsführergehältern thesauriert, nimmt ebenso wie in der Gewinn-Alternative B in der Gewinn-Alternative C den Rangplatz 3 ein, gefolgt von der ihren verbleibenden Gewinn an die Gesellschafter ausschüttenden GmbH. Dabei ist zu beachten, dass die Steuerbelastung auf der Ebene der Kapitalgesellschaft unabhängig vom Ausschüttungsverhalten der GmbH für die Veranlagungszeiträume 2001 bis 2005 durch die Definitivbesteuerung gleich hoch ist. Die absolute Steuerbelastungsdifferenz zwischen Rangplatz 3 und 4 von 40.748 € ergibt sich auf der Ebene der Gesellschafter durch die Belastung der Einkünfte aus nichtselbständiger Arbeit und aus Kapitalvermögen mit Einkommensteuer, Solidaritätszuschlag und Kirchensteuer. Dabei ist das Halbeinkünfteverfahren nicht für die Berechnung der Kirchensteuer zu berücksichtigen, § 51 a Abs. 2 S. 2 EStG.

Das gewerbliche Einzelunternehmen nimmt in der Gewinn-Alternative C Rangplatz 5 ein, das land- und forstwirtschaftliche Einzelunternehmen Rangplatz 7. Die Steuerbelastungsdifferenz zwischen den beiden Rechtsformalternativen beträgt zu Lasten des land- und forstwirtschaftlichen Einzelunternehmens 21.573 €.
In der Gewinn-Alternative C erfährt der gewerbliche Einzelunternehmer aufgrund der Höhe seiner Einkünfte aus Gewerbebetrieb und der dadurch bedingten Höhe seines persönlichen Durchschnitts-Steuersatzes das erste Mal im Rahmen der betrachteten Gewinn-Alternativen eine überdurchschnittliche steuerliche

Entlastung durch die Gewerbesteuer im Zeitraum 2001 bis 2005 in Höhe von 5.175 €. Während durch die Verteilung der Einkünfte auf mehrere Gesellschafter bei der gewerblich infizierten Personengesellschaft die Gesamtentlastung von der Gewerbesteuer durch den Betriebsausgabenabzug wegen der niedrigeren Durchschnitts-Steuersätze der beteiligten Personengesellschafter wesentlich geringer ausfällt und dadurch letztendlich eine Definitivbelastung durch die Gewerbesteuer bestehen bleibt, wird aufgrund des höheren Durchschnitts-Steuersatzes des gewerblichen Einzelunternehmers durch den Abzug der Gewerbesteuer als Betriebsausgabe eine echte Entlastung von der Gewerbesteuer und in diesem Fall sogar eine Überkompensation erzielt.

Die Mehrbelastung des gewerblichen Einzelunternehmers im Vergleich zum land- und forstwirtschaftlichen Einzelunternehmer durch die Anwendung der Vorschrift des § 40 a Abs. 1 EStG beträgt trotz erhöhten Betriebsausgabenabzugs durch die höhere pauschale Lohnsteuer noch 2.455 €.

Eine deutliche steuerliche Entlastung erfährt der gewerbliche Einzelunternehmer in den Jahren 2001 bis 2005 jedoch durch die Gewinnzurechnungsvorschrift des § 4 a Abs. 2 Nr. 2 EStG in Höhe von 18.853 €.

Damit ist der gewerbliche Einzelunternehmer durch den Abzug der Gewerbesteuer als Betriebsausgabe und der pauschalen Anrechnung der Gewerbesteuer auf die Einkommensteuer nach § 35 EStG sowie durch die Gewinnzurechnungsvorschrift des § 4 a Abs. 2 Nr. 2 EStG in der Gewinn-Alternative C zunächst um 24.028 € weniger steuerlich belastet als der land- und forstwirtschaftliche Einzelunternehmer. Lediglich die pauschale Lohnsteuer nach § 40 a Abs. 1 EStG mindert den Steuervorteil des gewerblichen Einzelunternehmers gegenüber dem land- und forstwirtschaftlichen Einzelunternehmer um 2.455 € auf 21.573 €.

Die Kapitalgesellschaft, die an ihre Gesellschafter keine Vergütungen entrichtet und ihren nach Steuern verbleibenden Gewinn vollständig thesauriert, nimmt im Rahmen der Gewinn-Alternative C Rangplatz 6 ein und steht damit im steuerlichen Vorteilhaftigkeitsvergleich noch vor dem land- und forstwirtschaftlichen Einzelunternehmen. In diesem Fall entsteht die Steuerbelastung durch Grundsteuer, pauschale Lohnsteuer, Gewerbesteuer, Körperschaftsteuer und Solidaritätszuschlag ausschließlich auf der Ebene der Kapitalgesellschaft in Höhe von 349.708 €.

Die ausschüttende Kapitalgesellschaft, die keine Geschäftsführergehälter bezahlt, ist die im Vergleich der Gewinn-Alternative C teuerste Rechtsform (Rangplatz 8), da aufgrund der Höhe der Ausschüttungen trotz Anwendung des Halbeinkünfteverfahrens eine zusätzliche Belastung an Einkommensteuer, Solidaritätszuschlag und Kirchensteuer auf der Ebene der Gesellschafter in Höhe von 12.966 € in den Jahren 2001 bis 2005 entsteht. Die Belastung mit Grundsteuer, pauschaler Lohnsteuer, Gewerbesteuer, Körperschaftsteuer und

Solidaritätszuschlag auf der Ebene der Gesellschaft entspricht der Definitivbelastung der thesaurierenden GmbH auf Rangplatz 6.

Im Rahmen der *Gewinn-Alternative D*, die eine Erhöhung der Gewinne des Grundfalls um das Zweifache vorsieht, ist wiederum die gewerblich infizierte OHG die aus steuerlicher Sicht günstigste Rechtsform. Die land- und forstwirtschaftlich tätige OHG nimmt in dieser Gewinn-Alternative dagegen bereits Rangplatz 3 ein. Es ist die Frage zu klären, auf welche Ursachen die geringere steuerliche Gesamtbelastung der gewerblich infizierten OHG im Vergleich mit der land- und forstwirtschaftlich tätigen OHG zurückzuführen ist.

Ein Aspekt für die geringere absolute Steuerbelastung der gewerblich infizierten Personengesellschaft ist die Überkompensation der Gewerbesteuer für den Zeitraum 2001 bis 2005 in Höhe von insgesamt 1.914 €. Bedingt wird dies durch den Abzug der Gewerbesteuer als Betriebsausgabe und die pauschale Anrechnung der Gewerbesteuer auf die Einkommensteuer nach § 35 EStG unter Berücksichtigung der persönlichen Durchschnitts-Steuersätze der beteiligten Gesellschafter.
Durch den Abzug der pauschalen Lohnsteuer nach § 40 a Abs. 1 EStG als Betriebsausgabe mindern sich Gewerbesteuer, Einkommensteuer, Solidaritätszuschlag und Kirchensteuer im zu betrachtenden Zeitraum von 2001 bis 2005 vorläufig um insgesamt 2.279 €. Gegenzurechnen ist jedoch die absolute Mehrbelastung durch die pauschale Lohnsteuer des gewerblichen Unternehmens von 4.950 €, so dass sich tatsächlich eine Mehrbelastung für die gewerblich infizierte Personengesellschaft in Höhe von 2.671 € ergibt.
Die Gewinnzurechnungsvorschrift des § 4 a Abs. 2 Nr. 1 EStG verteuert die land- und forstwirtschaftlich tätige OHG im Vergleich zur gewerblich infizierten OHG in den Jahren 2001 bis 2005 um 20.200 €.
Werden die so ermittelten einzelnen Steuerbelastungsdifferenzen zusammengefasst, ergibt sich eine absolute Steuermehrbelastung für die land- und forstwirtschaftlich tätige OHG in Höhe von 19.443 €, die im wesentlichen durch die Gewinnzurechnungsvorschrift des § 4 a Abs. 2 Nr. 1 EStG bedingt ist.

Die Kapitalgesellschaft, die ihren nach Zahlung von Geschäftsführergehältern und Steuern verbleibenden Gewinn thesauriert, ist für die Gewinn-Alternative D die im Durchschnitt der Jahre zweitgünstigste Rechtsformalternative. Durch die Zahlung der Geschäftsführergehälter entsteht aufgrund deren Höhe auf der Ebene der Gesellschafter keine Einkommensteuer, kein Solidaritätszuschlag und keine Kirchensteuer. Die Steuerbelastung entsteht mit einem absoluten Betrag von 381.548 € ausschließlich auf der Ebene der Gesellschaft durch Grundsteuer, pauschale Lohnsteuer, Gewerbesteuer, Körperschaftsteuer und Solidaritätszuschlag. Durch die Ausschüttung der nach Zahlung von Geschäftsführergehältern und Steuern verbleibenden Gewinne an die Gesellschafter verteuert sich die Rechtsform der Kapitalgesellschaft allerdings im Vergleich zur Thesaurierung der verbleibenden Gewinne um 72.302 € im Zeitablauf und nimmt damit im Vergleich Rangplatz 4 ein. Die Steuerbelastung auf der Ebene der GmbH entspricht mit 381.548 € der Steuerbelastung der Kapitalgesellschaft auf Rangplatz 2, die ihre nach Zahlung von Geschäftsführergehältern und Steuern verbleibenden Gewinne thesauriert. Die zusätzliche Steuerbelastung von 72.302 € entsteht auf der Ebene der Gesellschafter durch die Besteuerung der Einkünfte aus nichtselbständiger Arbeit und Kapitalvermögen mit Einkommensteuer, Solidaritätszuschlag und Kirchensteuer.

Die Kapitalgesellschaft, die keine Geschäftsführergehälter berücksichtigt und ihren Gewinn nach Steuern in voller Höhe thesauriert, nimmt in der Gewinn-Alternative D Rangplatz 5 ein. Bei den Gesellschaftern fällt bei dieser Variante keine Steuerbelastung an; die absolute Steuerbelastung in Höhe von 463.697 € ist der Kapitalgesellschaft zuzurechnen.

Wenn die GmbH ihre nach Steuern verbleibenden Gewinne ohne vorherige Zahlung von Vergütungen an ihre Gesellschafter ausschüttet, ist die Kapitalgesellschaft in der Gewinn-Alternative D aus Steuerbelastungsgesichtspunkten nicht mehr als vorteilhaft zu bezeichnen; mit einer absoluten Steuerbelastung von 497.585 € nimmt sie nur noch Rangplatz 7 ein. Dabei ist die Steuerbelastung auf der Ebene der GmbH mit der Steuerbelastung der thesaurierenden GmbH identisch. Die Mehrbelastung von 33.888 € entsteht auf der Gesellschafterebene, da trotz Halbeinkünfteverfahren die Gewinnhöhen der Gewinn-Alternative D entsprechende Steuerbelastungen mit Einkommensteuer, Solidaritätszuschlag und Kirchensteuer bei den Gesellschaftern bedingen.

Das gewerbliche Einzelunternehmen ist aus Steuerbelastungsgesichtspunkten auf Rangplatz 6 und das land- und forstwirtschaftliche Einzelunternehmen auf Rangplatz 8, der Rangplatz mit der höchsten Steuerbelastung, zu platzieren. Werden die steuerlichen Belastungsunterschiede nach der beschriebenen Vorgehensweise analysiert ergibt sich, dass die steuerliche Entlastung des gewerblichen Einzelunternehmens durch die Gewerbesteuer (Betriebsausgabenabzug und pauschale Anrechnung der Gewerbesteuer auf die Einkommensteuer nach § 35 EStG) in den Jahren 2001 bis 2005 7.526 € beträgt. Das gewerbliche Einzelunternehmen hat im Gegenzug jedoch eine steuerliche Mehrbelastung im Zeitablauf durch die höhere pauschale Lohnsteuer nach § 40 a Abs. 1 EStG von 2.467 € zu tragen. Damit ergäbe sich zunächst ein Vorteil für das gewerbliche Einzelunternehmen in Höhe von 5.059 €. Entscheidend begünstigt wird die steuerliche Vorteilhaftigkeit des gewerblichen Einzelunternehmens jedoch von der Gewinnzurechnungsvorschrift des § 4 a Abs. 2 Nr. 2 EStG. In der Summe ergibt sich für die Jahre 2001 bis 2005 eine steuerliche Minderbelastung durch die anzuwendende Gewinnzurechnungsvorschrift von 25.152 €, so dass insgesamt das gewerbliche Einzelunternehmen um 30.211 € steuerlich weniger belastet ist als das land- und forstwirtschaftliche Einzelunternehmen.

Wird die steuerliche Vorteilhaftigkeitsrangfolge der einzelnen Rechtsformen für die *Gewinn-Alternative E*, für die der Gewinn des Grundfalls um das 2,5-fache erhöht wurde, untersucht ist festzustellen, dass die Kapitalgesellschaft, die ihren nach Zahlung von Geschäftsführergehältern und Steuern verbleibenden Gewinn vollständig thesauriert, mit einer Steuerbelastung von 495.536 € die im Vergleich günstigste Rechtsformalternative ist. Durch die Festlegung der Geschäftsführergehälter auf 44.000 € im Wirtschaftsjahr entsteht bei den beiden Gesellschaftern keine Einkommensteuer, Solidaritätszuschlag oder Kirchensteuer. Die Steuerbelastung ist ausschließlich der Ebene der GmbH zuzurechnen und besteht nach Abzug der Geschäftsführergehälter als Betriebsausgabe aus Grundsteuer, pauschaler Lohnsteuer, Gewerbesteuer und der Definitivbelastung mit Körperschaftsteuer und Solidaritätszuschlag von insgesamt 495.536 €.

Auf Rangplatz 2 folgt der Kapitalgesellschaft die gewerblich infizierte OHG, die in ihrer absoluten Steuerbelastung für die Jahre 2001 bis 2005 um 35.624 € günstiger ist als die auf Rangplatz 3 stehende land- und forstwirtschaftlich tätige OHG.
Die gewerblich infizierte OHG und ihre Gesellschafter werden durch den Abzug der Gewerbesteuer als Betriebsausgabe und durch die pauschale Anrechnung der Gewerbesteuer auf die Einkommensteuer der Gesellschafter nach § 35 EStG um 7.286 € im Zeitablauf überentlastet. Der Abzug der höheren pauschalen Lohnsteuer nach § 40 a Abs. 1 EStG führt dagegen zu einer geringfügigen Mehrbelastung im Vergleich zur land- und forstwirtschaftlich tätigen Personengesellschaft in Höhe von 2.528 €. Maßgeblich wird die steuerliche Vorteilhaftigkeit der gewerblich infizierten OHG jedoch wiederum durch die Gewinnzurechnungsvorschrift des § 4 a Abs. 2 Nr. 2 EStG beeinflusst. Durch die durch diese Vorschrift in den jeweiligen Jahren wesentlich niedrigeren zu versteuernden Gewinne für die gewerblich infizierte OHG errechnet sich eine um 30.866 € geringere Steuerbelastung für den Zeitraum 2001 bis 2005. Werden die einzelnen steuerlichen Mehr- und Minderbelastungen zusammengefasst ergibt sich, dass die gewerblich infizierte Personengesellschaft im Rahmen der Gewinn-Alternative E im Vergleich zur land- und forstwirtschaftlich tätigen OHG die um 35.624 € günstigere Rechtsformalternative darstellt.

Die GmbH, die keine Vergütungen für Geschäftsführungsleistungen an ihre Gesellschafter bezahlt und ihren Gewinn nach Steuern in voller Höhe thesauriert, steht aufgrund der Höhe der absoluten Steuerbelastung in den Jahren 2001 bis 2005 auf Rangplatz 4. Werden keine Vergütungen an die Gesellschafter bezahlt und der nach Steuern verbleibende Gewinn vollständig thesauriert, entstehen im zugrunde liegenden Modellfall keine Steuern auf der Ebene der Gesellschafter, da diese über keine Einkünfte verfügen. Die Steuerbelastung auf der Ebene der Kapitalgesellschaft setzt sich aus Grundsteuer, pauschaler Lohnsteuer, Gewerbesteuer, Körperschaftsteuer und Solidaritätszuschlag zusammen und beträgt im Zeitablauf insgesamt 577.685 €.

Die Geschäftsführergehälter entrichtende Kapitalgesellschaft, die ihren Gewinn nach Steuern an ihre Gesellschafter ausschüttet, nimmt bei der Gewinn-Alternative E Rangplatz 5 ein. Die gesamte Steuerbelastung der GmbH in den Jahren 2001 bis 2005 entspricht in voller Höhe der Steuerbelastung, wie sie für die Gehälter zahlende und thesaurierende Kapitalgesellschaft (Rangplatz 1) von 495.536 € ermittelt wurde. Durch die Ausschüttung jedoch erzielen die Gesellschafter neben Einkünften aus nichtselbständiger Arbeit auch Einkünfte aus Kapitalvermögen und es entsteht Einkommensteuer, Solidaritätszuschlag und Kirchensteuer in Höhe von 106.972 €.

Auf Rangplatz 6 folgt mit einer absoluten Steuerbelastung von 640.835 € die Kapitalgesellschaft, die keine Vergütungen für Leistungen an ihre Gesellschafter bezahlt, jedoch den nach Steuern verbleibenden Gewinn in voller Höhe an ihre Gesellschafter ausschüttet. Die Differenz in der Steuerbelastung zur thesaurierenden GmbH von 63.150 € entsteht durch die Besteuerung der Einkünfte aus Kapitalvermögen der Gesellschafter, die diese durch die Ausschüttung erzielen.

Das gewerbliche Einzelunternehmen und das land- und forstwirtschaftliche Einzelunternehmen sind die – aus steuerlicher Sicht – teuersten Rechtsformen in der Gewinn-Alternative E. Dass das gewerbliche Einzelunternehmen um 38.909 € im Zeitablauf günstiger ist, liegt zum einen an der Gewerbesteuer, die zu einer steuerlichen Minderbelastung im Vergleich zum land- und forstwirtschaftlichen Unternehmen in Höhe von 7.286 € führt. Die Pauschalierung der Lohnsteuer nach § 40 a Abs. 1 EStG schmälert trotz des höheren Betriebsausgabenabzugs den steuerlichen Vorteil aus der Gewerbesteuer durch die höhere Lohnsteuerbelastung um 2.528 €. Auch in diesem Fall wird die Vorteilhaftigkeit des gewerblichen Einzelunternehmens im wesentlichen auf die Gewinnzurechnungsvorschrift des § 4 a Abs. 2 Nr. 2 EStG gestützt, die im Vergleich zum land- und forstwirtschaftlichen Einzelunternehmen eine geringere steuerliche Gesamtbelastung von 30.866 € bedingt.

Für die Steuerbelastungsvergleichsrechnungen im Rahmen der *Gewinn-Alternative F* ist für die Wirtschaftsjahre 2000/2001 bis 2005/2006 von Gewinnhöhen auszugehen, die das Dreifache der Gewinne der einzelnen Wirtschaftsjahre des Grundfalls umfassen.

Bei der Gewinn-Alternative F steht die GmbH, die ihren nach Zahlung von Geschäftsführergehältern und Steuern verbleibenden Gewinn in voller Höhe thesauriert, mit einer absoluten Steuerbelastung für die Jahre 2001 bis 2005 von 609.525 € als im Vergleich günstigste steuerliche Rechtsformalternative auf Rangplatz 1. Die Steuerbelastung entsteht in diesem Fall ausschließlich auf der Ebene der Kapitalgesellschaft. Die durch die Zahlung der Geschäftsführergehälter bedingten Einkünfte aus nichtselbständiger Arbeit der Gesellschafter führen aufgrund der geringen Höhe der Gehälter zu keiner weiteren Steuerbelastung auf der Gesellschafterebene.

Soweit die GmbH keine Vergütungen an ihre Gesellschafter für deren Tätigkeiten im Dienste der Gesellschaft bezahlt und ihren nach Steuern verbleibenden Gewinn in voller Höhe thesauriert, erhöht sich die absolute Steuerbelastung von 609.525 € durch den dann fehlenden Betriebsausgabenabzug für die Geschäftsführergehälter durch Erhöhung der Gewerbesteuer, der Körperschaftsteuer und des Solidaritätszuschlags um insgesamt 82.150 € (dies entspricht im zugrunde liegenden Modell-Fall beinahe Zwei-Jahres-Gehälter) auf 691.675 €. Die Vorteilhaftigkeit der Kapitalgesellschaft sinkt damit von Rangplatz 1 auf Rangplatz 3.

Zahlt die GmbH die im Grundfall festgelegten Geschäftsführergehälter von 44.000 € je Wirtschaftsjahr an ihre Gesellschafter und schüttet sie den nach Steuern verbleibenden Gewinn an ihre Gesellschafter aus, ergibt sich für die GmbH mit einer Steuerbelastung von insgesamt 753.941 € für die Jahre 2001 bis 2005 Rangplatz 5. Die ausschüttende Kapitalgesellschaft ist wie im Fall der ebenfalls Gesellschafter-Vergütungen zahlenden, jedoch ihren Gewinn thesaurierenden GmbH mit einer absoluten Steuerhöhe auf der Ebene der Gesellschaft von 609.525 € belastet. Die Steuerbelastungsdifferenz in Höhe von 144.416 € zur thesaurierenden GmbH (Rangplatz 1) ist durch die Steuerbelastung der von den Gesellschaftern erzielten Einkünfte aus nichtselbständiger Arbeit und aus Kapitalvermögen mit Einkommensteuer, Solidaritätszuschlag und Kirchensteuer bedingt.

Schüttet die GmbH ihren nach Zahlung von Steuern verbleibenden Gewinn in voller Höhe an ihre Gesellschafter aus ohne dass Vergütungen an die Gesellschafter für deren Leistungen im Dienste der Gesellschaft gezahlt worden wären, nimmt die Kapitalgesellschaft im steuerlichen Vorteilhaftigkeitsvergleich für die Gewinn-Alternative F Rangplatz 6 ein. Die Kapitalgesellschaft ist in diesem Fall in den Jahren 2001 bis 2005 mit insgesamt 691.675 € Grundsteuer, pauschaler Lohnsteuer, Gewerbesteuer, Körperschaftsteuer und Solidaritätszuschlag belastet. Auf der Ebene der Gesellschafter sind die Ausschüttungen der Kapitalgesellschaft als Einkünfte aus Kapitalvermögen unter Berücksichtigung des Halbeinkünfteverfahrens nach § 3 Nr. 40 EStG zu versteuern. Es entsteht dadurch eine zusätzliche Belastung mit Einkommensteuer, Solidaritätszuschlag und Kirchensteuer in Höhe von 96.732 €. Die Gesamtsteuerbelastung in den Jahren 2001 bis 2005 summiert sich für die ausschüttende GmbH in der Gewinn-Alternative F damit auf 788.407 €.

Auf Rangplatz 2 ist aus Steuerbelastungsgesichtspunkten die gewerblich infizierte OHG mit einer absoluten Steuerbelastung für die Jahre 2001 bis 2005 von 671.575 € zu platzieren. Die gewerblich infizierte Personengesellschaft ist damit um insgesamt 47.444 € günstiger als die land- und forstwirtschaftlich tätige OHG auf Rangplatz 4 mit einer Steuerbelastung von absolut 719.019 €. Diese Steuerbelastungsdifferenz in Höhe von 47.444 € ist zum einen in der überdurchschnittlichen Entlastung der gewerblich infizierten OHG von der Gewerbesteuer durch den Betriebsausgabenabzug und durch die pauschale Anrechnung der Gewerbesteuer auf die Einkommensteuer nach § 35 EStG begründet. Die gewerblich infizierte OHG wird im Vergleich zur land- und forstwirtschaftlich tätigen Personengesellschaft in den Jahren 2001 bis 2005 durch die Gewerbesteuer um 12.086 € entlastet. Eine steuerliche Mehrbelastung erfährt die gewerblich infizierte OHG dagegen durch die Lohnsteuer. Zwar mindert sich die Steuerbelastung durch den Abzug der höheren pauschalen Lohnsteuer nach § 40 a Abs. 1 EStG als Betriebsausgabe um 2.468 € im Vergleich zum Betriebsausgabenabzug der niedrigeren pauschalen Lohnsteuer nach § 40 a Abs. 3 EStG bei der land- und forstwirtschaftlich tätigen OHG. Da die absolute Lohnsteuerbelastung nach § 40 a Abs. 1 EStG jedoch um 4.950 € höher ist als nach § 40 a Abs. 3 EStG, bleibt eine Lohnsteuermehrbelastung von 2.482 € für die gewerblich infizierte OHG bestehen.

Die deutlichste steuerliche Entlastung erfährt die gewerblich infizierte Personengesellschaft im Vergleich zur land- und forstwirtschaftlich tätigen OHG durch die Regelung über die Gewinnzurechnung bei abweichendem Wirtschaftsjahr für Gewerbetreibende nach § 4 a Abs. 2 Nr. 2 EStG. Die im Durchschnitt des zu betrachtenden Zeitraums 2001 bis 2005 geringeren zuzurechnenden Gewinne der gewerblich infizierten OHG führen zu einer im Zeitablauf um insgesamt 37.840 € geringeren Steuerbelastung als bei der land- und forstwirtschaftlich tätigen Personengesellschaft.

Damit ist die gewerblich infizierte Personengesellschaft auch im Rahmen der Gewinn-Alternative F aus Steuerbelastungsgesichtspunkten günstiger als die land- und forstwirtschaftlich tätige OHG.

Das gewerbliche Einzelunternehmen und das land- und forstwirtschaftliche Einzelunternehmen nehmen auch bei der Gewinn-Alternative F die aus steuerlichen Belastungsgesichtspunkten ungünstigsten Rangplätze 7 und 8 ein. Das gewerbliche Einzelunternehmen ist dabei im Vergleich noch um 47.548 € günstiger als das land- und forstwirtschaftliche Einzelunternehmen. Auch diese Steuerbelastungsdifferenz ist auf die bereits bekannten steuerbeeinflussenden Faktoren zurückzuführen. Zunächst wird das gewerbliche Einzelunternehmen durch den Abzug der Gewerbesteuer als Betriebsausgabe und die pauschale Anrechnung der Gewerbesteuer auf die Einkommensteuer nach § 35 EStG um 12.260 € von der Steuer entlastet. Die Gewerbesteuer wird auch in diesem Fall überkompensiert. Die pauschale Lohnsteuer nach § 40 a Abs. 1 EStG führt zu einer Mehrbelastung von insgesamt 2.438 €: der durch den höheren Betriebsausgabenabzug um 2.512 € geringeren steuerlichen Gesamtbelastung steht die höhere absolute Lohnsteuer nach § 40 a Abs. 1 EStG von 4.950 € gegenüber. Die Gewinnzurechnungsvorschrift des § 4 a Abs. 2 Nr. 2 EStG führt in den Jahren 2001 bis 2005 zu einer steuerlichen Entlastung in Höhe von insgesamt 37.726 € zu Gunsten des gewerblichen Einzelunternehmens.

Damit ist das land- und forstwirtschaftliche Einzelunternehmen mit einer um 47.548 € höheren steuerlichen Gesamtbelastung als das gewerbliche Einzelunternehmen die aus steuerlicher Sicht teuerste Rechtsform im Rahmen der Gewinn-Alternative F.

Für die Berechnung und den Vergleich der Steuerbelastung der einzelnen ausgewählten Rechtsformen wurden für die *Gewinn-Alternative G* die Gewinne des Grundfalls in den einzelnen Wirtschaftsjahren um das Fünffache erhöht. Wie bereits in den Gewinn-Alternativen D, E und F ist das land- und forstwirtschaftliche Einzelunternehmen auch in diesem Fall die Rechtsform, die aus steuerlicher Sicht durch die höchste Steuerbelastung von 1.498.604 € die ungünstigste Rechtsformalternative (Rangplatz 8) darstellt. Das gewerbliche Einzelunternehmen ist mit einer Steuerbelastung in den Jahren 2001 bis 2005 von insgesamt 1.411.475 € um 87.129 € günstiger; im Rechtsformvergleich nimmt es aber aufgrund der hohen absoluten Steuerbelastung nur Rangplatz 7 ein. Begünstigt wird das gewerbliche im Vergleich zum land- und forstwirtschaftlichen Einzelunternehmen im Zeitablauf zunächst durch die Überkompensation der Gewerbesteuer durch den Abzug der Gewerbesteuer als Betriebsausgabe und durch die pauschale Anrechnung der Gewerbesteuer auf die Einkommensteuer nach § 35 EStG in Höhe von 21.679 €. Die tatsächliche Belastung durch die höhere pauschale Lohnsteuer nach § 40 a Abs. 1 EStG beträgt im Gegenzug 2.467 €. Im Vergleich zum land- und forstwirtschaftlichen Einzelunternehmen wird das gewerbliche Einzelunternehmen jedoch vor allem erneut durch die Gewinnzurechnungsvorschrift nach § 4 a Abs. 2 Nr. 2 EStG begünstigt: die Steuerentlastung durch die Gewinnverschiebung in das Kalenderjahr, in dem das Wirtschaftsjahr endet, beträgt im Rahmen der Gewinn-Alternative G für die Jahre 2001 bis 2005 insgesamt 67.917 €. Werden die einzelnen Faktoren zusammengefasst, ergibt sich die um 87.129 € günstigere Besteuerung des gewerblichen Einzelunternehmens.

Auch bei den Personengesellschaften ist die gewerblich infizierte Gesellschaft die steuerlich günstigere Variante. Werden die absoluten Steuerbelastungen der gewerblich infizierten mit der land- und forstwirtschaftlich tätigen OHG verglichen, ergibt sich für die Jahre 2001 bis 2005 eine Mehrbelastung zu Lasten der land- und forstwirtschaftlich tätigen Personengesellschaft in Höhe von 82.121 €. Die Ursache für diese Steuerbelastungsdifferenz ist auf die bereits bekannten Einflussgrößen zurückzuführen: die Gewerbesteuer begünstigt die gewerblich infizierte Personengesellschaft im Zeitablauf um 21.670 €, die pauschale Lohnsteuer nach § 40 a Abs. 1 EStG bedingt eine minimal höhere Steuerbelastung der gewerblich infizierten OHG um 2.469 € und die Gewinnzurechnungsvorschrift des § 4 a Abs. 2 EStG belastet die land- und forstwirtschaftlich tätige OHG im Vergleich zur gewerblich infizierten OHG mit 62.920 €.
Damit steht die gewerblich infizierte OHG mit einer um insgesamt 82.121 € geringeren steuerlichen Gesamtbelastung auf Rangplatz 3 und die land- und forstwirtschaftlich tätige Personengesellschaft auf Rangplatz 4.

Die GmbH, die an ihre Gesellschafter für die Geschäftsführungstätigkeiten Gehälter zahlt und ihre darüber hinausgehenden, nach Steuern verbleibenden Gewinne thesauriert, steht als im Vergleich günstigste Rechtsform der Gewinn-Alternative G auf Rangplatz 1. Die Steuerbelastung in Höhe von 1.065.482 € entsteht auf der Ebene der Kapitalgesellschaft; bei den Gesellschaftern fällt aufgrund der niedrigen Einkünfte aus nichtselbständiger Arbeit keine weitere Steuerbelastung an. Werden dagegen keine Geschäftsführergehälter an die Gesellschafter gezahlt und die nach Steuern verbleibenden Gewinne in voller Höhe thesauriert, verteuert sich die Kapitalgesellschaft aufgrund des fehlenden Betriebsausgabenabzugs für die Geschäftsführergehälter um 82.149 € und nimmt dadurch Rangplatz 2 ein. Schüttet die Kapitalgesellschaft ihre Gewinne in voller Höhe an ihre Gesellschafter aus, ist sie – je nach dem, ob sie Vergütungen an ihre Gesellschafter bezahlt oder nicht – auf Rangplatz 5 bzw. 6 einzustufen. Die Zahlung von Geschäftsführergehältern und die Ausschüttung der nach Steuern verbleibenden Gewinne führt bei der Gewinn-Alternative G zu einer absoluten Steuerbelastung der Kapitalgesellschaft für die Jahre 2001 bis 2005 von 1.383.264 € und damit zu Rangplatz 5. Die Steuerbelastung entsteht dabei in Höhe von 1.065.482 € auf der Ebene der Kapitalgesellschaft; die Gesellschafter werden aufgrund ihrer Einkünfte aus nichtselbständiger Arbeit und aus Kapitalvermögen darüber hinaus in Höhe von 317.782 € mit Einkommensteuer, Solidaritätszuschlag und Kirchensteuer belastet. Sind keine Vereinbarungen über Vergütungen der Gesellschafter für deren Leistungen für die GmbH mit der Kapitalgesellschaft vereinbart und schüttet die Gesellschaft ihre nach Steuern verbleibenden Gewinne an die Gesellschafter in voller Höhe aus, errechnet sich mit einer Steuerbelastung von insgesamt 1.405.099 € Rangplatz 6. Die GmbH ist in diesem Fall in Höhe von 1.147.631 € mit Grundsteuer, pauschaler Lohnsteuer, Gewerbesteuer, Körperschaftsteuer und Solidaritätszuschlag belastet; 257.468 € beträgt die Steuerbelastung der Gesellschafter in den Veranlagungszeiträumen 2001 bis 2005 für deren erzielten Einkünfte aus nichtselbständiger Arbeit und aus Kapitalvermögen.

Durch die Festlegung einer steuerlichen Vorteilhaftigkeitsreihenfolge für die Gewinn-Alternativen A bis G und der anschließenden Analyse der zwischen den einzelnen Rechtsformen bestehenden Steuerbelastungsdifferenzen ergibt sich zunächst für die *Personenunternehmen* zusammenfassend folgendes:

Die *Freibetragsregelung des § 13 Abs. 3 EStG* führt lediglich im Rahmen der Gewinn-Alternative B zu einer Minderung der Steuerbelastung für den land- und forstwirtschaftlichen Einzelunternehmer im Zeitablauf 2001 bis 2005 in Höhe von 886 €; für die Gesellschafter der land- und forstwirtschaftlich tätigen Personengesellschaft beträgt die steuerliche Entlastung im selben Zeitraum im Vergleich zu den Gesellschaftern des gewerblichen Personenunternehmens insgesamt 2.980 €. Da ab der Gewinn-Alternative C die Summe der Einkünfte des land- und forstwirtschaftlichen Einzelunternehmers bzw. des jeweiligen Gesellschafters der land- und forstwirtschaftlich tätigen OHG 61.400 € übersteigt, entfällt der Freibetrag von 1.340 € nach § 13 Abs. 3 EStG für diese und die folgenden Gewinn-Alternativen.

Werden die weiteren steuerlichen Belastungsunterschiede zwischen den Personenunternehmen in den verschiedenen Gewinn-Alternativen betrachtet ergibt sich, dass die gewerblichen Personenunternehmen gegenüber den land- und forstwirtschaftlich (tätigen) Personenunternehmen bei dem zugrunde gelegten Gewerbesteuer-Hebesatz von 350 % ab einer bestimmten Gewinnhöhe durch den *Abzug der Gewerbesteuer als Betriebsausgabe und durch die pauschalierte Anrechnung der Gewerbesteuer auf die Einkommensteuer nach § 35 EStG* an Vorzüglichkeit gewinnen.
Die isoliert nur auf die Gewerbesteuer zurückzuführenden Steuermehr- bzw. -minderbelastungen des gewerblichen Einzelunternehmens bzw. der gewerblich infizierten OHG für die Jahre 2001 bis 2005 im Vergleich zum land- und forstwirtschaftlichen Einzelunternehmen bzw. zur land- und forstwirtschaftlich täti-

gen OHG lassen sich für die einzelnen Gewinn-Alternativen A bis G wie folgt zusammenfassen (s. *Tab. 36* und *Darst. 16*):

	Alternative A	Alternative B	Alternative C	Alternative D	Alternative E	Alternative F	Alternative G
luf EU	7.885 €	81.843 €	342.538 €	497.964 €	653.420 €	808.886 €	1.430.687 €
gew. EU	8.533 €	83.275 €	337.363 €	490.438 €	643.552 €	796.626 €	1.409.008 €
Steuerbelastungsdifferenz	-648 €	-1.432 €	5.175 €	7.526 €	9.868 €	12.260 €	21.679 €
luf OHG	7.885 €	35.673 €	236.449 €	376.721 €	526.347 €	681.179 €	1.303.015 €
gew. inf. OHG	8.533 €	40.868 €	238.722 €	374.807 €	519.061 €	669.093 €	1.281.345 €
Steuerbelastungsdifferenz	-648 €	-5.195 €	-2.273 €	1.914 €	7.286 €	12.086 €	21.670 €

Tab. 36: Gewerbesteuerlich bedingte Belastungsdifferenzen zwischen land- und forstwirtschaftlichen und gewerblichen Personenunternehmen für die Gewinn-Alternativen A bis G für die Jahre 2001 bis 2005

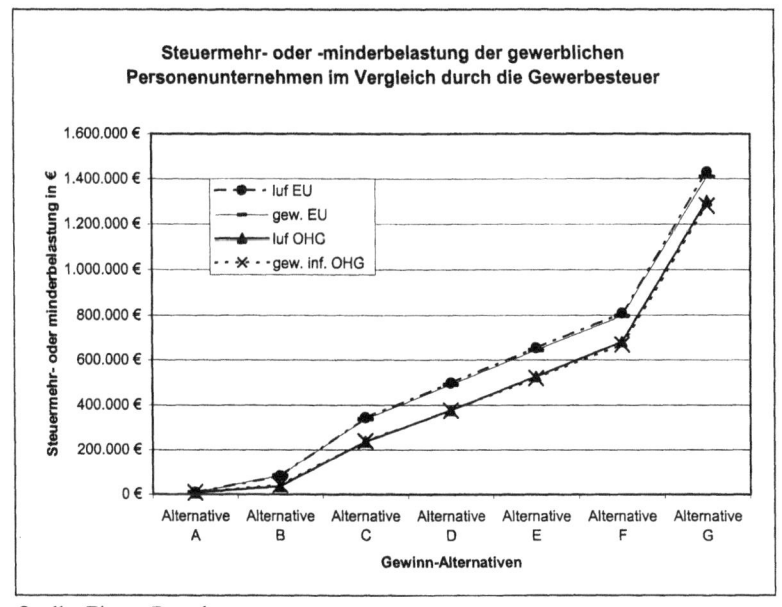

Quelle: Eigene Berechnungen.

Darst. 16: Steuerliche Mehr- oder -minderbelastungen der gewerblichen Personenunternehmen im Vergleich durch die Gewerbesteuer

Wie aus *Tab. 36* ersichtlich, ist der gewerbliche Einzelunternehmer in den Gewinn-Alternativen A und B durch die Gewerbesteuer um 648 € bzw. 1.432 € höher mit Steuern belastet als der land- und forstwirtschaftliche Einzelunternehmer, bei dem keine Gewerbesteuer anfällt. Ab der Gewinn-Alternative C jedoch erfährt der gewerbliche Einzelunternehmer durch den Abzug der Gewerbesteuer als Betriebsausgabe und durch die pauschale Anrechnung der Gewerbesteuer auf die Einkommensteuer nach § 35 EStG eine relative Besserstellung im Vergleich zum land- und forstwirtschaftlichen Einzelunternehmer. Aufgrund des steigenden persönlichen Durchschnitts-Steuersatzes des Einzelunternehmers und des gegebenen Gewerbesteuer-Hebesatzes von 350 % erfolgt in den Gewinn-Alternativen C bis G eine Überkompensation der gewerbesteuerlichen Belastung.

Die Mitunternehmer der gewerblich infizierten OHG werden noch im Rahmen der Gewinn-Alternative C durch die Gewerbesteuer höher belastet als die Gesellschafter der land- und forstwirtschaftlich tätigen Personengesellschaft; ab der Gewinn-Alternative D kommt es dagegen durch den Abzug der Gewerbesteuer als Betriebsausgabe und durch die pauschalierte Anrechnung nach § 35 EStG zu einer echten steuerlichen Entlastung und damit im Vergleich zur steuerlichen Gesamtbelastung der Mitunternehmer der land- und forstwirtschaftlich tätigen OHG zu einer steuerlichen Besserstellung der Gesellschafter der gewerblich infizierten Personengesellschaft.

Je höher die absoluten Gewinne des Unternehmens, desto mehr gleichen sich unter den gegebenen Bedingungen die durch die Gewerbesteuer verursachten Steuerentlastungen zwischen gewerblichem Einzelunternehmen und gewerblich infizierter Personengesellschaft an. Während die Überkompensation der gewerbesteuerlichen Belastung in der Gewinn-Alternative D beim gewerblichen Einzelunternehmer zu einer steuerlichen Entlastung in den Jahren 2001 bis 2005 in Höhe von 7.526 € führt, werden die gewerblichen Personengesellschafter im Rahmen der Gewinn-Alternative D im Zeitablauf nur mit 1.914 € entlastet. In der Gewinn-Alternative F beträgt die steuerliche Entlastung durch die Gewerbesteuer beim gewerblichen Einzelunternehmer im Vergleich zum land- und forstwirtschaftlichen Einzelunternehmer 12.260 €; die Gesellschafter der gewerblich infizierten Personengesellschaft werden insgesamt in Höhe von 12.086 € geringer steuerlich belastet als die Gesellschafter der land- und forstwirtschaftlich tätigen OHG. Ab der Gewinn-Alternative G werden die Personenunternehmer etwa in der gleichen Höhe steuerlich höher entlastet als im Vergleich zum land- und forstwirtschaftlichen Einzelunternehmer bzw. zum Gesellschafter der land- und forstwirtschaftlich tätigen OHG.

Die für das gewerbliche Einzelunternehmen und für die gewerblich infizierte OHG geltende Vorschrift über die *Pauschalierung der Lohnsteuer* nach § 40 a Abs. 1 EStG verteuert diese Rechtsformen aus steuerlicher Sicht gegenüber dem

land- und forstwirtschaftlichen Einzelunternehmen bzw. der land- und forstwirtschaftlich tätigen OHG geringfügig. Zwar ergibt sich durch die höhere absolute Lohnsteuerbelastung mit 25 % ein höherer Betriebsausgabenabzug und demzufolge eine geringere Belastung mit Gewerbesteuer, Einkommensteuer, Solidaritätszuschlag und Kirchensteuer. Im Gegenzug ist jedoch die höhere absolute Lohnsteuer nach § 40 a Abs. 1 EStG zu berücksichtigen.
Die höhere Lohnsteuerbelastung durch die Pauschalierungsvorschrift des § 40 a Abs. 1 EStG nimmt mit steigenden Gewinnen im Rahmen der einzelnen Gewinn-Alternativen A bis G im Vergleich zur Lohnsteuerbelastung nach § 40 a Abs. 3 EStG des land- und forstwirtschaftlichen Einzelunternehmens bzw. der land- und forstwirtschaftlich tätigen OHG geringfügig ab, bleibt aber letztendlich bestehen.

Entscheidend für die Steuerbelastungsdifferenzen zwischen gewerblichem Einzelunternehmen bzw. gewerblich infizierter OHG und land- und forstwirtschaftlichem Einzelunternehmen bzw. land- und forstwirtschaftlich tätiger OHG ist für die Jahre 2001 bis 2005 die *Gewinnzurechnungsvorschrift des § 4 a Abs. 2 EStG*. Während der Gewerbebetrieb mit abweichendem Wirtschaftsjahr seinen Gewinn in dem Kalenderjahr der Besteuerung zu Grunde legt, in dem das Wirtschaftsjahr endet, erfolgt bei einem land- und forstwirtschaftlichen Unternehmen eine zeitanteilige Aufteilung des Gewinns des Wirtschaftsjahres auf zwei Kalenderjahre. Sinken die Steuersätze in den einzelnen Veranlagungszeiträumen, wie etwa im Zuge der Unternehmenssteuerreform 2001, werden damit Einkünfte, die ein Land- und Forstwirt i.d.R. zur Hälfte noch mit dem höheren Steuersatz des vergangenen Veranlagungszeitraums zu besteuern hat, beim Gewerbetreibenden bereits in voller Höhe mit dem dann geltenden niedrigeren Steuersatz besteuert. In Zeiten mehrmals sinkender Steuersätze wird damit vor allem bei höheren und hohen Gewinnen der Land- und Forstwirt mehrmals gegenüber dem Gewerbetreibenden steuerlich benachteiligt.

Für die untersuchten Gewinn-Alternativen A bis G ergeben sich in diesem Zusammenhang folgende steuerliche Mehr- bzw. Minderbelastungen für die Land- und Forstwirte bzw. für die Gewerbetreibenden (s. *Tab. 37* und *Darst. 17*):

	Alternative A	Alternative B	Alternative C	Alternative D	Alternative E	Alternative F	Alternative G
luf EU	7.885 €	72.319 €	361.391 €	523.116 €	684.887 €	846.612 €	1.498.604 €
gew. EU	7.885 €	81.843 €	342.538 €	497.964 €	653.420 €	808.886 €	1.430.687 €
Steuerbelastungsdifferenz	0 €	-9.524 €	18.853 €	25.152 €	31.467 €	37.726 €	67.917 €
luf OHG	7.885 €	29.225 €	245.319 €	396.921 €	557.213 €	719.019 €	1.365.935 €
gew. inf. OHG	7.885 €	35.673 €	236.449 €	376.721 €	526.347 €	681.179 €	1.303.015 €
Steuerbelastungsdifferenz	0 €	-6.448 €	8.870 €	20.200 €	30.866 €	37.840 €	62.920 €

Tab. 37: Steuerbelastungsdifferenzen zwischen land- und forstwirtschaftlichen und gewerblichen Personenunternehmen bedingt durch § 4 a Abs. 2 EStG

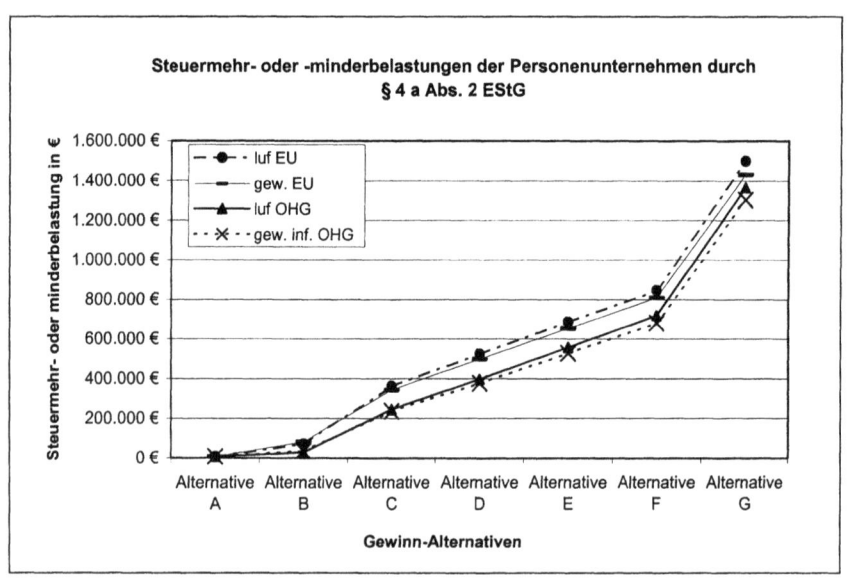

Quelle: Eigene Berechnungen.

Darst. 17: Steuermehr- oder –minderbelastungen der Personenunternehmen durch § 4 a Abs. 2 EStG für die Gewinn-Alternativen A bis G

Aufgrund der Ergebnisse der bisherigen rechtsformspezifischen Steuerbelastungsanalyse ist festzuhalten, dass die *Kapitalgesellschaft* aus steuerlicher Sicht bei hohen Gewinnen auch für die Land- und Forstwirtschaft eine denkbare

Rechtsformalternative sein kann. In diesem Zusammenhang ist allerdings nochmals darauf hinzuweisen, dass die Pauschalierung der Umsatzsteuer für den Gewerbebetrieb kraft Rechtsform nicht möglich ist, § 24 Abs. 2 S. 3 UStG[1]. Je geringer die vorsteuerbelasteten Zukäufe und je höher die Umsätze, desto größer kann der sich daraus ergebende finanzielle Nachteil für die Kapitalgesellschaft sein.

Im Vorteilhaftigkeitsvergleich zwischen den Rechtsformen ist die GmbH, die ihren Gesellschaftern für deren Leistungen im Dienste der Gesellschaft Geschäftsführergehälter bezahlt und die ihren nach Steuern verbleibenden Gewinn in voller Höhe thesauriert, die Rechtsformalternative, die mit steigenden Gewinnen an steuerlicher Vorzüglichkeit gewinnt. Die Geschäftsführergehälter mindern als Betriebsausgabe den Gewinn der Gesellschaft und damit die Gewerbesteuer, die Körperschaftsteuer und den Solidaritätszuschlag. Bei den Gesellschaftern fällt im zu Grunde liegenden Ausgangsfall keine weitere Einkommensteuer, Solidaritätszuschlag und Kirchensteuer an, da ihre Einkünfte aus nichtselbständiger Arbeit aufgrund der Höhe der Gehälter nicht der Besteuerung unterworfen werden. Schüttet dagegen die GmbH die nach Zahlung von Geschäftsführergehältern und Steuern verbleibenden Gewinne in voller Höhe an ihre Gesellschafter aus, nimmt die steuerliche Vorteilhaftigkeit der Kapitalgesellschaft als Rechtsform in den zu betrachtenden Gewinn-Alternativen bei steigenden Gewinnen im Vergleich ab. Maßgebend dafür ist die zur Definitivbesteuerung auf der Ebene der Kapitalgesellschaft hinzukommende Besteuerung auf der Ebene der Gesellschafter. Bei steigenden Gewinnen und Ausschüttung in voller Höhe erhöhen sich trotz des Halbeinkünfteverfahrens nach § 3 Nr. 40 EStG die zu versteuernden Einkommen der Gesellschafter durch die Einkünfte aus Kapitalvermögen und damit die Einkommensteuer und der Solidaritätszuschlag. Für die Festsetzung der Kirchensteuer ist darüber hinaus das Halbeinkünfteverfahren nicht anwendbar, § 51 a Abs. 2 S. 2 EStG, mit der Konsequenz, dass in bestimmten Fällen zwar keine Einkommensteuer und kein Solidaritätszuschlag entsteht, wohl aber Kirchensteuer.

Verzichten die GmbH und ihre Gesellschafter auf gewinn- und damit auf steuermindernde Gesellschaft-Gesellschafter-Verträge, dann ist für die steuerliche Vorteilhaftigkeit der Kapitalgesellschaft danach zu unterscheiden, ob die Kapitalgesellschaft ihren nach Steuern verbleibenden Gewinn thesauriert oder ausschüttet. Je höher die Gewinne der Kapitalgesellschaft, desto vorteilhafter wird die voll thesaurierende GmbH aus Steuerbelastungsgesichtspunkten: mit steigenden Gewinnen erhöhen sich im Vergleich die persönlichen Durchschnitts-Steuersätze des Einzelunternehmers bzw. der Personengesellschafter entsprechend und liegen dann u.U. über dem Thesaurierungssteuersatz. Schüttet die Kapitalgesellschaft ihre Gewinne dagegen vollumfänglich an ihre

---

[1] Vgl. dazu die Ausführungen in Kapitel IV, S. 110-113.

Gesellschafter aus, erhöht sich die Steuerbelastung auf der Ebene der Kapitalgesellschaft um die Steuerbelastung auf der Ebene der Gesellschafter und führt damit zu einer entsprechenden Verteuerung dieser Rechtsformalternative.

2. Variation des Gewerbesteuer-Hebesatzes

Durch die Variation des Gewerbesteuer-Hebesatzes wird im Rahmen der Modell-Unternehmung für den Grundfall untersucht, inwieweit sich die Vor- bzw. Nachteilhaftigkeit des land- und forstwirtschaftlichen Einzelunternehmens bzw. der land- und forstwirtschaftlich tätigen OHG im Steuerbelastungsvergleich für die Jahre 2001 bis 2005 verändert, wenn der für die Gewerbebetriebe unterstellte Gewerbesteuer-Hebesatz von 350 % gesenkt bzw. erhöht wird.

Für diesen Zweck wird der Gewerbesteuer-Hebesatz des Grundfalls in Höhe von 350 % wie folgt variiert

Gewerbesteuer-Hebesatz in %	300	400	450

und die absolute Steuerbelastung für die einzelnen Rechtsformalternativen im Zeitablauf ermittelt.

Die Ergebnisse dieser Variationsrechnungen werden anschließend mit den absoluten Steuerbelastungen der einzelnen Rechtsformen des Grundfalls verglichen. Die Steuerbelastung der einzelnen Rechtsformalternativen in Abhängigkeit von den jeweiligen Gewerbesteuer-Hebesätzen wird ebenfalls durch eine Rangfolgenbildung bewertet. Dabei nimmt die Rechtsformalternative mit der im Zeitablauf geringsten absoluten Steuerbelastung wiederum Rangplatz 1 und die Rechtsformalternative mit der im Zeitablauf höchsten absoluten Steuerbelastung Rangplatz 8 ein.

Unter Berücksichtigung der unterstellten Gewerbesteuer-Hebesätze ergeben sich folgende absolute Steuerbelastungen für die einzelnen Rechtsformen für die Jahre 2001 bis 2005 (s. *Tab. 38*):

Hebesatz	luf EU	luf OHG	gew. EU	gew. inf. OHG	GmbH/Th.	GmbH/G/Th.	GmbH/G/A.	GmbH/A.
300%	200.399 €	116.945 €	187.782 €	117.565 €	227.159 €	148.009 €	161.987 €	229.057 €
350%	200.399 €	116.945 €	192.177 €	122.823 €	235.719 €	153.569 €	166.915 €	237.491 €
400%	200.399 €	116.945 €	196.414 €	127.963 €	243.919 €	158.898 €	171.638 €	245.569 €
450%	200.399 €	116.945 €	200.444 €	132.808 €	251.784 €	164.010 €	176.164 €	253.318 €

Tab. 38: Absolute Steuerbelastungen der einzelnen Rechtsformalternativen für die Jahre 2001 bis 2005 in Abhängigkeit vom Gewerbesteuer-Hebesatz

Es ergibt sich folgende Rangplatzverteilung (s. *Tab. 39*):

Hebesatz	luf EU	luf OHG	gew. EU	gew. inf. OHG	GmbH/Th.	GmbH/G/Th.	GmbH/G/A.	GmbH/A.
300%	6	1	5	2	7	3	4	8
350%	6	1	5	2	7	3	4	8
400%	6	1	5	2	7	3	4	8
450%	5	1	6	2	7	3	4	8

Tab. 39: Rangplätze der einzelnen Rechtsformalternativen im Steuerbelastungsvergleich in Abhängigkeit vom Gewerbesteuer-Hebesatz

Während die absolute Steuerbelastung des land- und forstwirtschaftlichen Einzelunternehmens und der land- und forstwirtschaftlich tätigen OHG durch die Veränderung des Gewerbesteuer-Hebesatzes nicht tangiert wird, ergibt sich für die Gewerbebetriebe durch den Anstieg des Gewerbesteuer-Hebesatzes zunächst durchwegs eine Erhöhung der absoluten Steuerbelastung für die Jahre 2001 bis 2005 (s. *Darst. 18*).

Wird die obige Rangplatzverteilung betrachtet ist festzustellen, dass sich im Bereich der Kapitalgesellschaft unabhängig davon, ob die GmbH ihren Gewinn thesauriert oder an ihre Gesellschafter ausschüttet, ob sie Vergütungen an ihre Gesellschafter im Rahmen von Gesellschaft-Gesellschafter-Verträgen bezahlt oder nicht, die Vorteilhaftigkeitsrangfolge durch die Variation des Gewerbesteuer-Hebesatzes für den Grundfall nicht ändert: die Kapitalgesellschaft nimmt trotz höherer absoluter Steuerbelastung im Vergleich wie bisher die Rangplätze 3, 4, 7 und 8 ein.

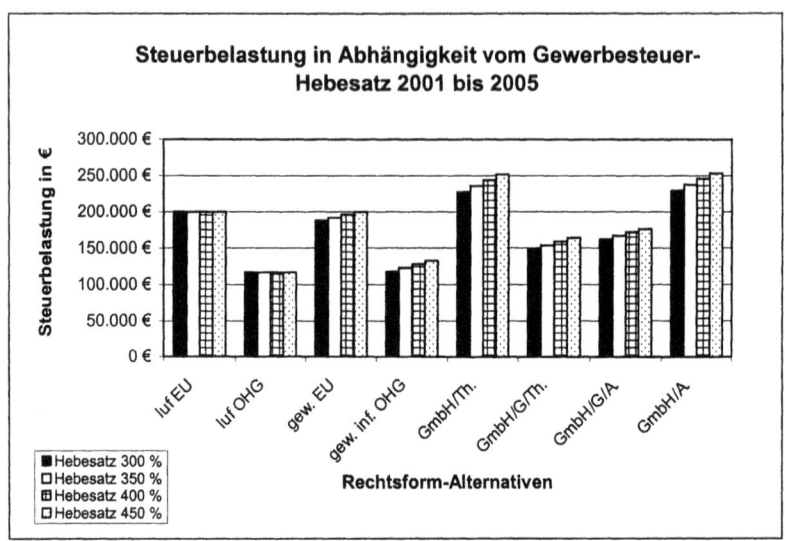

Quelle: Eigene Berechnungen.

Darst. 18: Steuerbelastung der Rechtsformalternativen bei ansteigendem Gewerbesteuer-Hebesatz

Die Erhöhung des Gewerbesteuer-Hebesatzes von 350 % auf 400 % führt bei den Personenunternehmen ebenfalls zu keiner Veränderung in der Platzierung. Auch bei einem Absinken des Gewerbesteuer-Hebesatzes auf 300 % ändert sich die bisherige Vorteilhaftigkeitsrangfolge noch nicht, doch findet eine deutliche Annäherung der Steuerbelastung der gewerblich infizierten an die der land- und forstwirtschaftlich tätigen OHG statt. Die gewerblich infizierte Personengesellschaft ist mit einer absoluten Steuerbelastung für die Jahre 2001 bis 2005 in Höhe von 117.565 € nur noch mit 620 € mehr an Steuern belastet als die land- und forstwirtschaftlich tätige OHG im selben Zeitraum[1]. Bei einem Gewerbesteuer-

---

[1] Die steuerliche Belastungsdifferenz zwischen der gewerblich infizierten OHG und der land- und forstwirtschaftlich tätigen Personengesellschaft in Höhe von insgesamt 620 € ist zunächst auf die Entlastung der gewerblich infizierten OHG in Höhe von 4.996 € durch die Gewinnzurechnungsvorschrift des § 4 a Abs. 2 Nr. 2 EStG zurückzuführen. In Höhe von 3.275 € ist im Gegenzug eine Mehrbelastung der gewerblich infizierten Personengesellschaft durch die pauschale Lohnsteuer nach § 40 a Abs. 1 EStG festzustellen. Darüber hinaus wird die land- und forstwirtschaftlich tätige OHG durch den Freibetrag nach § 13 Abs. 3 EStG um 1.764 € im Zeitablauf zusätzlich entlastet. Einschließlich der Mehrbelastung mit Gewerbesteuer in Höhe von 577 € ergibt sich demnach eine im Vergleich zur land- und forstwirtschaftlich tätigen OHG steuerliche Mehrbelastung in Höhe von 620 € für die gewerblich infizierte Personengesellschaft.

Hebesatz von 300 % sind die Gesellschafter der gewerblich infizierten OHG *durch die Gewerbesteuer* lediglich um *577 €* im Zeitablauf höher belastet als die Gesellschafter der land- und forstwirtschaftlich tätigen Personengesellschaft. Bei einem Gewerbesteuer-Hebesatz von 350 % beträgt die Mehrbelastung der Gesellschafter durch die Gewerbesteuer dagegen noch 5.905 €[1].

Zu untersuchen ist in diesem Zusammenhang, ab welchem Gewerbesteuer-Hebesatz die Gesellschafter der gewerblich infizierten OHG des Grundfalls unter Berücksichtigung ihrer persönlichen Durchschnitts-Steuersätze tatsächlich von der Gewerbesteuer entlastet werden. Aus diesem Grund werden die Berechnungen um die Gewerbesteuer-Hebesätze 200 % und 250 % erweitert. Es ergeben sich für die Modell-Unternehmung folgende, durch die Gewerbesteuer bedingte Mehr- bzw. Minderbelastungen für die Gesellschafter der gewerblich infizierten Personengesellschaft im Vergleich zu den Gesellschaftern der land- und forstwirtschaftlich tätigen OHG (s. *Tab. 40*):

Hebesatz	Be-/Entlastung
200%	-10.751 €
250%	-5.006 €
300%	577 €
350%	5.905 €
400%	11.035 €
450%	15.956 €

Tab. 40: Mehr- bzw. Minderbelastungen der Gesellschafter der gewerblich infizierten Personengesellschaft in Abhängigkeit vom Gewerbesteuer-Hebesatz

Wie aus *Tab. 40* ersichtlich, ist eine vollständige Entlastung der Gesellschafter von der Gewerbesteuer demnach für den Grundfall nur dann möglich, wenn der Gewerbesteuer-Hebesatz unter 300 % sinkt. Bei weiter sinkenden Gewerbesteuer-Hebesätzen kommt es sogar zu einer sukzessiv ansteigenden Überentlastung der Gesellschafter von der Gewerbesteuer und damit aus Steuerbelastungsgesichtspunkten zu einer relativen Besserstellung der Gesellschafter der gewerblich infizierten Personengesellschaft im Vergleich mit der Steuerbelastung der Gesellschafter der land- und forstwirtschaftlich tätigen OHG.
Liegt der Gewerbesteuer-Hebesatz dagegen bei 300 % und darüber, ist die gewerblich infizierte Personengesellschaft bedingt durch die endgültige Belastung mit Gewerbesteuer aus steuerlicher Sicht für den Grundfall insoweit teurer als die land- und forstwirtschaftlich tätige OHG.

---

[1] Vgl. dazu die Berechnungen in Kapitel III, Abschnitt 5, lit. b, S. 108.

Eine Veränderung in der Vorteilhaftigkeitsrangfolge findet auch bei einem Gewerbesteuer-Hebesatz von 450 % statt. Das gewerbliche Einzelunternehmen, das im Grundfall in den Jahren 2001 bis 2005 mit einer absoluten Steuer von insgesamt 192.177 € belastet ist, fällt bedingt durch den höheren Gewerbesteuer-Hebesatz im Vergleich von Rangplatz 5 auf Rangplatz 6 mit einer absoluten Steuerbelastung von dann 200.444 € ab. Dadurch verbessert sich die Position des land- und forstwirtschaftlichen Einzelunternehmens mit der gleichbleibenden absoluten Steuerbelastung von 200.399 € von Rangplatz 6 im Grundfall auf Rangplatz 5.

Für eine steuerlich motivierte Rechtsformwahl für ein land- und forstwirtschaftliches Unternehmen ist festzuhalten, dass die Entscheidung für oder gegen die Rechtsform eines gewerblich (infizierten) Personenunternehmens für die Beurteilung der gewerbesteuerlichen Konsequenzen das Verhältnis zwischen der Höhe des jeweiligen Gewerbesteuer-Hebesatzes und der persönlichen Einkommensteuertarife der beteiligten natürlichen Personen zu berücksichtigen hat. Grundsätzlich gilt, dass „bei einer Belastung mit Einkommensteuer und Solidaritätszuschlag von insgesamt 50 Prozent .. es zu einer vollen Entlastung von der Gewerbesteuer nur [kommt], wenn der Hebesatz 360 vH oder weniger beträgt."[1] Die Variation der Gewerbesteuer-Hebesätze hat im Fall der gewerblich infizierten OHG des Modell-Unternehmens darüber hinaus gezeigt, dass bei niedrigeren Einkommensteuertarifen auch der Gewerbesteuer-Hebesatz niedriger sein muss, wenn eine vollständige Entlastung (Überentlastung) von der Gewerbesteuer erzielt werden soll.

3. Variation der Leistungsvergütungen

Aufgrund des ausschließlich für die Kapitalgesellschaft geltenden Trennungsprinzips[2] ist nur bei dieser Rechtsformalternative eine Einflussnahme auf die Höhe der absoluten Steuerbelastung durch Gesellschaft-Gesellschafter-Verträge möglich.

Ausgehend von den Daten des Grundfalls werden in einem ersten Schritt zunächst die von der GmbH an ihre Gesellschafter gezahlten Vergütungen für Geschäftsführungsleistungen variiert und die entsprechenden Steuerzahllasten unter sonst gleichbleibenden Bedingungen[3] für die Jahre 2001 bis 2005 ermittelt. Dar-

---

[1] *Wendt, M.*, Gewerbesteuer, 2000, S. 1177.
[2] Vgl. statt vieler *Tipke, K./Lang, J.*, Steuerrecht, 1991, S. 409, 422.
[3] Die nach Zahlung von Leistungsvergütungen und Steuern verbleibenden Gewinne werden entweder in voller Höhe thesauriert oder aber in voller Höhe an die Gesellschafter ausgeschüttet.

über hinaus erfolgt die Berechnung der absoluten Steuerbelastungen der Kapitalgesellschaft und ihrer Gesellschafter in einem zweiten Schritt cet. par. für die Fälle, in denen die Gesellschafter „ihrer" GmbH Darlehen in unterschiedlicher Höhe gewähren und dafür Darlehenszinsen von der Kapitalgesellschaft erhalten. Die Ergebnisse dieser Steuerbelastungsvergleichsrechnungen werden in die bereits vorgenommene steuerliche Rangplatzverteilung des Grundfalls (s. *Tab. 10*[1]) integriert und die Vor- bzw. Nachteilhaftigkeit der Kapitalgesellschaft im Rechtsformvergleich entsprechend bestimmt.

Die steuerliche Angemessenheit der Gesellschaft-Gesellschafter-Verträge wird für die folgenden Ausführungen unterstellt.

a. Geschäftsführergehalt

Im Grundfall[2] wurde angenommen, dass die GmbH ihren Gesellschaftern die Geschäftsführertätigkeiten mit einem Bruttogehalt in Höhe von insgesamt 44.000 € im Wirtschaftsjahr vergütet. Die nach Zahlung der Geschäftsführergehälter verbleibenden Gewinne wurden für die Ermittlung der absoluten Steuerbelastung entweder in voller Höhe thesauriert oder aber in voller Höhe an die Gesellschafter ausgeschüttet. Soweit die Gesellschafter in Höhe dieser Geschäftsführergehälter nur Einkünfte aus nichtselbständiger Arbeit i.S.d. § 19 EStG erzielten, fiel keine Einkommensteuer, kein Solidaritätszuschlag und keine Kirchensteuer auf der Ebene der Gesellschafter an.

Im Rahmen des Grundfalls wird das Bruttogehalt je Gesellschafter nun wie folgt angepasst[3]:

Bruttogehalt in €	40.000	50.000	60.000	80.000.

---

[1] Kapitel III, Abschnitt 5, lit. a, S. 98.
[2] S. Kapitel III, Abschnitt 4, lit. b und c, S. 94-96.
[3] Soweit durch den Abzug der Geschäftsführergehälter als Betriebsausgaben negative Einkünfte entstehen, die bei der Ermittlung des Gesamtbetrags der Einkünfte nicht ausgeglichen werden, werden diese gemäß §§ 10 d EStG i.V.m. 8 Abs. 2 und Abs. 4 KStG in den unmittelbar vorangegangen Veranlagungszeitraum zurück- bzw. soweit ein Verlustrücktrag nicht möglich ist, in die nachfolgenden Veranlagungszeiträume vorgetragen. Dabei wird unterstellt, dass der Verlustrücktrag auf die Veranlagungszeiträume 2001 bis 2005 begrenzt ist. Für einen sich evtl. ergebenden Gewerbeverlust ist grundsätzlich zu beachten, dass nach § 10 a GewStG ausschließlich ein Vortrag des Fehlbetrags in die nachfolgenden Erhebungszeiträume möglich ist; ein Rücktrag in den vorangegangen Erhebungszeitraum ist gesetzlich ausgeschlossen.

Werden die Geschäftsführergehälter nach den obigen Vorgaben erhöht, errechnen sich die in Tab. 41 dargestellten absoluten Steuerbelastungen für die einzelnen Rechtsformalternativen für die Jahre 2001 bis 2005:

Σ Gehälter	luf OHG	gew. inf. OHG	GmbH/G/Th.	GmbH/G/A.	gew. EU	luf EU	GmbH/Th.	GmbH/A.
44.000 €	116.945 €	122.823 €	153.569 €	166.915 €	192.177 €	200.399 €	235.719 €	237.491 €
80.000 €	116.945 €	122.823 €	121.596 €	134.266 €	192.177 €	200.399 €	235.719 €	237.491 €
100.000 €	116.945 €	122.823 €	114.259 €	120.573 €	192.177 €	200.399 €	235.719 €	237.491 €
120.000 €	116.945 €	122.823 €	110.279 €	110.279 €	192.177 €	200.399 €	235.719 €	237.491 €
160.000 €	116.945 €	122.823 €	180.575 €	180.575 €	192.177 €	200.399 €	235.719 €	237.491 €

Tab. 41: Steuerbelastung des Grundfalls für die Jahre 2001 bis 2005 in Abhängigkeit von der Höhe der Geschäftsführergehälter

Damit ergeben sich aus Steuerbelastungsgesichtspunkten folgende Vorteilhaftigkeitsrangfolgen in Abhängigkeit von der Höhe der jeweils gezahlten Geschäftsführervergütungen (s. Tab. 42):

Σ Gehälter	luf OHG	gew. inf. OHG	GmbH/G/Th.	GmbH/G/A.	gew. EU	luf EU	GmbH/Th.	GmbH/A.
44.000 €	1	2	3	4	5	6	7	8
80.000 €	1	3	2	4	5	6	7	8
100.000 €	2	4	1	3	5	6	7	8
120.000 €	3	4	1/2	1/2	5	6	7	8
160.000 €	1	2	3/4	3/4	5	6	7	8

Tab. 42: Rangplätze der einzelnen Rechtsformalternativen im Steuerbelastungsvergleich in Abhängigkeit von den Geschäftsführergehältern

Bei einer Gehaltszahlung in Höhe von *80.000 €* im Wirtschaftsjahr vermindert sich durch den höheren Betriebsausgabenabzug die absolute Belastung mit Gewerbesteuer, Körperschaftsteuer und Solidaritätszuschlag der Kapitalgesellschaft im Zeitablauf von 153.569 € auf 86.356 €. Thesauriert die Kapitalgesellschaft ihren nach Zahlung der Geschäftsführergehälter und Steuern verbleibenden Gewinn in voller Höhe, entsteht im Gegenzug ausschließlich durch die Erzielung der höheren Einkünfte aus nichtselbständiger Arbeit i.S.d. § 19 EStG von jetzt 40.000 € je Gesellschafter Steuerbelastung auf der Ebene der Gesellschafter durch Einkommensteuer, Solidaritätszuschlag und Kirchensteuer von 35.240 €. Schüttet die GmbH ihren nach Zahlung von Steuern und Geschäftsführergehältern noch verbleibenden Gewinn in voller Höhe an ihre Gesellschafter aus, ändert sich die absolute Steuerbelastung auf der Ebene der Kapitalgesellschaft für die Jahre 2001 bis 2005 aufgrund der Definitivbesteuerung nicht. Es erhöht sich jedoch die Steuerbelastung auf der Ebene der Gesellschafter: zusammen mit den erzielten Einkünften aus nichtselbständiger Arbeit durch die Geschäftsführervergütungen führen die Einkünfte aus Kapitalvermögen zu einer um 12.670 € höheren Besteuerung der Gesellschafter als dies bei der Thesaurierung der Fall ist.

Bei der Zahlung von Geschäftsführergehältern durch die Kapitalgesellschaft in Höhe von 80.000 € im Wirtschaftsjahr bleibt die land- und forstwirtschaftlich tätige OHG mit einer absoluten Steuerbelastung von 116.945 € im Steuerbelastungsvergleich die nach wie vor günstigste Rechtsformalternative. Auf Rangplatz 2 ist jedoch die GmbH, die ihren nach Zahlung von Geschäftsführergehältern in Höhe von 80.000 € und Steuern verbleibenden Gewinn thesauriert, mit einer absoluten Steuerbelastung von 121.596 € zu platzieren und verdrängt damit die gewerblich infizierte OHG im Steuerbelastungsvergleich auf Rangplatz 3.

Die Rangplatzverteilung für die weiteren Rechtsformalternativen ändert sich durch die Zahlung von Geschäftsführergehältern durch die Kapitalgesellschaft in Höhe von 80.000 € im Vergleich zum Grundfall für die Jahre 2001 bis 2005 dagegen nicht.

Entrichtet die Kapitalgesellschaft an ihre Gesellschafter für deren Geschäftsführertätigkeiten ein Bruttogehalt von *100.000 €* im Wirtschaftsjahr, entsteht auf der Ebene der Kapitalgesellschaft in den Erhebungszeiträumen 2001 und 2004 ein vortragsfähiger Gewerbeverlust gemäß § 10 a GewStG und in den Veranlagungszeiträumen 2001, 2002 und 2004 jeweils ein vortragsfähiger Verlust i.S.d. §§ 10 d Abs. 2 EStG i.V.m. 8 Abs. 2 und Abs. 4 KStG, die in den folgenden Erhebungs- bzw. Veranlagungszeiträumen zu berücksichtigen sind. Gewinne, die nach Zahlung der Geschäftsführergehälter und Steuern noch an die Gesellschafter ausgeschüttet werden können, sind nach der Zahlung von Geschäftsführergehältern in Höhe von 100.000 € je Wirtschaftsjahr nur in den Jahren 2003 und 2005 vorhanden. Durch den Abzug der höheren Vergütung an die Gesellschafter als Betriebsausgabe und durch die Berücksichtigung der Verlustvorträge nach § 10 a GewStG und §§ 10 d Abs. 2 EStG i.V.m. 8 Abs. 2 und Abs. 4 KStG ergibt sich auf der Ebene der Kapitalgesellschaft unabhängig davon, ob die GmbH ihre verbleibenden Gewinne später thesauriert oder an ihre Gesellschafter ausschüttet, eine absolute Steuerbelastung in Höhe von insgesamt 49.017 €. Thesauriert dann die GmbH ihre verbleibenden Gewinne, entsteht auf der Ebene der Gesellschafter im Zeitablauf Einkommensteuer, Solidaritätszu-

schlag und Kirchensteuer in Höhe von 65.242 €. Schüttet die GmbH ihren verbleibenden Gewinn dagegen an ihre Gesellschafter in voller Höhe aus, beträgt die Steuerzahllast auf der Ebene der Gesellschafter 71.556 € und damit 6.314 € mehr als im Fall der Thesaurierung. Diese Steuermehrbelastung ist ausschließlich auf die erzielten Einkünfte aus Kapitalvermögen und die dadurch auf der Ebene der Gesellschafter entstehende Einkommensteuer, Solidaritätszuschlag und Kirchensteuer zurückzuführen.
In der Rangplatzverteilung wird nun der Rangplatz 1 mit einer absoluten Steuerbelastung von 114.259 € von der GmbH eingenommen, die ihren nach Zahlung der Geschäftsführergehälter und Steuern verbleibenden Gewinn in voller Höhe thesauriert. Die land- und forstwirtschaftlich tätige OHG ist im Steuerbelastungsvergleich um 2.686 € teurer als die thesaurierende GmbH und nimmt damit Rangplatz 2 ein.
Durch die nach § 10 a GewStG zu berücksichtigenden Verlustvorträge auf der Ebene der Kapitalgesellschaft entsteht in den Erhebungszeiträumen 2001 und 2004 keine Gewerbesteuer; durch die Verlustvorträge gem. §§ 10 d Abs. 2 EStG i.V.m. 8 Abs. 2 und Abs. 4 KStG darüber hinaus in den Veranlagungszeiträumen 2001, 2002 und 2004 keine Körperschaftsteuer und kein Solidaritätszuschlag. Dadurch ist die ihren Gewinn ausschüttende GmbH mit einer absoluten Steuerbelastung in Höhe von 120.573 € im Steuerbelastungsvergleich auf Rangplatz 3 und damit noch vor der gewerblich infizierten OHG mit einer absoluten Steuerbelastung in Höhe von 122.823 € zu platzieren.
Für das gewerbliche und das land- und forstwirtschaftliche Einzelunternehmen und für die GmbH, die ihren Gewinn ohne die Zahlung von Gesellschaftervergütungen in voller Höhe thesauriert bzw. in voller Höhe an ihre Gesellschafter ausschüttet, ändert sich die für den Grundfall vergebene Platzierung nicht: durch die Zahlung der Geschäftsführergehälter in Höhe von 100.000 € im Wirtschaftsjahr werden die Rangplätze 5, 6, 7 und 8 nicht tangiert.

Für den Fall, dass die GmbH an ihre Gesellschafter für deren Geschäftsführerleistungen Gehälter in Höhe von *120.000 €* im Wirtschaftsjahr bezahlt, ergibt sich für die GmbH, die ihren nach Zahlung von Geschäftsführergehältern und Steuern verbleibenden Gewinn thesauriert bzw. ausschüttet, und für deren Gesellschafter mit einer absoluten Steuerbelastung von 110.279 € jeweils eine gleich hohe Steuerbelastung und damit im Steuerbelastungsvergleich der selbe Rangplatz 1 bzw. 2. Die Steuerbelastung auf der Ebene der Kapitalgesellschaft beträgt für die Jahre 2001 bis 2005 sowohl für die thesaurierende als auch die ausschüttende GmbH insgesamt 12.087 €. Bedingt ist die vergleichsweise geringe Steuerbelastung der GmbH durch die im jeweiligen Erhebungs- bzw. Veranlagungszeitraum zu berücksichtigenden Verluste nach § 10 a GewStG und §§ 10 d Abs. 2 EStG i.V.m. 8 Abs. 2 und Abs. 4 KStG, die durch die im Verhältnis zum Ergebnis relativ hohen Gehaltszahlungen verursacht werden. Durch die

Höhe der Verluste ist eine Ausschüttung an die Gesellschafter grundsätzlich nicht möglich; die Steuerbelastung entsteht damit auf der Ebene der Gesellschafter ausschließlich durch die Gehaltzahlung in Höhe von 60.000 € je Gesellschafter und Wirtschaftsjahr von insgesamt 98.192 €. Die für den Grundfall günstigste Rechtsformalternative der land- und forstwirtschaftlich tätigen OHG wird damit auf Rangplatz 3, die gewerblich infizierte OHG sogar auf Rangplatz 4 zurückversetzt. Eine weitere Veränderung in der Rangplatzverteilung im Steuerbelastungsvergleich ergibt sich darüber hinaus nicht.

Bei einer Zahlung von Geschäftsführergehältern in Höhe von insgesamt *160.000 €* im Wirtschaftsjahr verschlechtert sich die Vorteilhaftigkeit der Rechtsform der GmbH im Steuerbelastungsvergleich jedoch wieder zu Gunsten der Personengesellschaften. Die Steuerbelastung entsteht sowohl für die thesaurierende als auch für die ausschüttende Kapitalgesellschaft im wesentlichen auf der Ebene der Gesellschafter in Höhe von 172.690 € durch die von ihnen erzielten Einkünfte aus nichtselbständiger Arbeit i.S.d. § 19 EStG. Da die Gesellschaft aufgrund der hohen Geschäftsführergehälter und der zu berücksichtigenden Verlustvorträge über keine ausschüttungsfähigen Gewinne mehr verfügt, ergibt sich auf der Ebene der Gesellschafter kein Unterschied in der Steuerbelastung durch eine etwaige Ausschüttung zur Thesaurierung. Auf der Ebene der Kapitalgesellschaft fallen durch den Abzug der Geschäftsführergehälter als Betriebsausgabe keine gewinnabhängigen Steuern an; lediglich die Grundsteuer und die pauschale Lohnsteuer summieren sich im Zeitablauf auf 7.885 €.

Damit beträgt die absolute Steuerbelastung der Kapitalgesellschaft bei Zahlung von Geschäftsführergehältern von 160.000 € im Wirtschaftsjahr unter sonst gleichbleibenden Bedingungen für die Jahre 2001 bis 2005 unabhängig vom Ausschüttungsverhalten der Gesellschaft insgesamt 180.575 €. Die Geschäftsführergehälter zahlende GmbH nimmt entsprechend Rangplatz 3 bzw. 4 ein. Die land- und forstwirtschaftlich tätige OHG ist mit einer absoluten Steuerbelastung von 116.945 € um 63.630 € günstiger als die Geschäftsführergehälter zahlende GmbH und die damit steuerlich am geringsten belastete Rechtsformalternative. Auf Rangplatz 2 ist die gewerblich infizierte Personengesellschaft mit einer absoluten Steuerbelastung von 122.823 € zu platzieren. Für das gewerbliche und das land- und forstwirtschaftliche Einzelunternehmen und für die GmbH, die keine Geschäftsführervergütungen an ihre Gesellschafter bezahlt und ihren Gewinn entweder in voller Höhe thesauriert bzw. in voller Höhe an ihre Gesellschafter ausschüttet, ändert sich die Rangplatzverteilung im Vergleich zum Grundfall nicht.

Es bleibt festzuhalten, dass durch die Zahlung von (angemessenen) Geschäftsführergehältern an die Gesellschafter einer Kapitalgesellschaft eine entscheidende Einflussnahme auf die Steuerbelastung der Kapitalgesellschaft in Verbindung mit der steuerlichen Belastung der Gesellschafter möglich ist (s. dazu auch *Darst. 19*). Auch für das land- und forstwirtschaftliche Modellunternehmen gewinnt die Geschäftsführergehälter zahlende GmbH sowohl für den Fall der Thesaurierung als auch für den Fall der Ausschüttung der nach Steuern verbleibenden Gewinne aus steuerlicher Sicht an Attraktivität; erst bei Zahlung von Geschäftsführergehältern in Höhe von insgesamt 160.000 € im Wirtschaftsjahr erhöht sich die Steuerbelastung im Vergleich zur Steuerbelastung der GmbH des Grundfalls wieder. Bedingt ist dies in dem zu Grunde liegenden Ausgangsfall vor allem durch die fehlenden Verlustausgleichsmöglichkeiten im Rahmen der Kapitalgesellschaft und die gleichzeitig auf der Ebene der Gesellschafter entstehenden hohen absoluten Steuerbelastungen mit Einkommensteuer, Solidaritätszuschlag und Kirchensteuer durch die Erzielung der entsprechend hohen Einkünfte aus nichtselbständiger Arbeit. Bei Gehaltszahlungen in Höhe von 50.000 € bzw. 60.000 € je Gesellschafter und Wirtschaftsjahr ist die thesaurierende GmbH im Steuerbelastungsvergleich für die Jahre 2001 bis 2005 die für das land- und forstwirtschaftliche Unternehmen des Grundfalls steuerlich günstigste Rechtsform. Soweit die Gesellschafter des Grundfalls ihren privaten Kapitalbedarf durch die Geschäftsführergehälter in dieser Höhe decken können, wird die Kapitalgesellschaft zu einer aus steuerlicher Sicht interessanten Rechtsformalternative für das land- und forstwirtschaftliche Unternehmen.

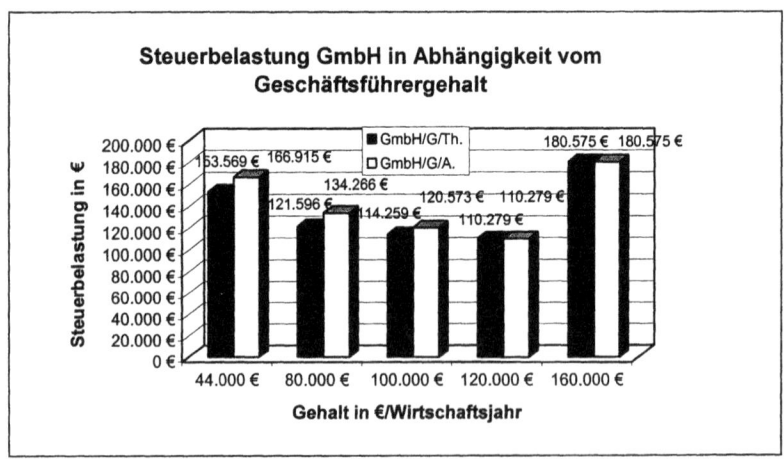

Quelle: Eigene Berechnungen.

Darst. 19: Steuerbelastung der GmbH in Abhängigkeit von der Höhe der Geschäftsführergehälter und dem Ausschüttungsverhalten für die Jahre 2001 bis 2005

b. Darlehenszinsen

Gewähren die Gesellschafter ihrer Kapitalgesellschaft aufgrund eines Gesellschaft-Gesellschafter-Vertrages ein langfristiges Darlehen und erhalten sie dafür von der Gesellschaft eine (angemessene) Verzinsung, handelt es sich bei den Zinsen um Entgelte für Schulden, die zunächst als Betriebsausgaben in voller Höhe den Gewinn mindern und die dann für Zwecke der Gewerbesteuer dem Gewinn aus Gewerbebetrieb gemäß § 8 Nr. 1 GewStG hälftig wieder zuzurechnen sind. Die Gesellschafter haben die von der GmbH erhaltenen Zinsen nach Abzug von Werbungskosten und Sparerfreibetrag als Einkünfte aus Kapitalvermögen i.S.d. § 20 Abs. 1 Nr. 7 EStG in voller Höhe der Besteuerung zu unterwerfen; das Halbeinkünfteverfahren des § 3 Nr. 40 EStG greift in diesem Fall nicht.

Für die Berechnung der absoluten Steuerbelastungen der Rechtsformalternative Kapitalgesellschaft für die Jahre 2001 bis 2005 für die Variante der Gesellschafterdarlehen wird der Grundfall wie folgt erweitert: die Gesellschafter J.E. und H.E. gewähren der Kapitalgesellschaft jeweils zur Hälfte ein Darlehen in folgenden alternativen Höhen:

Darlehen in €	150.000	200.000	250.000.

Der (angemessene) Zins soll 6 % je Wirtschaftsjahr betragen. Damit ergibt sich folgende Zinsbelastung für die GmbH bzw. Einnahmen aus Kapitalvermögen nach § 20 Abs. 1 Nr. 7 EStG für die Gesellschafter, die hälftig den Gesellschaftern J.E. und H.E. zuzurechnen sind:

Zins/Wirtschaftsjahr in €	9.000	12.000	15.000.

Die absolute Steuerbelastung der Kapitalgesellschaft wird unter Einbeziehung der alternativen Gesellschafterdarlehen sowohl für den Fall der vollen Thesaurierung als auch für den Fall der vollen Ausschüttung der nach Steuern verbleibenden Gewinne für den Grundfall unter sonst gleichbleibenden Bedingungen berechnet. Die sich durch die Berücksichtigung der Gesellschafterdarlehen ergebenden absoluten Steuerbelastungen für die Jahre 2001 bis 2005 werden in die steuerliche Vorteilhaftigkeitsrangfolge des Grundfalls[1] eingebunden: die Rechtsformalternative mit der geringsten absoluten Steuerbelastung nimmt Rangplatz 1 und die Rechtsformalternative mit der höchsten absoluten Steuerbelastung Rangplatz 8 ein. Die Analyse der bestehenden Steuerbelastungsdifferenzen zwischen den einzelnen Rechtsformalternativen schließt sich an.

Es ergeben sich folgende absolute Steuerbelastungen für die Jahre 2001 bis 2005 durch die Berücksichtigung der Gesellschafterdarlehen in unterschiedlicher Höhe (s. *Tab. 43*):

Darlehens-zins	luf OHG	gew. inf. OHG	GmbH/G/Th.	GmbH/G/A.	gew. EU	luf EU	GmbH/Th.	GmbH/A.
0 €	116.945 €	122.823 €	153.569 €	166.915 €	192.177 €	200.399 €	235.719 €	237.491 €
9.000 €	116.945 €	122.823 €	139.233 €	159.325 €	192.177 €	200.399 €	221.381 €	223.433 €
12.000 €	116.945 €	122.823 €	134.454 €	157.026 €	192.177 €	200.399 €	216.604 €	219.070 €
15.000 €	116.945 €	122.823 €	130.443 €	154.759 €	192.177 €	200.399 €	211.826 €	214.782 €

Tab. 43: Steuerbelastung des Grundfalls für die Jahre 2001 bis 2005 in Abhängigkeit von der Höhe der an die Gesellschafter gezahlten Darlehenszinsen

Werden die absoluten Steuerbelastungsdifferenzen, die sich durch die Zahlung unterschiedlich hoher Darlehenszinsen an die Gesellschafter der Kapitalgesellschaft ergeben verglichen, ist für den zu Grunde liegenden Ausgangsfall zunächst festzuhalten, dass trotz hälftiger Hinzurechnung für die Gewerbesteuer, die absolute Steuerzahllast für die Kapitalgesellschaft und ihre Gesellschafter bei steigenden Zinszahlungen unabhängig vom Ausschüttungsverhalten der Gesellschaft sukzessive sinkt (s. *Darst. 20*):

---

[1] Kapitel III, Abschnitt 5, lit. a, S. 98.

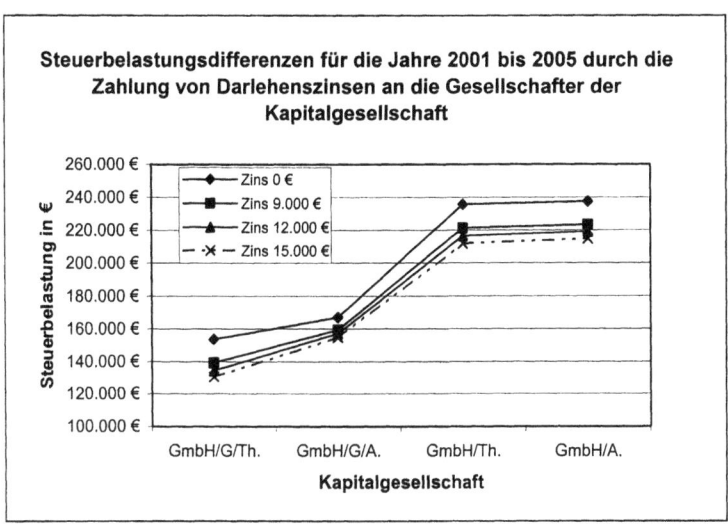

Quelle: Eigene Berechnungen.

Darst. 20: Steuerbelastungsdifferenzen durch Zinszahlungen an die Gesellschafter

Aus den errechneten absoluten Steuerbelastungen für die Jahre 2001 bis 2005 ergibt sich folgende steuerliche Vorteilhaftigkeitsrangfolge für die einzelnen Rechtsformalternativen in Abhängigkeit von der Höhe der an die Gesellschafter gezahlten (angemessenen) Darlehenszinsen (s. *Tab. 44*):

Darlehens-zins	luf OHG	gew. inf. OHG	GmbH/G/Th.	GmbH/G/A.	gew. EU	luf EU	GmbH/Th.	GmbH/A.
0 €	1	2	3	4	5	6	7	8
9.000 €	1	2	3	4	5	6	7	8
12.000 €	1	2	3	4	5	6	7	8
15.000 €	1	2	3	4	5	6	7	8

Tab. 44: Rangplätze der einzelnen Rechtsformalternativen im Steuerbelastungsvergleich in Abhängigkeit von den Darlehenszinsen

Die gebildeten steuerlichen Vorteilhaftigkeitsrangfolgen zeigen, dass sich die Stellung der Kapitalgesellschaft durch die Zahlung der Darlehenszinsen an die Gesellschafter im zugrunde liegenden Ausgangsfall nicht ändert. Unabhängig von der Höhe der von der GmbH an ihre Gesellschafter gezahlten Darlehenszinsen ist die land- und forstwirtschaftlich tätige OHG mit einer absoluten Steuerbelastung von 116.945 € die im Zeitablauf für das land- und forstwirtschaftliche Modell-Unternehmen günstigste Rechtsformalternative.

Durch die Zahlung von Darlehenszinsen an die Gesellschafter kann jedoch bei der land- und forstwirtschaftlich tätigen Kapitalgesellschaft, bedingt durch den Abzug der Leistungsvergütungen als Betriebsausgaben und der sich dadurch ergebenden Minderung der Bemessungsgrundlage für die Gewerbesteuer in Höhe der Hälfte der Darlehenszinsen trotz einer eventuellen Erhöhung der Steuerbelastung auf der Ebene der Gesellschafter insgesamt eine nicht unwesentliche Minderung der absoluten Steuerzahllast erreicht werden[1].

4. Variation der Ausschüttung

In einer weiteren Variationsrechnung ist zu untersuchen, wie sich ein verändertes Ausschüttungsverhalten der Kapitalgesellschaft auf die Höhe der absoluten Steuerzahllast der Kapitalgesellschaft und ihrer Gesellschafter und auf die bereits vorgenommenen Rangplatzverteilungen zwischen den einzelnen Rechtsformen im Rahmen der jeweiligen Gewinn-Alternative im Zeitablauf auswirkt.

Für die Variationsrechnungen werden die Gewinne vor Steuern und Gesellschaftervergütungen des Grundfalls[2] sowie der Gewinn-Alternativen C bis G[3] in den Jahren 2001 bis 2005 zugrunde gelegt. Da zwischen der Steuerbelastung der vollthesaurierenden bzw. der Steuerbelastung der in voller Höhe ausschüttenden

---

[1] S. dazu einschränkend *Kessler, W./Teufel, T.*, Unternehmenssteuerreform, 2000, S. 1840 f.: eine Absenkung der absoluten Steuerzahllast für die Kapitalgesellschaft und ihre Gesellschafter durch die Zahlung hinzurechnungspflichtiger Leistungsvergütungen ist in den Jahren 2001 bis 2004 nicht immer möglich. Derartige Leistungsvergütungen können bei *gleichzeitiger Ausschüttung* des nach Steuern verbleibenden Restgewinns an die Gesellschafter in den Jahren 2001 bis 2004 sogar zu einer Steuermehrbelastung führen, da ab einer gewissen Gewinnhöhe die Darlehenszinsen, die bei den Gesellschaftern gemäß § 20 Abs. 1 Nr. 7 EStG Einnahmen aus Kapitalvermögen darstellen und die nicht wie die ausgeschütteten Gewinne dem Halbeinkünfteverfahren des § 3 Nr. 40 EStG unterliegen, mit dem Einkommensteuerspitzensatz belastet werden. Die hohe steuerliche Belastung auf der Ebene der Gesellschafter kann dadurch die steuerliche Entlastung auf der Ebene der Kapitalgesellschaft ausgleichen oder sogar übersteigen. Thesauriert dagegen die GmbH ihren nach Steuern verbleibenden Gewinn in voller Höhe und entsteht damit auf der Ebene der Gesellschafter keine zusätzliche Steuerbelastung durch eine Ausschüttung, wirkt die Zahlung der hinzurechnungspflichtigen Leistungsvergütungen unabhängig von der Gewinnhöhe wieder steuermindernd.
[2] Kapitel II, Abschnitt 2, lit. a, S. 84.
[3] Kapitel V, Abschnitt 1, S. 115.

GmbH in den Gewinn-Alternativen A und B prinzipiell keine steuerlichen Belastungsunterschiede[1] bestehen, bleiben diese Gewinn-Alternativen unberücksichtigt. Leistungsvergütungen an die Gesellschafter werden nicht entrichtet.

Unter der Annahme, dass der nach Zahlung von Steuern verbleibende Gewinn des Grundfalls bzw. der Gewinn-Alternativen C bis G zu 25 %, 50 % bzw. 75 % von der Kapitalgesellschaft an ihre Gesellschafter ausgeschüttet wird, entwickeln sich die absoluten Steuerbelastungen im Zeitablauf 2001 bis 2005 im Vergleich zur vollen Thesaurierung bzw. zur vollen Ausschüttung der nach Steuern verbleibenden Gewinne wie unten aus *Tab. 45* ersichtlich. Die ursprünglichen Rangplätze der thesaurierenden bzw. der in voller Höhe ausschüttenden Kapitalgesellschaft sind jeweils angegeben.

	GmbH/Th.	GmbH/A. 25 %	GmbH/A. 50 %	GmbH/A. 75 %	GmbH/A 100 %
Grundfall	(7) 235.719 €	235.719 €	235.719 €	236.261 €	(8) 237.491 €
Gewinn-Alternative C	(6) 349.708 €	349.708 €	350.266 €	352.464 €	(8) 362.674 €
Gewinn-Alternative D	(5) 463.697 €	463.697 €	465.517 €	476.797 €	(7) 497.585 €
Gewinn-Alternative E	(4) 577.685 €	577.835 €	583.333 €	605.989 €	(6) 640.835 €
Gewinn-Alternative F	(3) 691.675 €	692.247 €	704.913 €	739.501 €	(6) 788.407 €
Gewinn-Alternative G	(2) 1.147.631 €	1.153.391 €	1.211.439 €	1.300.341 €	(6) 1.405.099 €

Tab. 45: Absolute Steuerbelastungen für die Jahre 2001 bis 2005 in Abhängigkeit von der Ausschüttungsquote

Im *Grundfall* beträgt die absolute Steuerbelastung der GmbH für den betrachteten Zeitraum 2001 bis 2005 sowohl für den Fall der Thesaurierung als auch für den Fall der Ausschüttung der nach Steuern verbleibenden Gewinne zu 25 % bzw. 50 % jeweils 235.719 €. Erst bei einer Ausschüttungsquote von 75 % der nach Steuern verbleibenden Gewinne erhöht sich die Steuerbelastung um absolut 542 € auf 236.261 €. Zurückzuführen ist dies auf die in den Veranlagungszeiträumen 2003 und 2005 auf der Ebene der Gesellschafter entstehende Kirchensteuer. Dennoch ist die ihren Gewinn zu 75 % an ihre Gesellschafter ausschüttende GmbH steuerlich noch um insgesamt 1.230 € günstiger als die ihren Gewinn nach Steuern zu 100 % an ihre Gesellschafter ausschüttende Kapitalge-

---

[1] Lediglich in der Gewinn-Alternative B entsteht durch die Ausschüttung des verbleibenden Gewinns zu 100 % im Veranlagungszeitraum 2005 im Vergleich zur Vollthesaurierung der Gewinne eine Steuermehrbelastung durch Kirchensteuer in Höhe von 22 €, § 51 a Abs. 2 S. 2 EStG, vgl. dazu Abschnitt 1, S. 134 f.

sellschaft. An der Rangplatzverteilung im Grundfall wird durch die Variation der Ausschüttungsquote allerdings nichts verändert: die ihren Gewinn einbehaltene GmbH nimmt Rangplatz 7, die ihren Gewinn in voller Höhe ausschüttende GmbH Rangplatz 8 ein; die ihre Ausschüttungsquote variierende GmbH liegt entsprechend dazwischen.

Während eine Ausschüttungsquote von 25 % in den *Gewinn-Alternativen C und D* noch zu keiner steuerlichen Mehrbelastung führt, steigt die Gesamtsteuerbelastung bei einer Ausschüttungsquote von 50 % und mehr sukzessive an. Die steuerliche Mehrbelastung entsteht dabei ausschließlich auf der Ebene der Gesellschafter. Eine Veränderung in den ursprünglichen Rangplatzverteilungen zwischen den einzelnen Rechtsformalternativen findet jedoch durch die Veränderung der Ausschüttung bei den Gewinn-Alternativen C und D nicht statt. Auch die absolute Steuerbelastung bei einer Ausschüttungsquote von 75 % ist noch geringer als die Steuerbelastung der in diesen Gewinn-Alternativen jeweils auf dem nächsthöheren Rangplatz stehenden Rechtsform (Gewinn-Alternative C: land- und forstwirtschaftliches Einzelunternehmen mit einer absoluten Steuerbelastung in Höhe von 361.391 € auf Rangplatz 7; Gewinn-Alternative D: gewerbliches Einzelunternehmen mit einer absoluten Steuerbelastung in Höhe von 492.905 € auf Rangplatz 6).

Anders ist die Steuerbelastungssituation für die *Gewinn-Alternativen E, F und G* zu beurteilen: zunächst bewirkt bereits eine Ausschüttungsquote von 25 % eine steuerliche Mehrbelastung im Vergleich zur Vollthesaurierung. Eine Ausschüttung von 25 % bzw. 50 % der Gewinne nach Steuern an die Gesellschafter führt jedoch noch nicht zu einer Veränderung der bisherigen Rangplatzverteilung zwischen den ursprünglichen Rechtsformen.
Durch die Ausschüttung von 75 % des nach Steuern verbleibenden Gewinns an die Gesellschafter verändert sich die bereits festgestellte Vorteilhaftigkeitsreihenfolge jedoch für einzelne Rechtsformalternativen. In der Gewinn-Alternative E beträgt die absolute Steuerzahllast bei einer Ausschüttungsquote von 75 % im Zeitablauf 605.989 €. Damit ergibt sich eine Steuermehrbelastung im Vergleich zu der auf Rangplatz 5 stehenden GmbH, die ihren Gesellschaftern Geschäftsführergehälter in Höhe von insgesamt 44.000 € bezahlt und den nach Steuern verbleibenden Gewinn in voller Höhe an ihre Gesellschafter ausschüttet, um 3.481 €. In der Gewinn-Alternative F wäre die GmbH, die ihren Gewinn nach Steuern zu 75 % an ihre Gesellschafter ausschüttet, mit einer absoluten Steuerbelastung von 739.501 € dagegen um insgesamt 14.440 € weniger mit Steuern belastet als die mit 753.941 € auf Rangplatz 5 stehende Kapitalgesellschaft, die ihren Gesellschaftern Gehälter bezahlt und ihren verbleibenden Gewinn in voller Höhe ausschüttet. Im Rahmen der Gewinn-Alternative G ist die Kapitalgesell-

schaft bei unterstellter Ausschüttung von 75 % mit einer absoluten Steuerbelastung von 1.300.341 € um 65.594 € günstiger als die auf Rangplatz 4 stehende gewerblich infizierte OHG mit einer absoluten Steuerbelastung von 1.365.935 €.

In der Konsequenz ergibt sich, dass eine ansteigende Ausschüttungsquote für den nach Steuern verbleibenden Gewinn die Rechtsformalternative GmbH für sich gesehen zwar grundsätzlich verteuert (s. auch *Darst. 21*), jedoch in der Gesamtschau durch die Variation der Ausschüttungsquote durchaus Steuerbelastungsergebnisse erzielt werden können, die günstiger sind als die Steuerbelastung alternativer Rechtsformen.

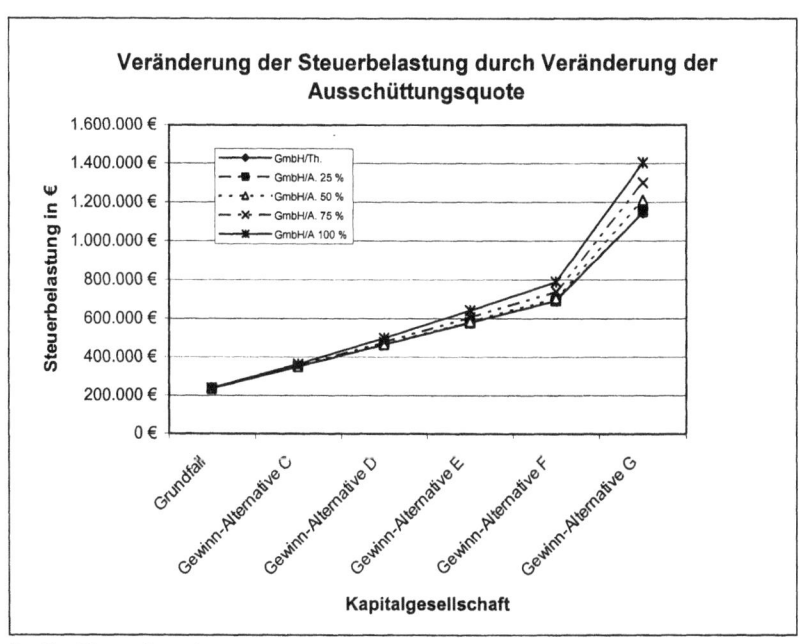

Quelle: Eigene Berechnungen.

Darst. 21: Veränderung der Steuerbelastung durch Veränderung der Ausschüttungsquote

Bei dem den Variationsrechnungen unterstellten Gewerbesteuer-Hebesatz von 350 % beträgt die Steuerbelastungsquote der Kapitalgesellschaft bei voller Thesaurierung der Gewinne insgesamt 37,34 %. Im Fall der vollen Ausschüttung errechnet sich dagegen unter Berücksichtigung des jeweiligen einkommensteuerlichen Spitzensteuersatzes, des Solidaritätszuschlags und der Kirchensteuer von 8 % in 2001 und 2002 eine maximale Steuerbelastungsquote für natürliche Personen von insgesamt 55,80 %, in 2003 und 2004 von 55,23 % und in 2005 von 53,33 %.

Zusammenfassend ist festzuhalten, dass durch die Definitivbelastung mit Körperschaftsteuer, Solidaritätszuschlag und Gewerbesteuer die steuerliche Belastung auf der Ebene der Kapitalgesellschaft unabhängig vom Ausschüttungsverhalten der Gesellschaft feststeht; so beträgt z.B. bei einem Gewerbesteuer-Hebesatz von 350 % die Steuerbelastungsquote der Kapitalgesellschaft, wie oben dargestellt, 37,34 %. Durch Ausschüttungen von nach Zahlung von Leistungsvergütungen und Steuern verbleibender Gewinne an die Gesellschafter können keine Steuern „gespart" werden; im Gegenteil, je nach persönlicher Einkommenssituation der Gesellschafter können trotz Halbeinkünfteverfahren zusätzliche Steuerzahllasten entstehen. Die Entscheidung für oder gegen die Rechtsform der GmbH ist daher auch unter Berücksichtigung der persönlichen Einkommenssituation der jeweiligen Gesellschafter sowie den individuellen Konsumneigungen und dem sich damit möglicherweise ergebenden Kapitalbedarf des einzelnen Gesellschafters zu treffen.

5. Extreme Gewinnschwankungen

Wie die bisherigen Ausführungen zeigten, kann die Steuerbelastung einer Rechtsform in den Jahren 2001 bis 2005 auch von der Gewinnzurechnungsvorschrift des § 4 a Abs. 2 EStG beeinflusst werden: während bei Betrieben mit Einkünften aus Land- und Forstwirtschaft der Gewinn (oder Verlust) zeitanteilig auf das Kalenderjahr, in dem das Wirtschaftsjahr beginnt und auf das Kalenderjahr, in dem das Wirtschaftsjahr endet, § 4 a Abs. 2 Nr. 1 EStG, aufzuteilen ist, gilt bei Gewerbetreibenden der Gewinn (oder Verlust) in dem Kalenderjahr als bezogen, in dem das Wirtschaftsjahr endet, § 4 a Abs. 2 Nr. 2 EStG. Die Gewinnzurechnungsvorschrift des § 4 a Abs. 2 Nr. 1 EStG kann dabei in Zeiten sinkender Steuersätze, wie dies im Rahmen der Unternehmensteuerreform 2001 für die Jahre 2001 bis 2005 der Fall ist, für Land- und Forstwirte zu einer höheren Steuerbelastung führen als für Gewerbetreibende unter sonst gleichbleibenden Bedingungen. In Zeiten steigender Steuersätze dagegen ist auch eine im Vergleich geringere steuerliche Belastung für die Land- und Forstwirtschaft durch die Regelung des § 4 a Abs. 2 EStG denkbar.

Die Vorschrift über die zeitanteilige Gewinnzurechnung nach § 4 a Abs. 2 Nr. 1 EStG berücksichtigt u.a., dass Erträge im Rahmen der Land- und Forstwirtschaft in hohem Maße von den Naturkräften abhängig sein können; sich ergebende Gewinnschwankungen sollen durch diese Regelung einer Durchschnittsbesteuerung über einen zweijährigen Zeitraum zugeführt werden[1].

Im folgenden wird durch eine entsprechende Variation der Ergebnisse des Grundfalls[2] für die Wirtschaftsjahre 2000/2001 bis 2005/2006 in Abhängigkeit von der Rechtsform untersucht, welche Steuerbelastungen sich unter Berücksichtigung der Gewinnzurechnungsvorschrift des § 4 a Abs. 2 EStG bei extremen Gewinnschwankungen von einem zum anderen Wirtschaftsjahr in den Veranlagungszeiträumen 2001 bis 2005 für ein land- und forstwirtschaftliches Unternehmen ergeben. Für diesen Zweck werden die Ergebnisse des Grundfalls vor Steuern und vor Abzug von Vergütungen an die Gesellschafter unter sonst gleichbleibenden Bedingungen durch teilweise geänderte Vorzeichen wie folgt variiert:

2000/2001	+	88 068 €
2001/2002	-	111 168 €
2002/2003	+	152 968 €
2003/2004	-	89 368 €
2004/2005	+	168 968 €
2005/2006	-	132 068 €.

Für die Veranlagungszeiträume 2001 bis 2005 ergeben sich damit folgende vorläufige Ergebnisse *vor* Berücksichtigung von Steuern und Vergütungen an die Gesellschafter (s. *Tab. 46*):

---

[1] Vgl. dazu Teil B, Kapitel IV, Abschnitt 3, lit. c, S. 66. Zweifel an der Abhängigkeit der Höhe der Gewinne der Land- und Forstwirtschaft von Naturabläufen äußern *Märkle, R./Hiller, G.*, Einkommensteuer, 2001, S. 170: „Einflüsse des Marktes auf die Gewinne erscheinen gravierender, was aber auch im gewerblichen Bereich üblich ist."
[2] S. Kapitel II, Abschnitt 2, lit. a, S. 83.

	2000/2001	2001/2002	2002/2003	2003/2004	2004/2005	2005/2006
Ergebnis vor Steuern und Gesellschaftervergütungen	+ 88.068 €	- 111.168 €	+ 152.968 €	- 89.368 €	+ 168.968 €	- 132.068 €

	2001	2002	2003	2004	2005
Aufteilung des Ergebnisses gemäß § 4 a Abs. 2 Nr. 1 EStG	+ 44.034 €	- 55.584 €	+ 76.484 €	- 44.684 €	+ 84.484 €
	- 55.584 €	+ 76.484 €	- 44.684 €	+ 84.484 €	- 66.034 €
§ 4 a Abs. 2 Nr. 1 EStG	- 11.550 €	+ 20.900 €	+ 31.800 €	+ 39.800 €	+ 18.450 €
§ 4 a Abs. 2 Nr. 2 EStG	+ 88.068 €	- 111.168 €	+ 152.968 €	- 89.368 €	+ 168.968 €

Tab. 46: Ergebnisse vor Steuern und Gesellschaftervergütungen für die Wirtschaftsjahre 2000/2001 bis 2005/2006 – extreme Gewinnschwankungen

Die Steuerbelastungen[1] im Zeitablauf errechnen sich wie folgt (s. *Tab. 47*):

Alternative Rechtsformen	2001	2002	2003	2004	2005	2001 - 2005
luf EU	1.577 €	1.577 €	2.366 €	4.434 €	1.577 €	11.531 €
luf OHG	1.577 €	1.577 €	1.577 €	1.577 €	1.577 €	7.885 €
gew. EU	8.839 €	2.567 €	3.639 €	2.567 €	58.935 €	76.547 €
gew. inf. OHG	8.839 €	2.567 €	3.639 €	2.567 €	39.089 €	56.701 €
GmbH/Th.	15.220 €	1.577 €	12.354 €	1.577 €	55.229 €	85.957 €
GmbH/G/Th.	8.666 €	1.577 €	1.577 €	1.577 €	1.577 €	14.974 €
GmbH/G/A.	8.666 €	1.577 €	1.577 €	1.577 €	1.577 €	14.974 €
GmbH/A.	15.220 €	1.577 €	12.354 €	1.577 €	56.291 €	87.019 €

Tab. 47: Steuerbelastung des Grundfalls bei extremen Gewinnschwankungen

---

[1] Soweit negative Einkünfte entstehen, die bei der Ermittlung des Gesamtbetrags der Einkünfte nicht ausgeglichen werden, werden diese gemäß §§ 2 Abs. 3, 10 d EStG i.V.m. 8 Abs. 2 und Abs. 4 KStG in den unmittelbar vorangegangen Veranlagungszeitraum zurück- bzw. soweit ein Verlustrücktrag nicht möglich ist, in die nachfolgenden Veranlagungszeiträume vorgetragen. Dabei wird unterstellt, dass der Verlustrücktrag auf die Veranlagungszeiträume 2001 bis 2005 begrenzt ist. Für einen sich evtl. ergebenden Gewerbeverlust ist grundsätzlich zu beachten, dass ein Verlustrücktrag in den vorangegangenen Erhebungszeitraum gemäß § 10 a GewStG nicht möglich ist; lediglich der Gewerbeertrag nachfolgender Erhebungszeiträume kann um nicht ausgleichene Fehlbeträge gekürzt werden.

Werden die alternativen Rechtsformen nach ihrer jeweiligen absoluten Gesamtsteuerbelastung für die Jahre 2001 bis 2005 im Rahmen einer Vorteilhaftigkeitsreihenfolge dargestellt, wobei die Rechtsformalternative mit der geringsten absoluten Steuerbelastung den ersten Rangplatz und die Rechtsformalternative mit der höchsten absoluten Steuerbelastung den letzten Rangplatz erhält, ergibt sich folgende Rangplatzverteilung (s. *Tab. 48*):

Alternative Rechtsformen	2001 - 2005
luf OHG (1)	7.885 €
luf EU (2)	11.531 €
GmbH/G/Th. (3)	14.974 €
GmbH/G/A. (3)	14.974 €
gew. inf. OHG (4)	56.701 €
gew. EU (5)	76.547 €
GmbH/Th. (6)	85.957 €
GmbH/A. (7)	87.019 €

Tab. 48: Vorteilhaftigkeit der Rechtsformen bei extremen Gewinnschwankungen

Durch den Vergleich der nominellen Steuerbelastungen der einzelnen Rechtsformalternativen im Zeitablauf ist ersichtlich, dass im Rahmen der unterstellten Gewinnschwankungen die land- und forstwirtschaftlich tätige OHG und das land- und forstwirtschaftliche Einzelunternehmen die aus steuerlicher Sicht günstigsten Rechtsformalternativen sind (s. auch *Darst. 22*).

Dies liegt zum einen darin begründet, dass die Gewinnzurechnungsvorschrift des § 4 a Abs. 2 Nr. 1 EStG für die Land- und Forstwirtschaft im unterstellten Variationsfall zu Gewinnen/Verlusten (*nach Unternehmenssteuern*) je Kalenderjahr führt, die im Zeitablauf niedriger sind als die gemäß § 4 a Abs. 2 Nr. 2 EStG ermittelten Gewinne/Verluste (*nach Zahlung von Unternehmenssteuern und evtl. Geschäftsführervergütungen*) der gewerblichen Rechtsformalternativen (s. *Darst. 23*).

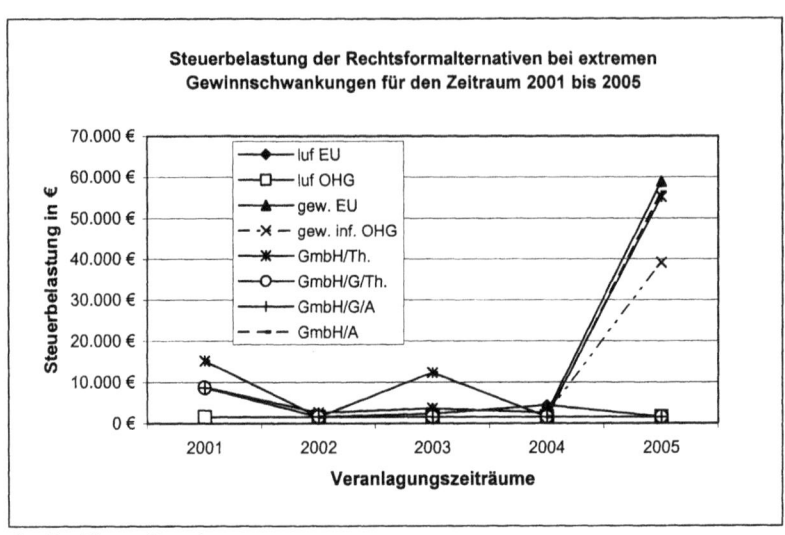

Quelle: Eigene Berechnungen.

Darst. 22: Steuerbelastungen der Rechtsformalternativen bei extremen Gewinnschwankungen im Zeitraum 2001 bis 2005

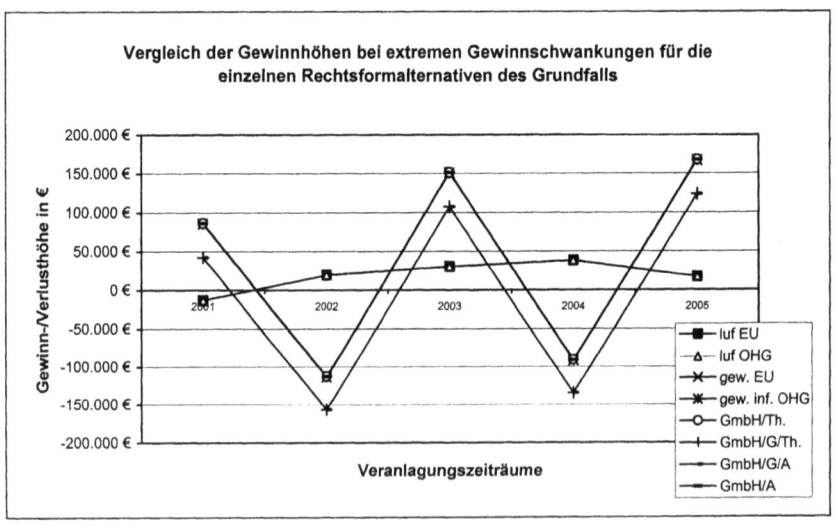

Quelle: Eigene Berechnungen.

Darst. 23: Vergleich der Gewinnhöhen bei extremen Gewinnschwankungen für die einzelnen Rechtsformalternativen des Grundfalls

Die Gewinnzurechnungsvorschrift des § 4 a Abs. 2 Nr. 1 EStG ermöglicht den land- und forstwirtschaftlichen Einzel- und Mitunternehmern im Rahmen des variierten Grundfalls durch die im Vergleich relativ niedrigen Gewinne aus Land- und Forstwirtschaft zunächst die Inanspruchnahme des Freibetrags nach § 13 Abs. 3 EStG bei Zusammenveranlagung in Höhe von 1.340 € je Veranlagungszeitraum, da die jeweiligen Summen der Einkünfte 61.400 € nicht übersteigen. Darüber hinaus werden durch die im Verhältnis niedrigen Gewinne von den land- und forstwirtschaftlichen Personenunternehmern zu versteuernde Einkommen erzielt, die in einzelnen Veranlagungszeiträumen unter den jeweils geltenden Grundfreibeträgen des § 32 a Abs. 1 EStG liegen; Einkommensteuer, Solidaritätszuschlag und Kirchensteuer entstehen grundsätzlich nicht. Lediglich bei dem land- und forstwirtschaftlichen Einzelunternehmer ergibt sich durch Überschreitung des Grundfreibetrags in den Veranlagungszeiträumen 2003 und 2004 Einkommensteuer, Solidaritätszuschlag und Kirchensteuer von insgesamt 2.366 € bzw. 4.434 €.

Die Steuerbelastungen für die land- und forstwirtschaftlichen Personenunternehmen bestehen damit im wesentlichen aus pauschaler Lohnsteuer, Solidaritätszuschlag und Lohnkirchensteuer sowie aus Grundsteuer.

Die höhere Steuerbelastung der gewerblich (infizierten) Rechtsformalternativen ist jedoch nicht ausschließlich durch die Gewinnzurechnungsvorschrift des § 4 a Abs. 2 Nr. 2 EStG bedingt. Während negative Einkünfte, die bei der Ermittlung des Gesamtbetrags der Einkünfte nicht ausgeglichen werden können, sowohl in dem unmittelbar vorangegangenen bzw. in den folgenden Veranlagungszeiträumen abgezogen werden können, §§ 2 Abs. 3, 10 d EStG i.V.m. 8 Abs. 2 und Abs. 4 KStG, ist der Rücktrag eines entstandenen Gewerbeverlustes in den vorangegangenen Erhebungszeitraum gemäß § 10 a GewStG *nicht* möglich. Dies bedeutet für die Berechnungen im zu Grunde liegenden Variationsfall, dass der im Erhebungszeitraum 2002 entstandene Gewerbeverlust in Höhe von 108.622 €[1] bei den gewerblich (infizierten) Personenunternehmen, in Höhe von 151.632 €[2] bei der Geschäftsführergehälter zahlenden Kapitalgesellschaft bzw. in Höhe

---

[1] Ergebnis vor Steuern für 2002 = - 111.168 € - Grundsteuer 1.330 € - pauschaler Lohnsteuer 1.237 € = Gewinn nach Steuern - 113.735 € + § 8 Nr. 1 GewStG 6.000 € - § 9 Nr. 1 GewStG 887 € = Gewerbeverlust - *108.622 €*.
[2] Ergebnis vor Steuern und Geschäftsführergehältern für 2002 = - 111.168 € - Grundsteuer 1.330 € - pauschaler Lohnsteuer 247 € - Geschäftsführergehälter 44.000 € = Gewinn nach Steuern und Geschäftsführergehältern - 156.745 € + § 8 Nr. 1 GewStG 6.000 € - § 9 Nr. 1 GewStG 887 € = Gewerbeverlust - *151.632 €*.

von 107.632[1] € bei der keine Leistungsvergütungen zahlenden Kapitalgesellschaft mit dem Gewerbeertrag 2001 nicht auszugleichen ist. Die im Erhebungszeitraum 2001 entstandene Gewerbesteuer bedeutet damit zunächst eine steuerliche Definitivbelastung in Höhe von 6.272 € für die gewerblich (infizierten) Personenunternehmen und in Höhe von 7.089 € für die Geschäftsführergehälter zahlende GmbH. Soweit die Kapitalgesellschaft keine Vergütungen an ihre Gesellschafter entrichtet, erhöht sich die Gewerbesteuer-Definitivbelastung im Erhebungszeitraum 2001 auf 13.643 €.

Werden die negativen Einkünfte aus 2002 nach 2001 i.S.d. §§ 2 Abs. 3, 10 d Abs. 1 EStG zurückgetragen, ergibt sich auf der Ebene der *gewerblichen Personenunternehmer* im Veranlagungszeitraum 2001 darüber hinaus die Problematik, dass durch den vollen Verlustrücktrag letztendlich auch keine Einkommensteuer, auf welche die Gewerbesteuer des Erhebungszeitraums 2001 nach § 35 EStG pauschaliert angerechnet werden könnte, entsteht. Dementsprechend ist bei der Beantragung der Höhe des Verlustrücktrags gem. § 10 d Abs. 1 S. 7 EStG nach 2001 zu beachten, dass allenfalls nur soviel Verlust auf den vorangegangenen Veranlagungszeitraum zurückgetragen wird, als noch Einkommensteuer entsteht, auf welche die Gewerbesteuer des Erhebungszeitraums nach § 35 EStG pauschaliert angerechnet werden kann.

Eine Definitivbelastung durch die Gewerbesteuer ergibt sich auch im Erhebungszeitraum 2003 für die gewerblich (infizierten) Personenunternehmen sowie für die GmbH, die keine Geschäftsführergehälter an ihre Gesellschafter bezahlt: durch die Kürzung des sich für 2003 ergebenden Gewerbeertrags nach § 10 a GewStG durch den im Erhebungszeitraum 2002 entstandenen Fehlbetrag in Höhe von 108.622 € bzw. 107.632 € ergibt sich eine Definitiv-Belastung mit Gewerbesteuer in Höhe von 1.072 € für das gewerbliche Einzelunternehmen und die gewerblich infizierte OHG bzw. in Höhe von 7.278 € für die GmbH.

Zahlt die GmbH an ihre Gesellschafter für deren Tätigkeiten im Dienst der Gesellschaft Geschäftsführergehälter, entsteht im Erhebungszeitraum 2003 weder bei Vollthesaurierung noch bei Vollausschüttung der nach Steuern und Gesellschaftervergütungen verbleibenden Gewinne Gewerbesteuer, da durch den Abzug der Geschäftsführergehälter in Höhe von 44.000 € je Wirtschaftsjahr als Betriebsausgabe der Gewerbeertrag in einem ersten Schritt entsprechend vermindert und durch die vollständige Verrechnung des Fehlbetrags aus dem Erhebungszeitraum 2002 darüber hinaus auf 0 € gesenkt wird.

---

[1] Ergebnis vor Steuern für 2002 = - 111.168 € - Grundsteuer 1.330 € - pauschaler Lohnsteuer 247 € = Gewinn nach Steuern - 112.745 € + § 8 Nr. 1 GewStG 6.000 € - § 9 Nr. 1 GewStG 887 € = Gewerbeverlust - *107.632 €*.

Bei den unterstellten Gewinnschwankungen ergibt sich im Rahmen der Kapitalgesellschaft auf der Ebene der Gesellschafter prinzipiell keine Belastung mit Einkommensteuer, Solidaritätszuschlag und Kirchensteuer, da nach Zahlung von Steuern und evtl. Geschäftsführergehältern durch die in den einzelnen Wirtschaftsjahren entstandenen Verluste grundsätzlich keine ausschüttungsfähigen Gewinne mehr vorhanden sind. Lediglich im Fall der GmbH, die ihren Gewinn nach Steuern ohne die Zahlung von Geschäftsführergehältern in voller Höhe an ihre Gesellschafter ausschüttet, errechnet sich für den Veranlagungszeitraum 2005 unter Berücksichtigung von § 51 a Abs. 2 S. 2 EStG eine Kirchensteuer in Höhe von insgesamt 1.062 €.

Zusammenfassend ist festzuhalten, dass § 4 a Abs. 2 Nr. 1 EStG für das land- und forstwirtschaftliche Einzelunternehmen und die land- und forstwirtschaftlich tätige OHG bei extremen Gewinnschwankungen tatsächlich eine Durchschnittsbesteuerung bedingt, die durch die Regelungen zum Verlustabzug nach §§ 2 Abs. 3, 10 d EStG i.V.m. 8 Abs. 2 und Abs. 4 KStG bzw. § 10 a GewStG für die gewerblichen Rechtsformalternativen nicht erreicht wird. Vor allem die fehlende Verlustrücktragsmöglichkeit nach § 10 a GewStG kann in diesen Fällen für die gewerblichen Rechtsformen zu einer zusätzlichen Belastung mit Gewerbesteuer führen.

Einschränkend ist darauf hinzuweisen, dass für eine umfassende Beurteilung der Vor- bzw. Nachteilhaftigkeit der Gewinnzurechnungsvorschrift des § 4 a Abs. 2 Nr. 1 EStG für ein land- und forstwirtschaftliches Unternehmen und seine Beteiligten die gesamten im Leben eines Unternehmens erzielten Gewinne bzw. Verluste und die jeweils bestehenden individuellen steuerlichen Verhältnisse der Beteiligten sowie die jeweiligen Steuertarife einzubeziehen sind. Die vorliegende Arbeit beschränkt sich in ihren Ausführungen dabei lediglich auf einen zeitlichen Teilbereich.

D. Einfluss aperiodischer Besteuerungssachverhalte auf die Rechtsformwahl für ein land- und forstwirtschaftliches Unternehmen am Beispiel der Schenkung unter Lebenden

I. Aperiodische Besteuerungssachverhalte

Für eine steuerorientierte Entscheidung für oder gegen eine bestimmte Rechtsform für ein land- und forstwirtschaftliches Unternehmen sind über die laufenden Steuerbelastungen einer gewählten Unternehmensform hinaus auch solche Besteuerungskonsequenzen zu berücksichtigen, die durch einmalige oder in unregelmäßigen Zeitabständen vorkommende Sachverhalte oder Tatbestände bedingt werden: die steuerlichen Auswirkungen der sog. aperiodischen Geschäftsvorgänge[1].

In der BRD sind 33,4 % aller land- und forstwirtschaftlichen Betriebsinhaber bereits älter als 55 Jahre[2]; aus diesem Grund wird für die vorliegende Untersuchung der rechtsformspezifischen Besteuerungskonsequenzen eines *aperiodischen Besteuerungssachverhalts* die unentgeltliche Übertragung von land- und forstwirtschaftlichem Vermögen im Rahmen einer vorweggenommenen Erbfolge untersucht: „in der Land- und Forstwirtschaft entspricht es traditioneller Übung, daß [!] der Betrieb unter Vorwegnahme des Erbfalls zu Lebzeiten des Altlandwirts und seines Ehegatten auf die nächste Generation übergeht und zugleich ihre Versorgung (heutzutage: teilweise) aus dem übergebenen Betrieb gesichert ... und zur künftigen Erhaltung des Betriebs die Abfindung der weichenden Erben geregelt wird."[3]

II. Steuerliche Beurteilung einer Schenkung unter Lebenden in der Land- und Forstwirtschaft

Die unentgeltliche Übertragung eines land- und forstwirtschaftlichen Einzelunternehmens oder eines Gesellschaftsanteils an einer Personen- bzw. Kapitalgesellschaft mit land- und forstwirtschaftlicher Grundstruktur durch eine Schenkung unter Lebenden ist zunächst unter Steuerbelastungsgesichtspunkten dahingehend zu untersuchen, welche Steuerarten dieser aperiodische Geschäftsvor-

---

[1] S. dazu u.a. *Herzig, N./Schiffers, J.*, Rechtsformwahl, 1994, S. 116; *Jacobs, O. H./Scheffler, W.*, Rechtsform, 1996, S. 236 ff.; *Jacobs, O. H.*, Unternehmensbesteuerung, 1998, S. 300 ff.; *Kessler, W./Schiffers, J.*, Rechtsformwahl, 1999, S. 78 ff.
[2] Vgl. Teil A, Kapitel II, S. 26.
[3] *Märkle, R./Hiller, G.*, Einkommensteuer, 2001, S. 507.

gang tangiert. In Anlehnung an *O. H. Jacobs/W. Scheffler* werden daher im folgenden die grundsätzlichen steuerlichen Belastungsunterschiede, die sich durch eine vorweggenommene Erbfolge ergeben können, rechtsformspezifisch dargestellt.

1. Verkehrsteuern

a. Grunderwerbsteuer

Werden Grundstücke eines land- und forstwirtschaftlichen Einzelunternehmens im Rahmen der Hofübergabe unentgeltlich auf einen Rechtsnachfolger übertragen, ist dieser Vorgang gemäß § 1 Abs. 1 Nr. 1 und Nr. 2 GrEStG grunderwerbsteuerbar. Grundstücksschenkungen unter Lebenden i.S.d. Erbschaft- und Schenkungsteuergesetzes sind jedoch nach § 3 Nr. 2 GrEStG grunderwerbsteuerbefreit. Auch die Abfindung weichender Erben i.S.d. § 14 a Abs. 4 EStG durch Grundstücksschenkung fällt unter die Regelung des § 3 Nr. 2 GrEStG; Grunderwerbsteuer entsteht insoweit nicht.

Bei der Übertragung eines Anteils an einer Personengesellschaft mit Grundbesitz vom zukünftigen Erblasser auf seinen Rechtsnachfolger durch Schenkung unter Lebenden fällt in der Regel ebenfalls keine Grunderwerbsteuer an: auch im Fall des § 1 Abs. 2 a GrEStG sind die Steuerbefreiungen des § 3 GrEStG zu beachten[1].
Bei der Übertragung von Kapitalgesellschafts-Anteilen auf einen Rechtsnachfolger durch vorweggenommene Erbfolge ist für Zwecke der Grunderwerbsteuer zunächst danach zu unterscheiden, ob nur ein Teil der Anteile auf den zukünftigen Erben übertragen oder ob der zukünftige Erbe durch die Übertragung zum Alleingesellschafter im Sinne einer unmittelbaren bzw. mittelbaren Beteiligung von mindestens 95 % an der land- und forstwirtschaftlich tätigen Kapitalgesellschaft wird. Soweit der Rechtsnachfolger lediglich an der Kapitalgesellschaft beteiligt und er durch diese Beteiligung nicht zum Alleingesellschafter wird, ist der Vorgang nicht grunderwerbsteuerbar, da die Voraussetzungen des § 1 Abs. 3 GrEStG nicht erfüllt sind. Wird der Rechtsnachfolger dagegen Alleingesellschafter der land- und forstwirtschaftlich tätigen Kapitalgesellschaft, ist die Übertragung zwar grundsätzlich nach § 1 Abs. 3 Nr. 3 GrEStG grunderwerbsteuerbar, jedoch nach § 3 Nr. 2 GrEStG von der Grunderwerbsteuer befreit.

---

[1] S. Gleichlautender Ländererlass, Erlass betr. Anwendung des § 1 Abs. 2 a GrEStG in der Fassung der Bekanntmachung des Steuerentlastungsgesetzes 1999/2000/2002 v. 7.2.2000, BStBl I 2000, Tz. 10, S. 348.

b. Umsatzsteuer

Die unentgeltliche Übertragung eines land- und forstwirtschaftlichen Einzelunternehmens im ganzen durch vorweggenommene Erbfolge unterliegt prinzipiell als Geschäftsveräußerung nicht der Umsatzsteuer. Voraussetzung ist, dass der Rechtsnachfolger in die Rechtsstellung des Rechtsvorgängers eintritt, § 1 Abs. 1 a) UStG.

Grundstücksübertragungen an weichende Erben i.S.d. § 14 a Abs. 4 EStG erfüllen zwar den Tatbestand der unentgeltlichen Wertabgabe i.S.d. §§ 1 Abs. 1 Nr. 1, 3 Abs. 1 b) S. 1 Nr. 1 UStG; sie sind jedoch gemäß § 4 Nr. 9 a) UStG von der Umsatzsteuer befreit.

Bei unentgeltlicher Übertragung eines Anteils an einer Personengesellschaft durch vorweggenommene Erbfolge fehlt es an einem Entgelt; die Übertragung der Anteile stellt keinen Umsatz i.S.d. § 1 Abs. 1 Nr. 1 UStG dar[1].

Bei der unentgeltlichen Übertragung von Kapitalgesellschaftsanteilen durch Schenkung an den Rechtsnachfolger fehlt es ebenfalls an einem Entgelt; damit ist kein Umsatz i.S.d. § 1 Abs. 1 Nr. 1 UStG gegeben. Der Vorgang ist nicht umsatzsteuerbar.

Verkehrsteuerlich wird somit die unentgeltliche Übertragung eines land- und forstwirtschaftlichen Einzelunternehmens und die unentgeltliche Übertragung von Gesellschaftsanteilen an Personen- bzw. Kapitalgesellschaften mit land- und forstwirtschaftlicher Grundstruktur im Rahmen einer vorweggenommenen Erbfolge nicht belastet.

2. Ertragsteuern

Eine Hofübergabe im Rahmen einer Schenkung unter Lebenden kann ertragsteuerliche Besteuerungskonsequenzen auslösen. In diesem Zusammenhang sind vor allem die Teilbereiche der Aufdeckung stiller Reserven, die Möglichkeiten einer Übertragung bestehender Verlustvorträge auf den Rechtsnachfolger und die Anwendbarkeit der Freibetragsregelung des § 14 a Abs. 4 EStG für die Abfindung weichender Erben in der Land- und Forstwirtschaft rechtsformspezifisch zu prüfen.

---

[1] Wird unterstellt, dass es sich bei der Anteilsübertragung um einen umsatzsteuerbaren Eigenverbrauchstatbestand i.S.d. §§ 1 Abs. 1 Nr. 1, 3 Abs. 9 a) S. 1 Nr. 2 UStG handelt, ist dieser dann grundsätzlich steuerbare Eigenverbrauch gemäß § 4 Nr. 8 f) UStG von der Umsatzsteuer befreit.

a. Stille Reserven

Für die Fortführung der Buchwerte und der damit verbundenen Nichtaufdeckung stiller Reserven im Zusammenhang mit dem Übergang eines land- und forstwirtschaftlichen Personenunternehmens im Rahmen einer vorweggenommenen Erbfolge ist Voraussetzung, dass es sich um eine unentgeltliche Übertragung eines Einzelunternehmens bzw. eines Anteils an einer Personengesellschaft handelt.

Soweit die Übertragung eines land- und forstwirtschaftlichen Einzelunternehmens ausschließlich gegen vertraglich vereinbarte Versorgungsleistungen (Leibrenten, dauernde Lasten[1]), gegen die Übernahme von Pflegeverpflichtungen[2] oder gegen die Einräumung von Nutzungsrechten für den Hofübergeber oder Dritte (Nießbrauch, Wohnrecht[3]) stattfindet, handelt es sich um eine unentgeltliche Betriebsübergabe, auch wenn diese Leistungen vom Übernehmer tatsächlich nicht aus den Erträgen des übernommenen Betriebs geleistet werden und der Empfänger nach seiner wirtschaftlichen Situation nicht auf die Leistungen angewiesen ist[4].

Wird ein land- und forstwirtschaftlicher Betrieb damit unentgeltlich übertragen, sind die Buchwerte des Hofübergebers vom Hofübernehmer gemäß § 6 Abs. 3 S. 3 EStG zwingend fortzuführen; ein Wahlrecht zum Ansatz eines Zwischenwerts oder des Teilwerts besteht nicht. Beim Hofübergeber ist die Übertragung erfolgsneutral, stille Reserven werden nicht aufgedeckt.

Für die Buchwertfortführung ist neben der Unentgeltlichkeit des Übergangs ferner von Bedeutung, dass das land- und forstwirtschaftliche Einzelunternehmen „in einem **einheitlichen Vorgang mit allen wesentlichen Betriebsgrundlagen** .. auf den Hofnachfolger übergeht."[5] Werden Wirtschaftsgüter von nur untergeordneter Bedeutung vom Hofübergeber zurückbehalten, ist dies für die Buchwertfortführung unschädlich[6].

---

[1] S. BMF, Schreiben betr. ertragsteuerliche Behandlung der vorweggenommenen Erbfolge; hier: Anwendung des Beschlusses des Großen Senats vom 5. Juli 1990 v. 13.1.1993, BStBl I 1993, S. 80, ber. BStBl I 1993, S. 464, Tz. 6.
[2] S. BFH v. 10.10.1991, BFH/NV 1992, S. 237 f.
[3] S. BMF, Schreiben betr. ertragsteuerliche Behandlung der vorweggenommenen Erbfolge; hier: Anwendung des Beschlusses des Großen Senats vom 5. Juli 1990 v. 13.1.1993, BStBl I 1993, S. 80, ber. BStBl I 1993, S. 464, Tz. 10.
[4] Vgl. BFH, Urt. v. 23.1.1992, BStBl II 1992, S. 526.
[5] *Märkle, R./Hiller, G.*, Einkommensteuer, 2001, S. 509.
[6] So ist z.B. der Grund und Boden in der Land- und Forstwirtschaft in der Regel als wesentliche Betriebsgrundlage zu werten. Bei der Zurückbehaltung von Grund und Boden durch die Hofübergeber bäuerlicher Klein- und Mittelbetriebe gilt jedoch als Faustregel, das Grundstücksflächen von nicht mehr als 10 % der gesamten (Eigentums-) Fläche im allgemeinen nicht als wesentliche Betriebsgrundlage angesehen werden können; vgl. *Märkle, R./Hiller, G.*,

Wird ein Mitunternehmeranteil an einer land- und forstwirtschaftlich tätigen Personengesellschaft im ganzen unentgeltlich im Rahmen einer vorweggenommenen Erbfolge übertragen, erfolgt dies ebenfalls zwingend zum Buchwert, § 6 Abs. 3 S. 1 1. Hs. EStG; stille Reserven werden nicht aufgedeckt. Der Rechtsnachfolger ist an die Buchwertverknüpfung gebunden, § 6 Abs. 3 S. 3 EStG sind mit Wirkung für Vorgänge nach dem 31.12.2001[1] bei der Übertragung eines Teils eines Mitunternehmeranteils und gleichzeitiger Zurückbehaltung von Wirtschaftsgütern als Sonderbetriebsvermögen derselben Mitunternehmerschaft nunmehr gemäß § 6 Abs. 3 S. 2 EStG die Buchwerte fortzuführen, soweit der Rechtsnachfolger den übernommenen Mitunternehmeranteil über einen Zeitraum von mindestens fünf Jahren nicht veräußert oder aufgibt. Wird der übertragene Mitunternehmeranteil innerhalb der fünfjährigen Behaltensfrist durch den Rechts*nachfolger* veräußert oder aufgegeben, erfolgt nachträglich die Aufdeckung der stillen Reserven für den auf den Rechtsnachfolger übertragenen Mitunternehmeranteil und eine entsprechende Versteuerung bei dem übertragenden Rechts*vorgänger*.

Die unentgeltliche Übertragung eines land- und forstwirtschaftlichen Unternehmens oder Mitunternehmeranteils ist abzugrenzen von einer teilentgeltlichen Übertragung und der dadurch möglicherweise bedingten Auflösung stiller Reserven. Eine teilentgeltliche Übertragung ist zu prüfen, wenn der Hofübernehmer Abstandszahlungen an den Hofübergeber oder Gleichstellungsgelder an dritte Personen zu leisten oder aber private Verbindlichkeiten des Übergebers zu übernehmen hat[2]. Derartige Leistungen können beim Übergeber zu Veräußerungsgewinnen und beim Übernehmer zu Anschaffungskosten führen, wenn Entgelte gezahlt werden, die *über* dem steuerlichen Kapitalkonto des Übergebers liegen[3]. Veräußerungsgewinne des Übergebers sind dann nach §§ 14 i.V.m. 16 und 34 EStG steuerpflichtig. „Wendet der Übernehmer Anschaffungskosten bis zur Höhe [Hervorhebung nicht im Original] des steuerlichen Kapitalkontos auf, hat er die Buchwerte des

---

Einkommensteuer, 2001, S. 515, sowie BFH, Urt. v. 28.3.1985, BStBl II 1985, S. 509, und BFH, Urt. v. 1.2.1990, BStBl II 1990, S. 429.
[1] S. § 6 Abs. 3 EStG i.d.F. des Gesetzes zur Fortentwicklung des Unternehmenssteuerrechts (UntStFG) v. 20.12.2001, BGBl I 2001, S. 3858.
[2] S. BMF, Schreiben betr. ertragsteuerliche Behandlung der vorweggenommenen Erbfolge; hier: Anwendung des Beschlusses des Großen Senats vom 5. Juli 1990 v. 13.1.1993, BStBl I 1993, S. 80, ber. BStBl I 1993, S. 464, Tz. 7-9.
[3] S. BMF, Schreiben betr. ertragsteuerliche Behandlung der vorweggenommenen Erbfolge; hier: Anwendung des Beschlusses des Großen Senats vom 5. Juli 1990 v. 13.1.1993, BStBl I 1993, S. 80, ber. BStBl I 1993, S. 464, Tz. 35-37, 42-46.

Übergebers fortzuführen"[1]; eine Aufdeckung stiller Reserven erfolgt in diesem Fall nicht.[2]

Auch für die Beurteilung der Übertragung von Anteilen an land- und forstwirtschaftlich tätigen Kapitalgesellschaften ist danach zu unterscheiden, ob es sich um eine unentgeltliche oder eine teilentgeltliche Übertragung handelt. Soweit der Anteil an einer Kapitalgesellschaft unentgeltlich im Rahmen der vorweggenommenen Erbfolge übertragen wird, ergeben sich weder für den Übergeber noch für den Beschenkten ertragsteuerliche Konsequenzen. Auch in diesem Fall bedeutet Unentgeltlichkeit, dass der Rechtsnachfolger entweder keine Leistungen erbringt oder aber nur solche, die kein Entgelt darstellen, wie z.B. die Vereinbarung von Versorgungsleistungen oder die Einräumung von Nutzungsrechten an dem übertragenen Anteil an der Kapitalgesellschaft. Werden jedoch Abstandszahlungen an den Übergeber oder Gleichstellungsgelder an dritte Personen gezahlt oder private Verbindlichkeiten des Rechtsvorgängers übernommen, ist von einer teilentgeltlichen Übertragung des Gesellschaftsanteils auszugehen. Bei einer teilentgeltlichen Übertragung von Anteilen an einer Kapitalgesellschaft ist der Vorgang in einen voll unentgeltlichen und einen voll entgeltlichen Teil aufzuspalten[3]. Der Rechtsnachfolger führt für den unentgeltlich übertragenen Teil der Anteile die Anschaffungskosten des Rechtsvorgängers fort, für den entgeltlichen Teil hat er eigene Anschaffungskosten. Beim Übergeber führt die teilentgeltliche Übertragung nur dann zu einem Veräußerungsgewinn, wenn eine Beteiligung nach § 17 EStG, ein privates Veräußerungsgeschäft nach § 23 EStG oder einbringungsgeborene Anteile nach § 21 UmwStG Gegenstand der Veräußerung sind.

Die Ebene der Kapitalgesellschaft wird aufgrund des Trennungsprinzips durch die Übertragung von Anteilen durch den künftigen Erblasser auf den oder die zukünftigen Erben nicht berührt[4].

---

[1] S. BMF, Schreiben betr. ertragsteuerliche Behandlung der vorweggenommenen Erbfolge; hier: Anwendung des Beschlusses des Großen Senats vom 5. Juli 1990 v. 13.1.1993, BStBl I 1993, S. 80, ber. BStBl I 1993, S. 464, Tz. 38.
[2] Zur sog. „Einheitstheorie" s. BFH, Urt. v. 10.7.1986, BStBl II 1986, S. 811, 814.
[3] S. BMF, Schreiben betr. ertragsteuerliche Behandlung der vorweggenommenen Erbfolge; hier: Anwendung des Beschlusses des Großen Senats vom 5. Juli 1990 v. 13.1.1993, BStBl I 1993, S. 80, ber. BStBl I 1993, S. 464, Tz. 14.
[4] Es ist festzuhalten, dass bei land- und forstwirtschaftlichen und gewerblichen Personenunternehmen durch Kenntnis der Höhe des Kapitalkontos u.U. Gestaltungsspielraum für die Festsetzung der Höhe der vom Rechtsnachfolger zu leistenden Abstandszahlungen, Gleichstellungsgelder oder für die Höhe der von ihm zu übernehmenden privaten Schulden des Übergebers besteht: bleibt das Veräußerungsentgelt nämlich unter dem steuerlichen Kapitalkonto des Übergebers, sind trotz teilentgeltlicher Übertragung keine stillen Reserven aufzudecken und es entstehen keine ertragsteuerlichen Belastungskonsequenzen für den Übergeber. Bei Kapitalgesellschaften ist bei Teilentgeltlichkeit der Übertragung dagegen

Für die weiteren Untersuchungen ist von einer *unentgeltlichen* Übertragung eines Unternehmens bzw. eines Gesellschaftsanteils auszugehen.

b. Verlustvorträge

Im Zusammenhang mit der Übergabe von land- und forstwirtschaftlichem Vermögen im Rahmen einer vorweggenommenen Erbfolge ist darüber hinaus zu prüfen, ob bei einem derartigen Vorgang eine Übertragung bestehender steuerlicher Verluste vom Hofübergeber auf den Hofübernehmer möglich ist.

Bei Personenunternehmen ist zu beachten, dass Verluste i.S.d. §§ 2 Abs. 3, 10 d EStG, die in der Person des Rechtsvorgängers entstanden sind, nur im Erbfall und nur soweit sie nicht beim Erblasser selbst ausgeglichen oder im Rahmen eines Verlustrücktrags abgezogen werden können, vom Erben ausgeglichen oder abgezogen werden dürfen. Eine Übertragung der Verluste im Fall der vorweggenommenen Erbfolge ist damit ausgeschlossen[1].
Darüber hinaus kann ein Gewerbeverlust bei einem Wechsel des Unternehmers im Rahmen einer vorweggenommenen Erbfolge nicht nach § 10 a GewStG abgezogen werden, „auch wenn das Unternehmen als solches von dem neuen Inhaber unverändert fortgeführt wird."[2]

Verlustvorträge der Kapitalgesellschaft sind aufgrund des Trennungsprinzips auf der Ebene der Kapitalgesellschaft verhaftet. Eine Übertragung auf die Ebene der Gesellschafter ist damit grundsätzlich nicht möglich.

c. Freibetrag nach § 14 a Abs. 4 EStG

Die Freibetragsregelung des § 14 a Abs. 4 EStG für Gewinne aus der Veräußerung oder Entnahme von Grund und Boden für die Abfindung weichender Erben gilt ausschließlich für land- und forstwirtschaftliches Betriebsvermögen i.S.d. § 13 EStG; „Gewerbebetriebe sind von der Vergünstigung vollständig ausgeschlossen, auch wenn sie eine landwirtschaftliche Grundstruktur haben."[3]

---

grundsätzlich eine Aufteilung des Vorgangs in einen entgeltlichen und einen unentgeltlichen Teil und damit die anteilige Aufdeckung stiller Reserven vorzunehmen. Eine ertragsteuerliche Auswirkung ergibt sich beim Übergeber allerdings nur unter den Voraussetzungen des §§ 17 und 23 EStG oder § 21 UmwStG.
[1] S. dazu H 115 Verlustabzug – im Erbfall EStH, sowie R 115 Abs. 6 EStR.
[2] Abschn. 68 Abs. 1 S. 2 2. Hs. GewStR, s. auch Abschn. 68 Abs. 1 S. 3 GewStR.
[3] *Märkle, R./Hiller, G.*, Einkommensteuer, 2001, S. 491; vgl. auch die Ausführungen in Teil B, Kapitel IV, Abschnitt 3, lit. f, S. 70 f.

Ertragsteuerlich können damit durch eine vorweggenommene Erbfolge insoweit steuerliche Belastungsdifferenzen entstehen, als die Abfindung weichender Erben durch die Veräußerung oder Entnahme von Grund und Boden im Rahmen gewerblich (infizierter) Personenunternehmen oder Kapitalgesellschaften im Gegensatz zur Abfindung weichender Erben land- und forstwirtschaftlicher Personenunternehmen *nicht* nach § 14 a Abs. 4 EStG begünstigt ist.

3. Erbschaft- und Schenkungsteuer

Die unentgeltliche Übertragung von land- und forstwirtschaftlichem Vermögen im Rahmen der vorweggenommenen Erbfolge gilt zunächst unabhängig von der Rechtsform des Unternehmens als Schenkung unter Lebenden i.S.d. §§ 1 Abs. 1 Nr. 2, 7 ErbStG.
Rechtsformspezifische erbschaft- und schenkungsteuerliche Belastungsunterschiede können sich jedoch in Teilbereichen ergeben, die im folgenden näher erläutert werden.

a. Bewertung

Für die Bewertung eines Unternehmens für erbschaft- und schenkungsteuerliche Zwecke ist grundsätzlich danach zu differenzieren, ob es sich um ein land- und forstwirtschaftliches oder gewerblich (infiziertes) Personenunternehmen einerseits bzw. um eine Kapitalgesellschaft andererseits handelt.

In einem ersten Schritt sind für die wirtschaftliche Einheit des land- und forstwirtschaftlichen Vermögens und für die Betriebsgrundstücke eines Gewerbebetriebes, die losgelöst von ihrer Zugehörigkeit zu einem Gewerbebetrieb einen Betrieb der Land- und Forstwirtschaft bilden würden, § 99 Abs. 1 Nr. 2 BewG, die land- und forstwirtschaftlichen Grundbesitzwerte nach den Vorschriften der §§ 139 bis 144 BewG zu ermitteln, § 138 Abs. 2 BewG[1]. Insoweit bestehen keine bewertungsrechtlichen Unterschiede zwischen einem land- und forstwirtschaftlichen und gewerblich (infizierten) Personenunternehmen bzw. einer land- und forstwirtschaftlich tätigen Kapitalgesellschaft.

Bei einem Gewerbebetrieb umfasst jedoch der Begriff des Betriebsvermögens alle Teile eines Gewerbebetriebs i.S.d. § 15 Abs. 1 und 2 EStG, die auch bei der steuerlichen Gewinnermittlung zum Betriebsvermögen gehören würden, § 95 Abs. 1 S. 1 BewG. Bildet die Land- und Forstwirtschaft dagegen den Haupt-

---
[1] Vgl. dazu die Ausführungen in Teil B, Kapitel I, Abschnitt 2, S. 39-41.

zweck des Unternehmens, § 95 Abs. 2 BewG, schließt § 33 Abs. 3 BewG bestimmte Wirtschaftsgüter aus dem Begriff des land- und forstwirtschaftlichen Vermögens aus, z.b. Zahlungsmittel, Geldforderungen oder Geldschulden[1]. Diese, aus dem land- und forstwirtschaftlichen Vermögensbegriff ausgenommenen Wirtschaftsgüter sind dann über das land- und forstwirtschaftliche Vermögen hinaus als übriges Vermögen bzw. als Schulden und Lasten entsprechend den Regelungen des BewG und des ErbStG zu berücksichtigen.

Durch die pauschalierte Bewertung nach §§ 139 bis 144 BewG kann sich kein negatives land- und forstwirtschaftliches Vermögen ergeben; ein wertmäßiger Ausgleich mit weiterem übergebenen Vermögen ist damit grundsätzlich nicht möglich[2].

Gehört ein Betrieb der Land- und Forstwirtschaft dagegen zu einem gewerblichen Betriebsvermögen, ist die wirtschaftliche Einheit „Land- und Forstwirtschaft" in die Ermittlung des Werts des Betriebsvermögens einzubeziehen; die Bewertung der übrigen Wirtschaftsgüter erfolgt darüber hinaus nach § 109 BewG grundsätzlich mit den Steuerbilanzwerten. Zahlungsmittel, Geldforderungen und Geldschulden[3] gehen – im Gegensatz zur Wertermittlung für land- und forstwirtschaftliches Vermögen – in das Betriebsvermögen ein[4].

Ein sich ergebender negativer Steuerwert des Betriebsvermögens, der mit weiteren übertragenen Vermögenswerten verrechnet werden kann, ist dadurch möglich.

---

[1] S. zum Schuldenabzug im einzelnen unten lit. d., S. 190 f.
[2] Auf Antrag kann der Betriebswert des land- und forstwirtschaftlichen Vermögens insgesamt als Einzelertragswert ermittelt werden, § 142 Abs. 3 BewG. Insoweit ist auch ein negativer Wertansatz des Vermögens und damit die Verrechnung mit weiterem übertragenen Vermögen denkbar.
[3] S. zum Schuldenabzug im einzelnen unten lit. d., S. 190 f.
[4] Bei gewerblichen Personenunternehmen ist damit grundsätzlich eine Einflussnahme auf die erbschaft- und schenkungsteuerliche Bemessungsgrundlage durch gezielte bilanzpolitische Maßnahmen (z.B. Wahl der Abschreibungsmethoden, Wahrnehmung von Bewertungswahlrechten) denkbar, da nach § 109 BewG die Steuerbilanzwerte anzusetzen sind. Vgl. dazu ausführlicher *Rödder, T.*, Rechtsformwahl, 1993, S. 2139 ff. Soweit die wirtschaftliche Einheit der Land- und Forstwirtschaft bei der Ermittlung des Betriebsvermögens jedoch bereits im Rahmen des Ertragswertverfahrens nach §§ 139 bis 144 BewG zu bewerten ist und demzufolge keine Steuerbilanzwerte für diese Wirtschaftsgüter mehr anzusetzen sind, ist eine konkrete bilanzpolitische Einflussnahme auf die erbschaft- und schenkungsteuerliche Bemessungsgrundlage in diesen Fällen stark eingeschränkt. So führen z.B. höhere Abschreibungen von beweglichen Anlagegütern für Zwecke der Minderung der Bemessungsgrundlage für die Erbschaft- und Schenkungsteuer bei land- und forstwirtschaftlichem Vermögen ins Leere.

Nach § 12 Abs. 1 ErbStG ermittelt sich der erbschaft- und schenkungsteuerpflichtige Wert von Anteilen an Kapitalgesellschaften nach § 11 BewG. Soweit danach Anteile an einer land- und forstwirtschaftlich tätigen Kapitalgesellschaft, in der Regel einer GmbH, nicht an einer deutschen Börse zum amtlichen Handel zugelassen sind, sind die Anteile mit dem gemeinen Wert, § 9 BewG, zu bewerten. Lässt sich der gemeine Wert nicht aus Verkäufen ableiten, die weniger als ein Jahr zurückliegen, ist dieser nach dem sog. Stuttgarter Verfahren[1] unter Berücksichtigung des Vermögens und der Ertragsaussichten der Kapitalgesellschaft zu schätzen, § 11 Abs. 2 S. 2 BewG.

Da land- und forstwirtschaftlich tätige Kapitalgesellschaften regelmäßig nicht börsennotiert sein werden und darüber hinaus davon auszugehen ist, dass vor allem durch die Beteiligung von Familienangehörigen die Veräußerung von Gesellschaftsanteilen die Ausnahme sein wird, ist das Stuttgarter Verfahren für die Bewertung der Kapitalgesellschaftsanteile für erbschaft- und schenkungsteuerliche Zwecke von besonderer Bedeutung.

Auch für die Bewertung der Anteile an Kapitalgesellschaften im Rahmen des Stuttgarter Verfahrens ist für die Ermittlung des schenkungsteuerpflichtigen Werts des Betriebsvermögens das Ertragswertverfahren nach §§ 139 bis 144 BewG für die Betriebsgrundstücke anzuwenden, die losgelöst von ihrer Zugehörigkeit zur Kapitalgesellschaft einen Betrieb der Land- und Forstwirtschaft bilden würden, § 99 Abs. 1 Nr. 2 BewG. Die übrigen Wirtschaftsgüter sind darüber hinaus grundsätzlich mit deren Steuerbilanzwert anzusetzen, §§ 97 Abs. 1 Nr. 1 i.V.m. 95 Abs. 1 BewG. Der für die Bewertung im Rahmen des Stuttgarter Verfahrens erforderliche Vermögenswert errechnet sich anschließend aus der Relation des Steuerwerts des so ermittelten Betriebsvermögens zum Stamm- bzw. Grundkapital der Gesellschaft.
Das Stuttgarter Verfahren berücksichtigt auch die Ertragsaussichten der Kapitalgesellschaft. Für diesen Zweck wird von einer Normalverzinsung des investierten Kapitals von 9 %[2] ausgegangen.

Ein negativer Wert eines Anteils an einer Kapitalgesellschaft kann nicht entstehen: bei der Bewertung der Anteile nach dem Stuttgarter Verfahren ist im Fall eines negativen Vermögenswerts und eines negativen Ertragswerts der gemeine Wert der Anteile für Zwecke der Erbschaft- und Schenkungsteuer mit 0 € anzusetzen[3]. Eine Verrechnung mit weiteren übertragenen Vermögenswerten ist damit nicht möglich.

---

[1] S. dazu R 96 ff. ErbStR.
[2] S. R 100 Abs. 1 S. 7 ErbStR.
[3] So *Teß, W.*, in: *Rössler/Troll*, § 11 BewG, 2002, Anm. 67 (Stand: Februar 2002) m.w.N.: „Schließlich kann auch der Steuerbilanzwert negativ sein, obwohl noch ein beachtlicher Verkehrswert vorhanden ist und keineswegs mit Zahlungsunfähigkeit gerechnet zu werden

Tendenziell führt das Stuttgarter Verfahren bei ertragsstarken Unternehmen durch Berücksichtigung des Vermögens- und des Ertragswerts zu einem höheren gemeinen Wert der Anteile verglichen mit dem reinen Steuerwert des land- und forstwirtschaftlichen Vermögens bzw. des Betriebsvermögens. Liegt die Rendite allerdings unter 9 %, kann der gemeine Wert der Kapitalgesellschaftsanteile auch unter dem Steuerwert des land- und forstwirtschaftlichen Vermögens bzw. des Betriebsvermögens liegen und insofern aus erbschaft- und schenkungsteuerlichen Belastungsgesichtspunkten im Vergleich vorteilhafter sein als der erbschaft- und schenkungsteuerliche Wert des land- und forstwirtschaftlichen Vermögens bzw. des Betriebsvermögens.

b. Gesellschaft-Gesellschafter-Verträge

Aus erbschaft- und schenkungsteuerlicher Sicht ist darüber hinaus zu beachten, dass bei gewerblichen Personengesellschaften und Kapitalgesellschaften Verträge zwischen einem Gesellschafter und der Gesellschaft unterschiedlich zu beurteilen sind.

Überlässt ein Gesellschafter seiner Personengesellschaft z.B. Wirtschaftsgüter zur Nutzung, werden die Wirtschaftsgüter als sein ertragsteuerliches Sonderbetriebsvermögen in die Ermittlung seines Anteils am Betriebsvermögens der Gesellschaft einbezogen, §§ 95 i.V.m. 97 Abs. 1 Nr. 5 S. 2 BewG. Dies hat zur Folge, dass bei Personengesellschaften für Wirtschaftsgüter des Sonderbetriebsvermögens grundsätzlich sowohl die Freibetragsregelung nach §§ 13 a Abs. 1 als auch der Bewertungsabschlag nach 13 a Abs. 2 ErbStG[1] in Anspruch genommen werden kann. Darüber hinaus ist die Steuerklasse I nach § 19 a ErbStG unabhängig vom Verwandtschaftsgrad auf das Sonderbetriebsvermögen anwendbar.
Schulden des Sonderbetriebsvermögens, die bei der steuerlichen Gewinnermittlung wirtschaftlich zum Betriebsvermögen der Personengesellschaft gehören, sind ebenfalls dem Gewerbebetrieb der Personengesellschaft zuzurechnen, § 97 Abs. 1 Nr. 5 S. 2 BewG.

Soweit für die Einkommensteuer Sonderbetriebsvermögen eines Gesellschafters bei einer land- und forstwirtschaftlich tätigen Personengesellschaft vorliegt[2], sind die entsprechenden Wirtschaftsgüter über die Definition des § 33 BewG in

---

braucht. Man wird wohl zu dem Ergebnis kommen, dass ein negativer Anteilswert mit 0 € anzusetzen ist, denn ein GmbH-Anteil kann bei beschränkter Haftung niemals einen negativen Wert haben."
[1] Vgl. dazu die Ausführungen in Teil B, Kapitel II, Abschnitt 2, S. 44-46.
[2] Vgl. *Teß, W.*, in: *Rössler/Troll*, § 95 BewG, 2002, Anm. 34 (Stand: Februar 2002).

den land- und forstwirtschaftlichen Vermögensbegriff einzubeziehen und ebenfalls nach §§ 13 a, 19 a ErbStG begünstigt.

Bei der Bewertung von Anteilen an Kapitalgesellschaften wird dagegen die Nutzungsüberlassung von Wirtschaftsgütern durch einen Gesellschafter an die Gesellschaft und die damit im Zusammenhang stehenden Schulden aufgrund des Trennungsprinzips nicht bei der Kapitalgesellschaft berücksichtigt; die Wirtschaftsgüter und Schulden sind der Ebene des Gesellschafters zuzuordnen. Insoweit ist die Freibetragsregelung nach § 13 a Abs. 1 ErbStG, der Bewertungsabschlag nach § 13 a Abs. 2 ErbStG und die Tarifbegrenzung nach § 19 a ErbStG nicht anwendbar.

c. Mindestbeteiligung

Bei der Wahl einer Rechtsform für ein land- und forstwirtschaftliches Unternehmen ist aus erbschaft- und schenkungsteuerlichen Belastungsgesichtspunkten darüber hinaus zu beachten, dass ein Anteilseigner einer Kapitalgesellschaft zu mehr als 25 % unmittelbar am Nennkapital der Gesellschaft beteiligt sein muss, damit die Vergünstigungen der §§ 13 a und 19 a ErbStG durch den Erwerber der Anteile in Anspruch genommen werden können, § 13 a Abs. 4 Nr. 3 ErbStG.

Die Vergünstigungen des §§ 13 a Abs. 1 und 2 ErbStG und des § 19 a ErbStG gelten dagegen in vollem Umfang unabhängig von einer Beteiligungsquote für inländisches Betriebsvermögen und land- und forstwirtschaftliches Vermögen, §§ 13 a Abs. 4 Nr. 1 und 2, 19 a Abs. 2 S. 1 Nr. 1 und 2 ErbStG.

d. Abzugsfähigkeit von Schulden und Lasten

Schulden und Lasten, die in wirtschaftlichem Zusammenhang mit der Übertragung von nach § 13 a ErbStG begünstigtem land- und forstwirtschaftlichen Vermögen oder begünstigten Anteilen an Kapitalgesellschaften stehen und die im Rahmen einer vorweggenommenen Erbfolge vom Erwerber übernommen werden, sind nicht in voller Höhe abzugsfähig, sondern bestimmen nach den Grundsätzen der Bereicherungsermittlung bei gemischten Schenkungen bzw. Schenkungen unter Leistungsauflagen[1] lediglich den entgeltlichen Teil des

---

[1] Vgl. zu gemischten Schenkungen sowie Schenkungen unter Leistungsauflage u.a. R 17 ErbStR m.w.N.

Übertragungsvorgangs[1]. Dagegen liegt „bei einer Übertragung von Betrieben, Betriebsvermögensanteilen und Anteilen an einer gewerblich tätigen Personengesellschaft, in denen sowohl Besitzposten als auch Betriebsschulden enthalten sind, .. keine gemischte Schenkung vor"[2]; diese Schulden und Lasten mindern in voller Höhe die Bemessungsgrundlage für die Erbschaft- und Schenkungsteuer, § 10 Abs. 6 S. 4 ErbStG.

Insbesondere dann, wenn der Steuerwert des übertragenen land- und forstwirtschaftlichen Vermögens bzw. der übertragenen Anteile an Kapitalgesellschaften im Vergleich zu den übernommenen Schulden und Lasten gering ist, kann sich die Anwendung der Grundsätze zur gemischten Schenkung nachteilig für die Steuerpflichtigen auswirken: es ist zu beachten, dass ein Abzug der übernommenen Schulden und Lasten vom Aktivvermögen in voller Höhe unabhängig von der Höhe der übernommenen Schulden regelmäßig zu einer niedrigeren erbschaft- und schenkungsteuerlichen Bemessungsgrundlage führt, als dies unter Anwendung der Grundsätze zur gemischten Schenkung der Fall ist[3].

e. Stundung nach § 28 ErbStG

Abschließend ist zu beachten, dass die Stundung der evtl. anfallenden Erbschaft- und Schenkungsteuer nach § 28 ErbStG nur für die auf den Erwerb von land- und forstwirtschaftlichem Vermögen oder Betriebsvermögen entfallende Erbschaft- und Schenkungsteuer möglich ist, nicht jedoch für die auf den Erwerb von Anteilen an Kapitalgesellschaften entfallende Steuer, unabhängig von der Beteiligungsquote des Gesellschafters[4].

In *Darst. 24* sind die für die unentgeltliche Übertragung eines Unternehmens oder eines Gesellschaftsanteils durch Schenkung unter Lebenden ermittelten steuerlichen Einflussfaktoren auf die Vor- bzw. Nachteilhaftigkeit einer Rechts-

---

[1] H 68 Abs. 3 Wirkung der Verzichtserklärung bei vorweggenommener Erbfolge ErbStH; der begrenzte Schuldenabzug nach § 10 Abs. 6 S. 5 ErbStG und die Erklärung auf den Verzicht nach § 13 a Abs. 6 ErbStG ist nur für den *Erbfall*, nicht jedoch für die unentgeltliche Übertragung von land- und forstwirtschaftlichem Vermögen oder Anteilen an Kapitalgesellschaften im Rahmen einer vorweggenommenen Erbfolge möglich. Vgl. auch *Jülicher, M.*, in: *Troll/Gebel/Jülicher*, § 13 a ErbStG, 2002, Anm. 373 (Stand: März 2002).
[2] *Söffing, M./Völkers, H./Weinmann, N.*, Erbrecht, 1999, S. 144.
[3] Vgl. dazu mit Beispiel *Söffing, M./Völkers, H./Weinmann, N.*, Erbrecht, 1999, S. 144 f.
[4] U.U. kann jedoch eine Stundung der auf den Erwerb von Anteilen an Kapitalgesellschaften entfallenden Erbschaft- und Schenkungsteuer über § 222 AO erlangt werden. Für den Fall der vorweggenommenen Erbfolge sind unabhängig von der Art des übergehenden Vermögens sowohl nach § 28 ErbStG als auch nach § 222 AO Stundungszinsen festzusetzen.

form für ein land- und forstwirtschaftliches Unternehmen zusammengefasst. Die Besteuerungskonsequenzen, die sich in der Regel günstig für die Steuerpflichtigen auswirken, werden mit einem (+), die Besteuerungskonsequenzen, die mit einer höheren steuerlichen Belastung für die Steuerpflichtigen verbunden sein können, mit einem (-) versehen.

Werden die steuerlichen Belastungskonsequenzen der unentgeltlichen Übertragung eines land- und forstwirtschaftlichen bzw. gewerblichen Einzelunternehmens und von Anteilen an einer land- und forstwirtschaftlich tätigen bzw. gewerblich (infizierten) Personengesellschaft sowie von Anteilen an einer land- und forstwirtschaftlich tätigen Kapitalgesellschaft durch eine Schenkung unter Lebenden verglichen ergibt sich, dass die Übertragung von Anteilen an einer land- und forstwirtschaftlich tätigen Kapitalgesellschaft tendenziell für die Steuerpflichtigen mit einer im Vergleich höheren steuerlichen Belastung verbunden ist.

Im folgenden werden anhand einer Modell-Unternehmung die grundsätzlichen ertrags- und substanzsteuerlichen Belastungen der unentgeltlichen Übertragung eines land- und forstwirtschaftlichen Unternehmens im Wege der vorweggenommenen Erbfolge für die Rechtsformalternativen eines *land- und forstwirtschaftlichen Einzelunternehmens*, eines *gewerblichen Einzelunternehmens* und einer *land- und forstwirtschaftlich tätigen GmbH und ihre Beteiligten* ermittelt. Die Ergebnisse werden im Vergleich dargestellt und die Ursachen für die sich ergebenden Steuerbelastungsunterschiede analysiert.

	land- und forstwirtschaftliches Personenunternehmen	gewerbliches Personenunternehmen	Kapitalgesellschaft
I. Verkehrssteuern			
1. Grunderwerbsteuer Übertragung von Grundstücken	nein (+)	nein (+)	nein (+)
2. Umsatzsteuer	nein (+)	nein (+)	nein (+)
II. Ertragsteuern			
1. Aufdeckung stiller Reserven			
1.1. unentgeltliche Übertragung	nein (+)	nein (+)	nein (+)
1.2. teilentgeltliche Übertragung			
Entgelte < Kapitalkonto	nein (+)	nein (+)	ja[1] (-)
Entgelte > Kapitalkonto	ja (-)	ja (-)	ja[1] (-)
2. Übertragung von Verlustvorträgen auf Rechtsnachfolger	nein (-)	nein (-)	nein (-)
3. Freibetrag § 14 a Abs. 4 EStG	ja (+)	nein (-)	nein (-)
III. Erbschaft- und Schenkungsteuer			
1. Einfluss bilanzpolitischer Maßnahmen auf die erbschaft- und schenkungsteuerlichen Bemessungsgrundlagen	nein (-)	eingeschränkt (+)	eingeschränkt (+)
2. Abzugsfähigkeit von Schulden und Lasten	eingeschränkt (-)	ja (+)	eingeschränkt (-)
3. Ausgleich des Werts von weiterem übertragenen Vermögens durch negativen Wertansatz des Vermögens	nein (-)	ja (+)	nein (-)
4. Abhängigkeit der Bewertung von der tatsächlichen Ertragslage des Unternehmens	i.d.R.: nein (+)	nein (+)	ja (-)
5. Inanspruchnahme der Begünstigungen nach §§ 13 a, 19 a ErbStG für Wirtschaftsgüter, die der Gesellschaft zur Nutzung überlassen sind	ja (+)	ja (+)	nein (-)
6. Mindestbeteiligung für die Begünstigungen nach §§ 13 a, 19 a ErbStG	nein (+)	nein (+)	ja (-)
7. Stundung der Erbschaftsteuer nach § 28 ErbStG	ja (+)	ja (+)	nein (-)

1) Steuerpflicht des Veräußerungsgewinns nach §§ 17, 23 EStG oder § 21 UmwStG,
Legende: (+) Vorteil, (-) Nachteil
Quelle: Eigene Darstellung, in Anlehnung an *Jacobs, O. H.*, Unternehmensbesteuerung, 1998, S. 505, 511.

Darst. 24: Steuerliche Konsequenzen der Übertragung eines land- und forstwirtschaftlichen Unternehmens bzw. Gesellschaftsanteils durch Schenkung unter Lebenden

III. Eingrenzung des Untersuchungsgegenstandes

1. Festlegung einer Berechnungsreihenfolge

Für die rechtsformspezifische Ermittlung der aperiodischen Steuerbelastung eines Unternehmens und seiner Beteiligten durch die unentgeltliche Übertragung von land- und forstwirtschaftlichen Vermögenswerten im Rahmen einer vorweggenommenen Erbfolge ist zunächst eine Berechnungsreihenfolge festzulegen.

Wie bereits festgestellt, ergeben sich aus verkehrsteuerlicher Sicht keine Belastungsunterschiede zwischen den einzelnen Rechtsformen für ein land- und forstwirtschaftliches Unternehmen. Auch ertragsteuerlich ist die unentgeltliche Übertragung von land- und forstwirtschaftlichem Vermögen durch eine vorweggenommene Erbfolge grundsätzlich unabhängig von der Rechtsform des Unternehmens gleich zu behandeln. Eine Ausnahme bildet jedoch die Sonderregelung des § 14 a Abs. 4 EStG für die Abfindung weichender Erben eines land- und forstwirtschaftlichen Betriebs. In einem ersten Schritt ist damit beim Übertragenden zu prüfen, ob weichende Erben durch die Entnahme oder die Veräußerung von Grund- und Boden abgefunden werden sollen. Ist dies der Fall, stellt sich des weiteren die Frage, ob die Freibetragsregelung des § 14 a Abs. 4 EStG im Rahmen der jeweiligen Rechtsform grundsätzlich anwendbar ist und welche ertragsteuerlichen Belastungskonsequenzen sich für den Übertragenden durch die Abfindung ergeben.

Anschließend ist der erbschaft- und schenkungsteuerpflichtige Wert des Vermögens auf der Ebene des Unternehmens unter Berücksichtigung der entsprechenden Bewertungsvorschriften für die Zwecke der Erbschaft- und Schenkungsteuer rechtsformspezifisch zu ermitteln.

In einem abschließenden Rechenschritt wird dann die Belastung durch eine mögliche Erbschaft- und Schenkungsteuer auf der Ebene des Rechtsnachfolgers berechnet.

Damit ergibt sich folgende grundsätzliche Berechnungsreihenfolge für die rechtsformspezifische Ermittlung der aperiodischen Steuerbelastung (s. *Darst. 25*):

> **Erbschaft- und Schenkungsteuer bei vorweggenommener Erbfolge in der Land- und Forstwirtschaft:**
>
> Ebene Rechtsvorgänger:
> 1. Abfindung weichender Erben unter Anwendung des § 14 a Abs. 4 EStG?
>
> Ebene Unternehmen:
> 1. Bedarfsbewertung für die land- und forstwirtschaftlichen Grundbesitzwerte, §§ 139 bis 144 BewG, oder/und
> 2. Bewertung des Betriebsvermögens, §§ 95 ff. BewG, oder
> 3. Bewertung der Gesellschaftsanteile für Kapitalgesellschaften nach dem Stuttgarter Verfahren, § 11 Abs. 2 S. 2 BewG
>
> Ebene Rechtsnachfolger:
> 1. Erbschaft- und Schenkungsteuer

Quelle: Eigene Darstellung.

Darst. 25: Berechnungsreihenfolge für die Ermittlung der aperiodischen Steuerbelastung durch den Fall der Schenkung eines land- und forstwirtschaftlichen Unternehmens

2. Daten der Modell-Unternehmung

a. Übergabezeitpunkt und weichende Erben

Für die Darstellung der rechtsformspezifischen Besteuerungskonsequenzen der unentgeltlichen Übertragung eines Einzelunternehmens in den alten Bundesländern (Bundesland Bayern) durch eine vorweggenommene Erbfolge wird ein land- und forstwirtschaftliches Unternehmen angenommen, dass der zukünftige Erblasser (J.E., Vater) zu Lebzeiten auf den zukünftigen Erben (H.E., Sohn) zum 1.7.2002 unentgeltlich überträgt.

Handelt es sich um eine land- und forstwirtschaftlich tätige Kapitalgesellschaft (GmbH) wird unterstellt, dass J.E. zu 100 % beteiligt ist und die Anteile zu 100 % unentgeltlich im Rahmen der vorweggenommenen Erbfolge am 1.7.2002 auf seinen Rechtsnachfolger H.E. überträgt.

In diesem Zusammenhang werden zwei weichende Erben (Sohn S.E. und Tochter T.E.) vom Übergebenden durch die Veräußerung von Grund und Boden am 1.3.2002 zu gleichen Teilen am 1.5.2002 abgefunden:

Veräußerungserlös	140.000 €
Buchwert des entnommenen Grund und Bodens	25.000 €
Veräußerungsgewinn	115.000 €

b. Angaben zur Ermittlung des land- und forstwirtschaftlichen Grundbesitzwerts

Die Gesamtfläche aller landwirtschaftlich genutzten Flurstücke einschließlich aller verpachteten Flächen ohne Hopfen- und Spargelanbauflächen des zu übergebenden land- und forstwirtschaftlichen Anwesens umfasst 50 ha. Die für diese Fläche festgestellte Gesamtsumme der Ertragsmesszahlen beträgt 300000 (6000 EMZ/ha). Hopfen- oder Spargelanbauflächen sind nicht vorhanden.
Die forstwirtschaftliche Nutzung umfasst eine Fläche von 20 ha mit der Baumartengruppe Fichte über 100 Jahre.

Das Wohnhaus des Übertragenden, dass sich auf der Hofstelle befindet und ebenfalls auf den zukünftigen Erben übertragen werden soll, weist folgende Daten auf (das Wohnhaus ist nicht mit einem Wirtschaftsgebäude des Betriebs baulich verbunden, liegt aber in unmittelbarer Nähe). Das Wohnhaus dient dem Betrieb der Land- und Forstwirtschaft.

Wohnfläche	250 m²
Vergleichsmiete	7,0 €/m²
Grundstücksfläche	1500 m²
Bodenrichtwert	250,00 €/m²
Alter des Gebäudes	10 Jahre
Bebaute Fläche	170 m²

Darüber hinaus ist eine Betriebswohnung in einem Wirtschaftsgebäude vorhanden, die Saisonarbeitnehmern für 4 €/m² zur Verfügung gestellt wird:

Wohnfläche	60 m²
Vergleichsmiete	7,0 €/m²
Alter des Gebäudes	20 Jahre

c. Steuerbilanzwerte

In der vereinfacht dargestellten Schlussbilanz vor Steuern und vor Veräußerung des Grund und Bodens zur Abfindung der weichenden Erben des zu übertragenden Unternehmens in der Rechtsform eines land- und forstwirtschaftlichen bzw. gewerblichen Einzelunternehmens sind zum 30.6.2002 folgende Werte bilanziert (s. *Darst. 26*):

Bilanz – Aktiva

    A. Anlagevermögen
        Grund und Boden und Wirtschaftsgebäude   1.200.000 €
        Maschinen und Geräte   145.000 €
    B. Umlaufvermögen
        Viehvermögen   130.000 €
        Normalbestand an
        umlaufenden Betriebsmitteln   16.000 €
        Zahlungsmittel/Geldforderungen   150.000 €

Bilanz – Passiva

    A. Eigenkapital   1.398.754 €
        davon Gewinn   42.246 €
    B. Fremdkapital
        Langfristige Verbindlichkeiten   200.000 €

Quelle: Eigene Darstellung.

Darst. 26: Vorläufige Schlussbilanz des land- und forstwirtschaftlichen bzw. gewerblichen Einzelunternehmens zum 30.6.2002

Der vorläufige Steuerbilanzgewinn des Unternehmens *vor* Steuern und *vor* der Veräußerung des Grund und Bodens zur Abfindung der weichenden Erben beträgt damit im Wirtschaftsjahr 2001/2002 42.246 €.

Für die Übertragung von Anteilen an einer land- und forstwirtschaftlich tätigen Kapitalgesellschaft wird obige Schlussbilanz modifiziert und vereinfacht zum 30.6.2002 dargestellt (s. *Darst. 27*).

Für die Berechnung der Gewerbesteuer ist eine Hinzurechnung nach § 8 Nr. 1 GewStG in Höhe von 6.000 € und eine Kürzung nach § 9 Nr. 1 GewStG in Höhe von 800 € zu berücksichtigen. Der Gewerbesteuer-Hebesatz beträgt 350 %.

Soweit es sich um die Übertragung der Anteile an der land- und forstwirtschaftlich tätigen GmbH handelt ist zu beachten, dass der Gewinn der GmbH nach Steuern in voller Höhe ausgeschüttet wird.

Bilanz – Aktiva	
A. Anlagevermögen	
Grund und Boden und Wirtschaftsgebäude	1.200.000 €
Maschinen und Geräte	145.000 €
B. Umlaufvermögen	
Viehvermögen	130.000 €
Normalbestand an umlaufenden Betriebsmitteln	16.000 €
Zahlungsmittel/Geldforderungen	150.000 €
Bilanz – Passiva	
A. Eigenkapital	
Gezeichnetes Kapital	25.000 €
Rücklagen	1.373.754 €
Gewinn	42.246 €
B. Fremdkapital	
Langfristige Verbindlichkeiten	200.000 €

Quelle: Eigene Darstellung.

Darst. 27: Vorläufige Schlussbilanz der land- und forstwirtschaftlich tätigen GmbH zum 30.6.2002

Das zu versteuernde Einkommen der Kapitalgesellschaft i.S.v. §§ 7 und 8 KStG (R 99 Abs. 1 ErbStR) vor Steuern betrug in den Jahren

1999	50.000 €
2000	80.000 €
2001	30.000 €
2002	42.246 €.

Der Verkehrswert des zu übertragenden Vermögens beträgt 2.500.000 €.

d. Persönliche Verhältnisse

Das Einkommen (zu versteuernde Einkommen) des übertragenden Einzelunternehmers bei Zusammenveranlagung betrug im Veranlagungszeitraum 2001 35.000 € und im Veranlagungszeitraum 2002 (vor Berücksichtigung des Gewinns aus der Veräußerung des Grund und Bodens) 32.000 €.

Bei der Ermittlung des Einkommens wurden Vorsorgeaufwendungen in Höhe von 10.138 € und übrige Sonderausgaben in Höhe von 108 € berücksichtigt. Weitere Einkünfte erzielt der Übertragende im Kalenderjahr 2002 nicht.

Das Wohnhaus ist dem notwendigen Privatvermögen des Übergebers J.E. zuzuordnen.

Abstandszahlungen an den Hofübergeber oder Gleichstellungsgelder an dritte Personen sind vom Rechtsnachfolger nicht zu leisten, private Verbindlichkeiten des Übergebers sind nicht zu übernehmen.

IV. Steuerbelastungsvergleich

1. Abfindung weichender Erben

Dem land- und forstwirtschaftlichen Einzelunternehmer i.S.d. § 13 EStG J.E. wird für die Abfindung der weichenden Erben durch den Gewinn aus der Veräußerung von Grund und Boden des land- und forstwirtschaftlichen Betriebsvermögens der Freibetrag nach § 14 a Abs. 4 EStG in Höhe von maximal 61.800 € für jeden der beiden weichenden Erben, S.E. und T.E., gewährt, da das Einkommen des Übertragenden bei Zusammenveranlagung ohne Berücksichtigung des Gewinns aus der Veräußerung und des Freibetrags im Kalenderjahr 2001 mit 35.000 € das für die Anwendbarkeit des § 14 a Abs. 4 EStG in 2001 maßgebende Einkommen von 70.000 DM nicht übersteigt, § 14 a Abs. 4 S. 2 Nr. 2 EStG. Der Gewinn aus der Veräußerung des Grund und Bodens entfällt in Höhe von 57.500 € je zur Hälfte auf einen der zu gleichen Teilen abzufindenden weichenden Erben; in dieser Höhe ist der Freibetrag nach § 14 a Abs. 4 EStG dem Übertragenden je weichenden Erben auf Antrag zu gewähren.

Damit ergibt sich für den Veranlagungszeitraum 2002 unter den gegebenen Bedingungen folgende Steuerbelastung für den land- und forstwirtschaftlichen Einzelunternehmer:

Einkommensteuer		4.242 €
Solidaritätszuschlag		233 €
Kirchensteuer	(8 %[1])	339 €
		4.814 €

---

[1] Vgl. zum bayerischen Kirchensteuertarif die Bekanntmachung des Bayer. Staatsministeriums der Finanzen v. 16.4.2002, BStBl I 2002, S. 600.

Eine zusätzliche Steuerbelastung durch die Veräußerung des Grund und Bodens für Zwecke der Abfindung der weichenden Erben entsteht im Fall des land- und forstwirtschaftlichen Einzelunternehmers J.E. nicht.

Als gewerblicher Einzelunternehmer kann J.E. dagegen den Freibetrag nach § 14 a Abs. 4 EStG nicht in Anspruch nehmen, da er nicht über land- und forstwirtschaftliches Betriebsvermögen i.S.d. § 13 EStG, sondern über gewerbliches Betriebsvermögen i.S.d. § 15 Abs. 1 und 2 EStG verfügt. Der Gewinn aus der Veräußerung des Grund und Bodens ist damit als laufender, nicht tarifbegünstigter Gewinn dem Betriebsergebnis des Unternehmens zuzurechnen und unterliegt sowohl der Gewerbesteuer als auch der Einkommensteuer, dem Solidaritätszuschlag und der Kirchensteuer. Die vorläufigen Einkünfte aus Gewerbebetrieb 2002 des Übertragenden erhöhen sich von 42.246 € um den Gewinn aus der Veräußerung des Grund und Bodens in Höhe von insgesamt 115.000 € auf 157.246 €.
Es ergibt sich folgende Steuerbelastung für den Veranlagungszeitraum 2002 bei Zusammenveranlagung für den Übergeber:

Gewerbesteuer		16.970 €
Einkommensteuer		34.579 €
Solidaritätszuschlag		1.901 €
Kirchensteuer	(8 %)	3.464 €
		56.914 €

Hätte der gewerbliche Einzelunternehmer J.E. den Grund und Boden nicht für die Abfindung der weichenden Erben veräußert, fiele bei einem Steuerbilanzgewinn vor Steuern in Höhe von 42.246 € im Veranlagungszeitraum 2002 eine Gesamtsteuerbelastung in Höhe von 4.995 €[1] an. Wird diese Steuerbelastung von 4.995 € mit der Steuerbelastung von 56.914 € verglichen ergibt sich, dass eine Ertragsteuerbelastung in Höhe von 51.919 € allein durch die Abfindung der weichenden Erben entsteht.

Auch als Anteilseigner einer land- und forstwirtschaftlich tätigen GmbH kann J.E. den Freibetrag nach § 14 a Abs. 4 EStG für die Abfindung weichender Erben nicht nutzen: land- und forstwirtschaftliches Betriebsvermögen i.S.d. § 13 EStG liegt nicht vor. Der Gewinn aus der Veräußerung des Grund und Bodens ist auf der Ebene der Kapitalgesellschaft als laufender Gewinn zu versteuern und

---

[1] Gewerbesteuer 1.108 €, Einkommensteuer 3.385 €, Solidaritätszuschlag 186 €, Kirchensteuer 316 €.

für die Verwendung zur Abfindung der weichenden Erben S.E. und T.E. an den Anteilseigner auszuschütten. Die Ausschüttung führt auf der Ebene des Anteilseigners unter Berücksichtigung des Halbeinkünfteverfahrens nach § 3 Nr. 40 d) EStG zu steuerpflichtigen Einkünften aus Kapitalvermögen i.S.d. § 20 Abs. 1 Nr. 1 EStG.

Es ergibt sich bei einem vorläufig zu versteuernden Einkommen der Kapitalgesellschaft (unter Berücksichtigung des Veräußerungsgewinns und vor Steuern) von 157.246 € und anschließender Vollausschüttung des nach Steuern verbleibenden Gewinns an den Gesellschafter J.E. für 2002 folgende Gesamtsteuerbelastung:

Körperschaftsteuer	33.263 €
Solidaritätszuschlag zur Körperschaftsteuer	1.829 €
Gewerbesteuer	24.194 €
Einkommensteuer	5.204 €
Solidaritätszuschlag zur Einkommensteuer	286 €
Kirchensteuer (8 %)	1.770 €
	66.546 €

Hätte die Kapitalgesellschaft den Grund und Boden nicht für Zwecke der Abfindung weichender Erben veräußert, würde sich bei Vollausschüttung an den Gesellschafter in 2002 eine Steuerbelastung in Höhe von insgesamt 16.345 €[1] ergeben. Damit errechnet sich für die Kapitalgesellschaft durch die Veräußerung von Grund und Boden und die anschließende Ausschüttung des nach Steuern verbleibenden Gewinns an den Anteilseigner eine zusätzliche Steuerzahllast in Höhe von 50.201 €.

Wird die Steuerbelastung, die *unmittelbar* durch die Veräußerung von Grund und Boden für die Abfindung der weichenden Erben entstanden ist, für den land- und forstwirtschaftlichen Einzelunternehmer, für den gewerblichen Einzelunternehmer und den Anteilseigner an der land- und forstwirtschaftlich tätigen Kapitalgesellschaft des zugrunde liegenden Modell-Unternehmens verglichen, ergeben sich folgende ertragsteuerliche Belastungskonsequenzen:

---

[1] Gewerbesteuer 7.066 €, Körperschaftsteuer 8.795 €, Solidaritätszuschlag 484 €, Einkommensteuer, Solidaritätszuschlag und Kirchensteuer 0 €.

- land- und forstwirtschaftlicher Einzelunternehmer 0 €
- gewerblicher Einzelunternehmer 51.919 €
- Anteilseigner der land- und forstwirtschaftlich tätigen GmbH 50.201 €.

Wird die durch die Veräußerung des Grund und Bodens entstandene Steuerbelastung vom zukünftigen Erblasser beglichen, kann sich darüber hinaus die Abfindungssumme für die weichenden Erben des gewerblichen Einzelunternehmers und des Gesellschafters der land- und forstwirtschaftlich tätigen GmbH vermindern, soweit die Steuerzahllast aus dem erzielten Veräußerungsgewinn bzw. der entsprechenden Ausschüttung beglichen wird. Die Abfindung der weichenden Erben des land- und forstwirtschaftlichen Einzelunternehmers mindert sich dagegen nicht.

Die Abfindung weichender Erben durch die Entnahme oder die Veräußerung von Grund und Boden aus dem Betriebsvermögen ist damit im Rahmen eines land- und forstwirtschaftlichen Einzelunternehmens steuerlich am günstigsten zu gestalten, soweit der Übertragende die Voraussetzungen des § 14 a Abs. 4 EStG erfüllt. Dabei steigt die Vorteilhaftigkeit des land- und forstwirtschaftlichen Einzelunternehmens im Vergleich mit der Anzahl der weichenden Erben, die durch Grund und Boden abgefunden werden können. In diesem Zusammenhang ist zu berücksichtigen, dass auch Mitunternehmern land- und forstwirtschaftlicher Personengesellschaften der Freibetrag nach § 14 a Abs. 4 EStG für die Abfindung weichender Erben bei Erfüllung der entsprechenden Voraussetzungen auf Antrag zusteht[1]; Mitunternehmern gewerblich tätiger oder infizierter Personengesellschaften wird diese Vergünstigung dagegen nicht gewährt.

2. Bewertung

a. Bedarfsbewertung für die land- und forstwirtschaftlichen Grundbesitzwerte

Für die Bewertung eines Betriebs der Land- und Forstwirtschaft ist zwischen dem Betriebsteil, der Betriebswohnung und dem Wohnteil zu differenzieren, § 141 Abs. 1 BewG[2].

---

[1] S. dazu R 133 b Abs. 2 EStR.
[2] Vgl. dazu Teil B, Kapitel I, Abschnitt 2, S. 39-41.

aa. Betriebsteil

Landwirtschaftliche Nutzung, § 142 Abs. 2 Nr. 1 a) BewG	
50 ha x 6000 EMZ/ha = 300000 x 0,35 € =	105.000 €
Forstwirtschaftliche Nutzung, § 142 Abs. 2 Nr. 2 d) BewG	
2000 Ar x 20 €/Ar =	40.000 €
= **Betriebswert**	**145.000 €**

bb. Betriebswohnung

Der Wert der Betriebswohnung ist nach den Vorschriften zu ermitteln, die beim Grundvermögen für die Bewertung von Wohngrundstücken (§§ 146 bis 150 BewG) gelten, § 143 Abs. 1 BewG. Dabei ist zu beachten, dass gemäß § 146 Abs. 3 BewG bei Vermietung an Arbeitnehmer des Eigentümers des bebauten Grundstücks anstatt der tatsächlichen Jahresmiete die übliche Miete anzusetzen ist:

Ertragswert:

	60 m² x 7,0 €/m² = 420,00 € x 12 =	5.040 € (Jahresmiete)
	5.040 € Jahresmiete x 12,5 (§ 146 Abs. 2 BewG)	63.000 €
-	Alterswertminderung (§ 146 Abs. 4 BewG)	
	20 Jahre x 0,5 % = 10 %	6.300 €
=	Zwischensumme	56.700 €
-	15 % (§143 Abs. 3 BewG)	8.505 €
=	**Wert der Betriebswohnung**	**48.195 €**[1]

cc. Wohnteil

Auch der Wert des Wohnteils ist nach den Vorschriften zu ermitteln, die beim Grundvermögen für die Bewertung von Wohngrundstücken (§§ 146 bis 150 BewG) gelten, § 143 Abs. 1 BewG.

---

[1] R 52 Abs. 2 S. 2 ErbStR: „Die Werte des Betriebsteils und der Betriebswohnungen sind nicht abzurunden."

Ertragswert:

	250 m² x 7,0 €/m² = 1.750 € x 12 =	21.000 € (Jahresmiete)
	21.000 € Jahresmiete x 12,5 (§ 146 Abs. 2 BewG)	262.500 €
-	Alterswertminderung (§ 146 Abs. 4 BewG) 10 Jahre x 0,5 % = 5 %	13.125 €
=	Zwischensumme	249.375 €
+	Zuschlag 20 % (§ 146 Abs. 5 BewG)	49.875 €
=	Zwischensumme	299.250 €
-	15 % (§143 Abs. 3 BewG)	44.888 €
=	Wert des Wohnteils	254.362 €

Mindestwert nach §§ 146 Abs. 6 i.V.m. 145 Abs. 3 BewG

	Grundstücksfläche 1500 m² x Bodenrichtwert 250,00 €/m²	375.000 €
-	Abschlag 20 %	75.000 €
=	Mindestwert (vorläufig)	300.000 €

Die Begrenzung nach dem Höchstwert nach § 143 Abs. 2 BewG auf das Fünffache der mit dem land- und forstwirtschaftlichen Wohnhaus bebauten Fläche ist jedoch vorzunehmen, da die tatsächliche Grundstücksfläche mit 1500 m² größer als der auf das Fünffache der bebauten Fläche begrenzte Flächenumgriff ist:

	höchstens 5 x bebaute Fläche von 170 m² =	850 m²
	Grundstücksfläche 850 m² x Bodenrichtwert 250,00 €/m²	212.500 €
-	Abschlag 20 %	42.500 €
=	Mindestwert	170.000 €

Da der Ertragswert höher ist als der nach §§ 145 Abs. 3 i.V.m. 143 Abs. 2 BewG ermittelte Mindestwert, ist der Ertragswert in Höhe von 254.362 € anzusetzen.

Werden die einzelnen ermittelten Werte für den Betriebsteil, die Betriebswohnung und den Wohnteil zusammengefasst, ergibt sich folgender land- und forstwirtschaftlicher Grundbesitzwert (§ 144 BewG):

	Betriebsteil	145.000 €
	Betriebswohnung	48.195 €
=	**Land- und forstwirtschaftlicher Grundheitswert**	193.195 €
+	Wohnteil	254.362 €
=	**Land- und forstwirtschaftlicher Grundbesitzwert,**	447.557 €
	Abrundung nach § 139 BewG[1]	**447.500 €**

b. Bewertung des Betriebsvermögens

Wie bereits ausgeführt, sind nach § 95 Abs. 1 BewG in die Bewertung des Betriebsvermögens alle Teile eines Gewerbebetriebs gemäß § 15 Abs. 1 und 2 EStG einzubeziehen, die auch bei der steuerlichen Gewinnermittlung zum Betriebsvermögen gehören. Soweit dabei Betriebsgrundstücke losgelöst von ihrer eigentlichen Zugehörigkeit zu einem Gewerbebetrieb einem Betrieb der Land- und Forstwirtschaft zuzuordnen wären ist zu beachten, dass „ein Betriebsgrundstück ... entsprechend den Vorschriften für das land- und forstwirtschaftliche Vermögen alles [umfasst], was zur land- und forstwirtschaftlichen Betriebseinheit gehört, also nicht nur die land- und forstwirtschaftlich genutzten Grundstücksflächen mit Gebäuden, sondern auch die stehenden und umlaufenden Betriebsmittel, Nebenbetriebe usw. (vgl. § 33 BewG). Sie sind in den land- und forstwirtschaftlichen Grundheitswert einzubeziehen. Dieser bildet dann insgesamt einen Teil des Betriebsvermögens des Gewerbebetriebs"[2]. Eine eigene Bewertung z.B. für die Stallgebäude nach den Vorschriften der §§ 146 bis 150 BewG oder für die dem land- und forstwirtschaftlichen Betriebsteil dienenden Maschinen und Geräte, ist damit nicht durchzuführen.

Soweit § 33 Abs. 3 BewG bestimmte Wirtschaftsgüter aus der Definition des land- und forstwirtschaftlichen Vermögens ausnimmt, die jedoch i.S.d. §§ 15 Abs. 1 und 2 EStG bei der steuerlichen Gewinnermittlung zu berücksichtigen sind, gehen diese Wirtschaftsgüter über den land- und forstwirtschaftlichen Grundheitswert hinaus in die Bewertung des Betriebsvermögens ein, z.B. Zahlungsmittel, Geldforderungen und Geldschulden.

Betriebswohnungen, die losgelöst von ihrer Zugehörigkeit zu einem Gewerbebetrieb einem Betrieb der Land- und Forstwirtschaft zu dienen bestimmt sind, sind gemäß § 143 Abs. 1 BewG nach den Vorschriften der §§ 146 bis 150 BewG un-

---

[1] „Die Abrundung [gilt] nur für den Grundbesitzwert im ganzen, d.h. Anteile an einem Grundbesitzwert werden nicht noch einmal abgerundet." *Halaczinsky, R.*, in: *Rössler/Troll*, § 139 BewG, 2002, Anm. 2 (Stand: Februar 2002).

[2] *Teß, W.*, in: *Rössler/Troll*, § 99 BewG, 2002, Anm. 9 (Stand: Februar 2002).

ter Berücksichtigung der Vergünstigungen des § 143 Abs. 2 und 3 BewG zu bewerten und in die Ermittlung des Betriebsvermögens einzubeziehen.

Dient die zu eigenen Wohnzwecken genutzte Wohnung des Betriebsinhabers überwiegend dem Betrieb der Land- und Forstwirtschaft, ist die Wohnung als Teil eines Betriebs der Land- und Forstwirtschaft zu bewerten (§§ 99 Abs. 1 Nr. 2 und Abs. 3 2. Hs., 141 Abs. 1 Nr. 3 und Abs. 4 BewG). Damit sind die Vergünstigungen des § 143 BewG (Mindestwert und Berücksichtigung einer eventuellen räumlichen Verbindung des Wohnhauses zur Hofstelle durch einen entsprechenden Bewertungsabschlag) auch für die eigengenutzte Wohnung des aus ertragsteuerlicher Sicht grundsätzlich gewerblichen Einzelunternehmers nutzbar.

Nach R 114 Abs. 1 ErbStR ist für die Ermittlung des Werts des Betriebsvermögens auf den Besteuerungszeitpunkt 1.7.2002 eine besondere Aufstellung (Vermögensaufstellung) zu fertigen. Dabei ist im Beispielsfall für den Grund und Boden und die Wirtschaftsgebäude, für die Maschinen und Geräte sowie für das Viehvermögen und den Normalbestand an umlaufenden Betriebsmitteln der bereits ermittelte land- und forstwirtschaftliche Grundheitswert[1] anzusetzen, da diese Wirtschaftsgüter losgelöst von ihrer Zugehörigkeit zu einem Gewerbebetrieb einen Betrieb der Land- und Forstwirtschaft bilden würden.

Vermögensaufstellung auf den 1.7.2002, § 98 a BewG:

```
    Besitzposten
        Land- und forstwirtschaftlicher Grundheitswert
            Betriebsteil         145.000 €
            Betriebswohnung       48.195 €      193.195 €,
            Abrundung nach § 139 BewG²                     193.000 €
+   Zahlungsmittel/Geldforderungen                         150.000 €
    Summe der Besitzposten (Rohbetriebsvermögen)           343.000 €
-   Schuldposten
        Langfristige Verbindlichkeiten                     200.000 €
=   Steuerwert des Betriebsvermögens                       143.000 €
```

Für das eigengenutzte Wohnhaus des Einzelunternehmers J.E. ermittelt sich darüber hinaus ein Bedarfswert auf den 1.7.2002 in Höhe von 254.500 €.

---

[1] Vgl. oben lit. a, cc., S. 205.
[2] Der insgesamt zu übertragende land- und forstwirtschaftliche Grundbesitzwert beträgt abgerundet nach § 139 BewG 447.500 €; vgl. dazu oben lit. a., cc., S. 205. Für die Ermittlung eines korrekten Ergebnisses fließt daher in den Steuerbilanzwert der entsprechend nach § 139 BewG abgerundete land- und forstwirtschaftliche Grundheitswert in Höhe von 193.000 € ein; im Gegenzug wird der Bedarfswert des Wohnhauses auf 254.500 € aufgerundet.

c. Bewertung der Anteile an der Kapitalgesellschaft nach dem Stuttgarter Verfahren

Für die Ableitung des Vermögenswerts aus der vorläufigen Schlussbilanz zum 30.6.2002 ist zu berücksichtigen, dass die Summe des steuerlichen Eigenkapitals in Höhe von 1.441.000 € um die Buchwerte der zum land- und forstwirtschaftlichen Betrieb gehörenden Wirtschaftsgüter gekürzt und durch den land- und forstwirtschaftlichen Grundheitswert zu ersetzen ist:

	Summe des steuerlichen Eigenkapitals aus der vorläufigen Schlussbilanz zum 30.6.2002			1.441.000 €
-	Steuerbilanzwerte:			
	Grund und Boden und Wirtschaftsgebäude	1.200.000 €		
	Maschinen und Geräte	145.000 €		
	Viehvermögen	130.000 €		
	Vorräte	16.000 €		1.491.000 €
=	Zwischensumme			./. 50 000 €
+	Land- und forstwirtschaftlicher Grundheitswert:			
	Betriebsteil	145.000 €		
	Betriebswohnung	48.195 €	193.195 €,	
	Abrundung nach § 139 BewG			193.000 €
	Steuerwert des Betriebsvermögens			**143.000 €**

Damit ergibt sich folgende Bewertung nach dem Stuttgarter Verfahren:

Vermögenswert:

Steuerwert des Betriebsvermögens	143.000 €
Stammkapital	25.000 €
Vermögenswert (R 98 Abs. 4 ErbStR)	572,000 %

Ertragswert:

Veranlagungszeitraum	1999	2000	2001
zu versteuerndes Einkommen, §§ 7 ff. KStG	50.000 €	80.000 €	30.000 €
Gewichtung	1 x	2 x	3 x

Jahresertrag	50.000 €
Stammkapital	25.000 €
Ertragshundertsatz (R 99 ErbStR)	200,000 %

Ermittlung des vorläufigen gemeinen Werts der Anteile (R 100 Abs. 2 ErbStR):

$68/100 \; (V + 5 \times E)$[1]

$68/100 \; (572{,}000 + 5 \times 200{,}000)$
$= 68/100 \; (572{,}000 + 1000{,}000)$
$= 68/100 \; (1572{,}000)$
$= 1068{,}960 \, \% = $ gemeiner Wert $\quad = \quad$ **1069 %**

Gemeiner Wert der Anteile des übertragenden Gesellschafters:

Stammkapital x Beteiligungsprozentsatz x gemeiner Wert

$= \quad$ 25 000 € $\quad$ x $\quad$ 100 % $\quad$ x $\quad$ 1069 %

$= \quad$ **267.250 €**

Zu beachten ist, dass für das eigengenutzte Wohnhaus des Gesellschafters darüber hinaus ein Bedarfswert auf den 1.7.2002 in Höhe von 254.500 € festgestellt worden ist. Die Vergünstigungen des § 143 BewG sind im Modellfall auch für das Wohnhaus des übertragenden Gesellschafters bei der Ermittlung des Bedarfswerts anwendbar, da das Wohnhaus einem Betrieb der Land- und Forstwirtschaft – unabhängig von der Rechtsform des Unternehmens – dient und räumlich eng mit der land- und forstwirtschaftlichen Hofstelle verbunden ist.

Zusammenfassend ergeben sich für die Zwecke der Ermittlung der erbschaft- und schenkungsteuerlichen Belastung des Rechtsnachfolgers durch die unentgeltliche Übertragung des land- und forstwirtschaftlichen Einzelunternehmens, des gewerblichen Einzelunternehmens bzw. der Anteile an der land- und forstwirtschaftlich tätigen GmbH im Rahmen einer vorweggenommenen Erbfolge folgende Bemessungsgrundlagen für die Erbschaft- und Schenkungsteuer:

Land- und forstwirtschaftliches Vermögen
    Betriebsteil   145.000 €
    Betriebswohnung   <u>48.195 €</u>   193.000 €[2]
Betriebsvermögen   143.000 €
Gemeiner Wert nach dem Stuttgarter Verfahren   267.250 €.

---

[1] V = Vermögenswert, E = Ertragswert.
[2] Abgerundet nach § 139 BewG, s. dazu auch oben S. 206 FN 2.

Darüber hinaus ist zu berücksichtigen, dass das Wohnhaus mit einem Bedarfswert in Höhe von 254.500 € ebenfalls auf den Rechtsnachfolger übertragen werden soll.

3. Erbschaft- und schenkungsteuerliche Belastung des Rechtsnachfolgers

a. Land- und forstwirtschaftliches Einzelunternehmen

Bei der Übertragung des land- und forstwirtschaftlichen Einzelunternehmens im Wege der vorweggenommenen Erbfolge durch J.E. handelt es sich um eine gemischte Schenkung[1], da der Rechtsnachfolger die in wirtschaftlichem Zusammenhang mit dem übertragenen land- und forstwirtschaftlichen Vermögen stehenden langfristigen Verbindlichkeiten in Höhe von 200.000 € zu übernehmen hat.

Es ermittelt sich folgende erbschaft- und schenkungsteuerliche Belastung für den Rechtsnachfolger H.E.:

	Land- und forstwirtschaftlicher Grundbesitzwert	447.500 €
+	Übriges Vermögen	
	Zahlungsmittel/Geldforderungen	150.000 €
=	Steuerwert der Leistung des Schenkers	597.500 €

Gemischte Schenkung

	Leistung des Schenkers (Verkehrswert)	2.500.000 €
	Gegenleistung des Erwerbers	200.000 €
	Bereicherung des Erwerbers	2.300.000 €

$$\frac{\text{Steuerwert der Leistung des Schenkers}}{\text{Verkehrswert der Leistung des Schenkers}} \times \text{Verkehrswert der Bereicherung} = \frac{597.500\ \text{€}}{2.500.000\ \text{€}} \times 2.300.000\ \text{€}$$

=	Steuerwert der freigebigen Zuwendung	549.700 €
	Nach § 13 a ErbStG enthaltenes begünstigtes Vermögen[2]	177.560 €

---

[1] Vgl. oben, Kapitel II, Abschnitt 3, lit. d., S. 190 f.
[2] 549.700 € x 100/597.500 € = <u>92 %</u>, 193.000 € x 92 % = 177.560 €.

Wert des Erwerbs	597.500 €
davon anzusetzen wegen gemischter Schenkung	549.700 €
- Freibetrag (§ 13 a Abs. 1 ErbStG)	
maximal 256.000 €, höchstens	177.560 €
- Bewertungsabschlag (§ 13 a Abs. 2 ErbStG)	--- €
- Freibetrag (§ 16 Abs. 1 Nr. 2 ErbStG)	205.000 €
= Steuerpflichtiger Erwerb,	
Abrundung (§ 10 Abs. 1 S. 5 ErbStG)	<u>167.100 €</u>
Steuerklasse I 11 %, § 19 Abs. 1 ErbStG	**<u>18.381 €</u>**

Für den Rechtsnachfolger H.E. des land- und forstwirtschaftlichen Einzelunternehmers J.E. ergibt sich damit durch die unentgeltliche Übertragung des land- und forstwirtschaftlichen Anwesens und des Wohnhauses eine erbschaft- und schenkungsteuerliche Belastung von 18.381 €.

b. Gewerbliches Einzelunternehmen

Bei unentgeltlicher Übertragung des gewerblichen Einzelunternehmens mit land- und forstwirtschaftlicher Grundstruktur im Rahmen der vorweggenommenen Erbfolge auf den Rechtsnachfolger ergibt sich für obigen Beispielsfall folgende erbschaft- und schenkungsteuerliche Belastung:

Steuerwert des Betriebsvermögens	143.000 €
- Freibetrag (§ 13 a Abs. 1 ErbStG)	
maximal 256.000 €, höchstens	143.000 €
- Bewertungsabschlag (§ 13 a Abs. 2 ErbStG)	<u>--- €</u>
	0 €
+ Grundvermögen (Wohnteil) 254.362 €[1]	254.500 €
- Freibetrag (§ 16 Abs. 1 Nr. 2 ErbStG)	<u>205.000 €</u>
= Steuerpflichtiger Erwerb	<u>49.500 €</u>
Steuerklasse I 7 %, § 19 Abs. 1 ErbStG	**<u>3.465 €</u>**

Die erbschaft- und schenkungsteuerliche Belastung des Rechtsnachfolgers H.E. beträgt für den Fall der Übertragung des gewerblichen Einzelunternehmens im Rahmen der vorweggenommenen Erbfolge 3.465 €.

---

[1] Vgl. zur Aufrundung des Bedarfswerts oben S. 206 FN 2.

c. Land- und forstwirtschaftlich tätige Kapitalgesellschaft

Auch für die Übertragung der Anteile an der land- und forstwirtschaftlich tätigen Kapitalgesellschaft durch Schenkung unter Lebenden sind grundsätzlich die Regelungen zur gemischten Schenkung bzw. Schenkung unter Leistungsauflage anzuwenden. In obigem Beispielsfall ist in diesem Zusammenhang jedoch zu beachten, dass der Rechtsnachfolger H.E. keine Schulden oder Lasten, die mit den Anteilen des übertragenden Alleingesellschafters J.E. an der Kapitalgesellschaft in unmittelbarem wirtschaftlichen Zusammenhang stehen, übernimmt. Die langfristigen Verbindlichkeiten in Höhe von 200.000 € sind Verbindlichkeiten der Kapitalgesellschaft, nicht die des Übergebers.
Es ermittelt sich folgende erbschaft- und schenkungsteuerliche Belastung des Rechtsnachfolgers:

	Gemeiner Wert der Anteile	267.250 €
	Beteiligung des Schenkers unmittelbar mehr als 25 %:	
-	Freibetrag (§ 13 a Abs. 1 ErbStG)	
	maximal 256.000 €, höchstens	256.000 €
-	Bewertungsabschlag (§ 13 a Abs. 2 ErbStG)	4.500 €
=	Zwischensumme	6.750 €
+	Grundvermögen (Wohnteil) 254.362 €[1]	254.500 €
-	Freibetrag (§ 16 Abs. 1 Nr. 2 ErbStG)	205.000 €
=	Steuerpflichtiger Erwerb,	
	Abrundung (§ 10 Abs. 1 S. 5 ErbStG)	<u>56.200 €</u>
	Steuerklasse I 11 %, § 19 Abs. 1 ErbStG	**<u>6.182 €</u>**

Für den Rechtsnachfolger des Alleingesellschafters der land- und forstwirtschaftlich tätigen GmbH ergibt sich damit eine erbschaft- und schenkungsteuerliche Belastung in Höhe von 6.182 €.

4. Analyse der Belastungsunterschiede

Werden die sich aus der Übertragung der land- und forstwirtschaftlichen Modell-Unternehmung durch Schenkung unter Lebenden ergebenden ertrags- sowie erbschaft- und schenkungsteuerlichen Belastungskonsequenzen für den obigen Beispielsfall zusammengefasst, ermitteln sich folgende rechtsformspezifische Gesamtsteuerbelastungen:

---

[1] Vgl. zur Aufrundung des Bedarfswerts oben S. 206 FN 2.

Land- und forstwirtschaftliches Einzelunternehmen:

Ertragsteuerliche Belastung	0 €
Erbschaft- und schenkungsteuerliche Belastung	18.381 €
	18.381 €

Gewerbliches Einzelunternehmen:

Ertragsteuerliche Belastung	51.919 €
Erbschaft- und schenkungsteuerliche Belastung	3.465 €
	55.384 €

Land- und forstwirtschaftlich tätige Kapitalgesellschaft:

Ertragsteuerliche Belastung	50.201 €
Erbschaft- und schenkungsteuerliche Belastung	6.182 €
	56.383 €

Für den land- und forstwirtschaftlichen Einzelunternehmer und seinen Rechtsnachfolger errechnet sich in diesem Zusammenhang die geringste steuerliche Gesamtbelastung in Höhe von insgesamt 18.381 €. Dies ist im Fall der Modell-Unternehmung auf den dem land- und forstwirtschaftlichen Betriebsvermögen vorbehaltenen ertragsteuerlichen Freibetrag nach § 14 a Abs. 4 EStG für die Abfindung der weichenden Erben zurückzuführen: durch die Abfindung von zwei weichenden Erben durch die Veräußerung von Grund und Boden entsteht keine zusätzliche Ertragsteuerbelastung für den Übergeber des land- und forstwirtschaftlichen Einzelunternehmens; der Veräußerungserlös steht damit in voller Höhe für die Abfindung der weichenden Erben zur Verfügung.

Die Abfindung der weichenden Erben der land- und forstwirtschaftlich tätigen Kapitalgesellschaft durch den Alleingesellschafter J.E. ist dagegen mit einer ertragsteuerlichen Mehrbelastung in Höhe von 50.201 € verbunden und im Fall des gewerblichen Einzelunternehmens führt die Abfindung für den Übergeber sogar zu einer zusätzlichen Ertragsteuerbelastung in Höhe von 51.919 €, da der Freibetrag nach § 14 a Abs. 4 EStG bei gewerblichem Betriebsvermögen nicht gewährt wird. In der Regel wird sich auch die Höhe der Abfindungssumme für die weichenden Erben um die jeweiligen Steuerzahllasten des Übergebers verringern.

Für die Beurteilung der steuerlichen Vorteilhaftigkeit einer Rechtsform für ein land- und forstwirtschaftliches Unternehmen im Zusammenhang mit der unentgeltlichen Übertragung des Unternehmens durch eine vorweggenommene Erbfolge ist aus diesem Grund zunächst aus *ertragsteuerlicher Sicht* zu prüfen, ob und wie viele weichende Erben durch die Entnahme oder Veräußerung von Grund und Boden abgefunden werden können. Sind die Voraussetzungen für die Gewährung des Freibetrags für die Abfindung weichender Erben erfüllt, besteht die Möglichkeit, dass der sich durch die Anwendbarkeit des § 14 a Abs. 4 EStG im rechtsformspezifischen Vergleich für den zukünftigen Erblasser ergebende ertragsteuerliche Vorteil einen eventuellen substanzsteuerlichen Nachteil für den Rechtsnachfolger durch eine höhere erbschaft- und schenkungsteuerliche Belastung überwiegt. Je mehr weichende Erben durch die Veräußerung oder Entnahme von Grund und Boden unter Inanspruchnahme des Freibetrags abgefunden werden können, desto höher kann die steuerliche Vorteilhaftigkeit der Rechtsform des land- und forstwirtschaftlichen Einzelunternehmens (Personengesellschaft) im Rahmen einer Schenkung unter Lebenden in der Gesamtschau sein.

Aus *erbschaft- und schenkungsteuerlicher Sicht* ist zunächst festzuhalten, dass für das land- und forstwirtschaftliche Einzelunternehmen, das gewerbliche Einzelunternehmen und die land- und forstwirtschaftlich tätige Kapitalgesellschaft jeweils eigene Bewertungsverfahren anzuwenden sind, die zu unterschiedlichen Bemessungsgrundlagen für die Erbschaft- und Schenkungsteuer führen[1].

Wird der für das Modell-Unternehmen ermittelte Bedarfswert des land- und forstwirtschaftlichen Grundheitswerts dem modifizierten Steuerbilanzwert des gewerblichen Einzelunternehmens gegenübergestellt, ergibt sich für das land- und forstwirtschaftliche Einzelunternehmen zunächst eine um 50.000 € höhere Bemessungsgrundlage für die Erbschaft- und Schenkungsteuer als für das gewerbliche Einzelunternehmen[2].

---

[1] In diesem Zusammenhang ist zu beachten, dass der BFH mit Beschluss vom 22.5.2002 das Verfahren II R 61/99 (BFH, BStBl II 2001, S. 834 ff.) ausgesetzt hat, um eine Entscheidung des BVerfG darüber zu erwirken, ob die Tarifvorschrift des § 19 Abs. 1 ErbStG i.d.F. des JStG 1997 i.V.m. § 10 Abs. 1 S. 1 und 2, Abs. 6 S. 4 ErbStG, § 12 ErbStG sowie §§ 13 a, 19 a ErbStG, dabei § 12 ErbStG i.V.m. den in dieser Vorschrift in Bezug genommenen Vorschriften des BewG, wegen Verstoßes gegen den Gleichheitssatz, Art. 3 Abs. 1 GG (Grundgesetz für die Bundesrepublik Deutschland (GG) vom 23. Mai 1949), verfassungswidrig ist, weil die Vorschriften zur Ermittlung der Steuerbemessungsgrundlage beim Betriebsvermögen, bei den Anteilen an Kapitalgesellschaften sowie beim Grundbesitz (einschließlich des land- und forstwirtschaftlichen Vermögens) gleichheitswidrig ausgestaltet sind = BFH, Bs. v. 22.5.2002, DStR 34 (2002), S. 1438 ff. S. auch Gleich lautender Erlass der obersten Finanzbehörden der Länder v. 6.12.2001, BStBl I 2001, S. 985, zur vorläufigen Steuerfestsetzung anhängiger Musterverfahren (§ 165 Abs. 1 AO); Verfassungsmäßigkeit des Erbschaftsteuer- und Schenkungsteuergesetzes.

[2] Vgl. dazu oben Abschnitt 2, lit. c, S. 209.

Zwar gehen im Rahmen der Bewertung des gewerblichen Einzelunternehmens die Zahlungsmittel/Geldforderungen in Höhe von 150.000 € als Aktivposten in den Steuerbilanzwert ein und erhöhen damit den Wert des Betriebsvermögens; die vom Rechtsnachfolger zu übernehmenden Schulden und Lasten, die in wirtschaftlichem Zusammenhang mit dem nach § 13 a ErbStG begünstigten Betriebsvermögen stehen, sind jedoch im Gegenzug uneingeschränkt abzugsfähig und mindern in voller Höhe den Wert des Betriebsvermögens.
Im Fall des land- und forstwirtschaftlichen Einzelunternehmens erfolgt die Bewertung der Zahlungsmittel/Geldforderungen dagegen als übriges Vermögen, da § 33 Abs. 3 Nr. 1 BewG derartige Wirtschaftsgüter aus dem land- und forstwirtschaftlichen Vermögensbegriff ausnimmt. Die bestehenden Schulden und Lasten in Höhe von 200.000 € bestimmen darüber hinaus lediglich den entgeltlich erworbenen Teil des Vermögens. Wie bereits ausgeführt[1] gilt in diesem Zusammenhang, dass die bei der Ermittlung des Betriebsvermögens mögliche Saldierung des geschenkten Aktivvermögens mit den übernommenen Schulden und Lasten stets zu einem geringeren Vermögenswert führt als dies bei Anwendung der Grundsätze der Bereicherungsermittlung bei der gemischten Schenkung bzw. bei der Schenkung unter Leistungsauflage beim land- und forstwirtschaftlichen Vermögen der Fall ist.

Darüber hinaus ist zu beachten, dass die Zahlungsmittel/Geldforderungen in Höhe von 150.000 €, die als Aktivposten in das Betriebsvermögen des gewerblichen Einzelunternehmens eingehen, nach §§ 13 a, 19 a ErbStG begünstigt werden, während derartige Wirtschaftsgüter aus dem land- und forstwirtschaftlichen Vermögensbegriff und somit aus der Begünstigung der §§ 13 a, 19 a ErbStG ausgenommen sind.

Im zu Grunde liegenden Modellfall entsteht durch die Übertragung von 150.000 € Zahlungsmittel/Geldforderungen als übriges Vermögen für den Rechtsnachfolger H.E. des land- und forstwirtschaftlichen Einzelunternehmers J.E. eine im rechtsformspezifischen Vergleich zusätzliche Belastung mit Erbschaft- und Schenkungsteuer in Höhe von 6.831 €:

Übriges Vermögen	
Zahlungsmittel/Geldforderungen	150.000 €
davon unentgeltlich erworben 92 %[2]	138.000 €

---

[1] Vgl. Kapitel II, Abschnitt 3, lit. d, S. 190 f.
[2] Vgl. zur Quote des unentgeltlich erworbenen Vermögens Berechnung oben S. 209 FN 2.

	davon unentgeltlich erworben 92 %	138.000 €
-	Freibetrag § 16 Abs. 1 Nr. 2 ErbStG, anteilig 37 % von 205.000 €[1]	75.850 €
=	Steuerpflichtiger Erwerb, Abrundung (§ 10 Abs. 1 S. 5 ErbStG)	62.100 €
	Steuerklasse I 11 %, § 19 Abs. 1 ErbStG	6.831 €

Es ist an dieser Stelle anzumerken, dass bei ausschließlicher Übertragung einer land- und forstwirtschaftlichen Vermögenseinheit i.S.d. § 33 Abs. 1 und 2 BewG durch eine vorweggenommene Erbfolge die Bewertung des land- und forstwirtschaftlichen Grundheitswerts nach §§ 139 bis 144 BewG für die Mehrzahl der Fälle Bedarfswerte ergeben wird, die unter Berücksichtigung der Vergünstigungen für das land- und forstwirtschaftliche Vermögen nach §§ 13 a, 19 a ErbStG und der persönlichen Freibeträge des Rechtsnachfolgers nach § 16 ErbStG regelmäßig zu keiner oder lediglich zu einer geringen erbschaft- und schenkungsteuerlichen Belastung führen[2]. In obigem Beispielsfall ist so bereits der Betriebsvermögens-Freibetrag nach § 13 a Abs. 1 Nr. 2 und Abs. 4 Nr. 2 ErbStG ausreichend, um den land- und forstwirtschaftlichen Grundheitswert erbschaft- und schenkungsteuerbefreit auf den Rechtsnachfolger übertragen zu können.

Die im Vergleich höchste erbschaft- und schenkungsteuerliche Bemessungsgrundlage ergibt sich mit 267.250 € durch die Berücksichtigung der Ertragskomponente bei der Bewertung der Kapitalgesellschaftsanteile im Rahmen des Stuttgarter Verfahrens.

---

[1] Der persönliche Freibetrag des § 16 Abs. 1 Nr. 2 ErbStG entfällt anteilig zu 37 % auf die übertragenen Zahlungsmittel/Geldforderungen: Grundvermögen 254.500 € x 92 % = 234.140 €, übriges Vermögen 150.000 € x 92 % = 138.000 €, 234.140 € + 138.000 € = 372.140 € (unentgeltlich erworbenes Vermögen). Damit ergibt sich folgende anteilige Befreiungsquote für das übrige Vermögen nach § 16 Abs. 1 Nr. 2 ErbStG (138.000 € x 100/372.140 €) = 37 %. Der land- und forstwirtschaftliche Grundheitswert unterliegt bereits durch Anwendung der Freibetragsregelung des § 13 a Abs. 1 Nr. 2 ErbStG nicht mehr der Erbschaft- und Schenkungsteuer.
[2] So u.a. *Teß, W.*, in: *Rössler/Troll*, § 142 BewG, 2002, Anm. 44 (Stand: Februar 2002): „Die wenigen [Hervorhebung nicht im Original] land- und forstwirtschaftlichen Betriebe mit einem höheren Grundbesitzwert [werden] durch einen Abschlag [nach § 13 a Abs. 2 ErbStG] von 40 v.H. entlastet. ... Die Einbeziehung der land- und forstwirtschaftlichen Betriebe in die Freibetragsregelung des § 13 a ErbStG führt zu einer erheblichen Verwaltungsvereinfachung. Bei kleinen und mittleren Betrieben kann in der Regel eine Feststellung des land- und forstwirtschaftlichen Grundbesitzwerts unterbleiben".

Das Stuttgarter Verfahren führt immer dann zu einer höheren steuerlichen Bemessungsgrundlage für Zwecke der Erbschaft- und Schenkungsteuer als das für das gewerbliche Einzelunternehmen anzuwendende Substanzwertverfahren, wenn die vom Unternehmen erwirtschaftete Rendite über der im Stuttgarter Verfahren berücksichtigten Normalverzinsung von 9 % liegt. Die tatsächlich erzielte Rendite, die im Modellfall ca. 35 % beträgt, ergibt sich dabei aus der Relation zwischen dem Ertragshundertsatz und dem Vermögenswert (R 100 Abs. 3 S. 4 ErbStR):

$$\frac{\text{Ertragshundertsatz} \times 100}{\text{Vermögenswert}}$$

$$= \frac{200.000 \times 100}{572.000}$$

$$= \underline{34,97\,\%.}$$

Im Modellfall würde das Stuttgarter Verfahren danach bei einem tatsächlich erzielten gewichteten Durchschnittsertrag der Jahre 1999 bis 2001 in Höhe von 13.459 € cet. par. zu einem gemeinen Wert von 143.000 € führen; damit entspräche der gemeine Wert der Anteile an der land- und forstwirtschaftlich tätigen Kapitalgesellschaft bei einer Rendite von 9,41 % dem Substanzwert des gewerblichen Einzelunternehmens. Läge der gewichtete Jahresertrag unter 13.459 €, würde sich cet. par. für die land- und forstwirtschaftlich tätige Kapitalgesellschaft im Rechtsformvergleich die geringere Bemessungsgrundlage für erbschaft- und schenkungsteuerliche Zwecke ermitteln.

Der für das land- und forstwirtschaftliche Einzelunternehmen maßgebende Ertragswert von 193.000 € ergibt sich im Rahmen des Stuttgarter Verfahrens unter sonst gleichbleibenden Bedingungen als gemeiner Wert der Anteile der land- und forstwirtschaftlich tätigen Kapitalgesellschaft, wenn der durchschnittlich in den Jahren 1999 bis 2001 erzielte gewichtete Jahresertrag bei 28.165 € läge bzw. von der Kapitalgesellschaft eine Rendite von 19,70 % erwirtschaftet würde. Mit einem durchschnittlich erzielten gewichteten Betriebsergebnis unter 28.165 € wäre die land- und forstwirtschaftlich tätige Kapitalgesellschaft im Beispielsfall im Vergleich zum land- und forstwirtschaftlichen Einzelunternehmen die günstigere Alternative, da sich eine entsprechend niedrigere Bemessungsgrundlage für die Erbschaft- und Schenkungsteuer ergeben würde.

Bei der Bewertung des land- und forstwirtschaftlichen Vermögens für Zwecke der Erbschaft- und Schenkungsteuer durch die Bedarfsbewertung handelt es sich zwar ebenfalls um ein Ertragswertverfahren, das allerdings stark vereinfachend und grundsätzlich unabhängig von der tatsächlichen Ertragssituation[1] eines land- und forstwirtschaftlichen Betriebs theoretisch erzielbare Erträge auf der Basis pauschalierter Einzelertragswerte berücksichtigt. Die individuelle Betriebssituation fließt in diesem Zusammenhang regelmäßig lediglich über die Betriebsfläche und bei der landwirtschaftlichen Nutzung über die dem Liegenschaftskataster entnommenen Ertragsmesszahlen ein: Ertragsmesszahlen spiegeln die Beschaffenheit des jeweiligen Grund und Bodens, nicht aber die persönliche Leistungsfähigkeit des einzelnen Land- und Forstwirts wieder.
Bei ertragsstarken Betrieben kann dies für die Bedarfsbewertung nach §§ 139 bis 144 BewG sprechen, da in diese Bewertung die tatsächlich erzielten Ergebnisse eines land- und forstwirtschaftlichen Unternehmens i.d.R. nicht eingehen.

Die Ermittlung des Bedarfswerts für das Wohnhaus ist unabhängig von der Rechtsform des land- und forstwirtschaftlichen Unternehmens durchzuführen; dient das Wohnhaus einem Betrieb der Land- und Forstwirtschaft, sind die Vergünstigungen des § 143 Abs. 2 und 3 BewG sowohl für das land- und forstwirtschaftliche und gewerbliche Personenunternehmen als auch im Rahmen einer land- und forstwirtschaftlich tätigen Kapitalgesellschaft nutzbar. Insoweit ergeben sich keine rechtsformspezifischen Steuerbelastungsdifferenzen.

Da die durch die Bedarfsbewertung nach §§ 139 bis 144 BewG ermittelten Werte sowohl in die Bewertung des gewerblichen Einzelunternehmens mit land- und forstwirtschaftlicher Grundstruktur als auch in die Bewertung der land- und forstwirtschaftlich tätigen Kapitalgesellschaft durch das Stuttgarter Verfahren einfließen und dadurch die einzelnen Bewertungsverfahren verknüpft werden, sind zusammenfassend nur tendenzielle Aussagen zur steuerlichen Vor- bzw. Nachteilhaftigkeit der einzelnen Rechtsformen für die unentgeltliche Übertragung eines land- und forstwirtschaftlichen Unternehmens durch vorweggenommene Erbfolge möglich.

Grundsätzlich ist zunächst festzuhalten, dass die Kombination von Substanzwert- und Ertragswertverfahren im Rahmen des Stuttgarter Verfahrens dann günstig für die Bewertung eines land- und forstwirtschaftlichen Unternehmens für Zwecke der Erbschaft- und Schenkungsteuer ist, wenn nur geringe Gewinne bzw. sogar Verluste in den letzten drei Wirtschaftsjahren vor dem Besteue-

---

[1] Der Betriebswert für nach § 13 a ErbStG begünstigte land- und forstwirtschaftliche Betriebe kann auf Antrag insgesamt als Einzelertragswert ermittelt werden, § 141 Abs. 3 BewG.

rungszeitpunkt erwirtschaftet wurden. Je höher die vom Unternehmen erwirtschaftete Rendite, desto günstiger wird dagegen die Bewertung durch das Substanzwertverfahren für gewerbliche Personenunternehmen, da die Ertragslage des Unternehmens nicht in die Bewertung einfließt bzw. desto günstiger wird auch die Bewertung des land- und forstwirtschaftlichen Vermögens durch das stark vereinfachte Ertragswertverfahren „Bedarfsbewertung", das in der Regel lediglich pauschalierte Ertragswerte und nicht die tatsächliche Ertragssituation des Unternehmens berücksichtigt.

Ein erbschaft- und schenkungsteuerliches Argument für die Rechtsformen der gewerblichen Personenunternehmen und der land- und forstwirtschaftlich tätigen Kapitalgesellschaft ist, dass Aktivvermögen bei Zugehörigkeit zu einem gewerblichen Betriebsvermögens nach §§ 13 a, 19 a ErbStG grundsätzlich uneingeschränkt begünstigt wird. Die Regelungen der §§ 13 a, 19 a ErbStG gelten bei Personengesellschaften darüber hinaus auch für die Wirtschaftsgüter des Sonderbetriebsvermögens der einzelnen Gesellschafter. Bei Kapitalgesellschaften ist für die Inanspruchnahme der Begünstigungen allerdings eine unmittelbare Mindestbeteiligung von mehr als 25 % Voraussetzung. Im Rahmen der Bedarfsbewertung von land- und forstwirtschaftlichem Grundbesitz sind dagegen Wirtschaftsgüter i.S.d. § 33 Abs. 3 BewG von vornherein von den Vergünstigungen der §§ 13 a, 19 a ErbStG ausgenommen. Bei hohen Vermögenswerten i.S.v. § 33 Abs. 3 BewG ist daher die Einbringung derartigen Aktivvermögens in ein gewerbliches Betriebsvermögen zu überdenken.

Ein gewerbliches Personenunternehmen mit land- und forstwirtschaftlicher Grundstruktur bzw. eine land- und forstwirtschaftlich tätige Kapitalgesellschaft kann im Rahmen einer vorweggenommenen Erbfolge auch insoweit vorteilhaft für ein land- und forstwirtschaftliches Unternehmen sein, als Schulden und Lasten, die mit dem nach § 13 a ErbStG begünstigten Betriebsvermögen in wirtschaftlichem Zusammenhang stehen, in diesen Rechtsformalternativen uneingeschränkt mit übertragenem Aktivvermögen saldiert werden können. Bei Kapitalgesellschaften ist in diesem Zusammenhang zu beachten, dass es sich um die Schulden und Lasten der Gesellschaft, und nicht um die Schulden und Lasten des Gesellschafters, die im Zusammenhang mit dem nach § 13 a ErbStG befreiten Vermögen (den *Anteilen* an einer Kapitalgesellschaft) stehen, handeln muss. Die Schulden und Lasten, die mit dem nach § 13 a ErbStG befreiten land- und forstwirtschaftlichem Vermögen in wirtschaftlichem Zusammenhang stehen, bestimmen dagegen bei einer vorweggenommenen Erbfolge lediglich den entgeltlich erworbenen Teil des Vermögens.

E. Zusammenfassende Darstellung und Beurteilung der Rechtsformalternativen für ein land- und forstwirtschaftliches Unternehmen

I. Laufende Besteuerung

Für die Rechtsformwahl für ein land- und forstwirtschaftliches Unternehmen unter besonderer Berücksichtigung der laufenden Besteuerung ist vorab die Frage der Umsatzsteuerpauschalierung zu bedenken: Gewerbebetriebe kraft Rechtsform und gewerblich geprägte Personengesellschaften i.S.d. § 15 Abs. 3 Nr. 2 EStG sind von der Durchschnittssatzbesteuerung nach § 24 UStG ausgeschlossen. Land- und forstwirtschaftliche Unternehmen, die z.B. hohe Umsätze erwirtschaften, im Gegenzug jedoch nur geringe vorsteuerbelastete Vorleistungen beziehen, sollten aus diesem Grund zunächst die finanzielle Vor- bzw. Nachteilhaftigkeit einer möglichen „Zwangsoption" durch die Wahl einer bestimmten Rechtsform kalkulieren.

Die Gewinn-Situation eines land- und forstwirtschaftlichen Unternehmens ist in einem weiteren Schritt zu prüfen. Entsprechend dem Ernährungs- und agrarpolitischen Bericht 2002 der Bundesregierung betrug der durchschnittliche Gewinn in €/Einzelunternehmen im Wirtschaftsjahr 2000/2001 36.535 €[1]. Dabei entwickelte sich der Gewinn in den jeweiligen Betriebsformen unterschiedlich: so verzeichneten z.B. Rindermastbetriebe einen durchschnittlichen Gewinn von 21.603 €, Veredelungsbetriebe (Schweine, Geflügel) dagegen 64.878 €. Die durchschnittlich von der deutschen Land- und Forstwirtschaft erzielten Gewinne liegen damit im Rahmen der untersuchten Gewinn-Alternativen A bzw. B. Unter der Prämisse der Zusammenveranlagung der Land- und Forstwirte mit deren Ehegatten ergibt sich entsprechend, dass die Rechtsformalternative der *land- und forstwirtschaftlich tätigen Personengesellschaft* unter besonderer Berücksichtigung der Gewinnsituation die grundsätzlich für die Mehrzahl der in der Bundesrepublik Deutschland wirtschaftenden Land- und Forstwirte *geeignetste Rechtsform* darstellt.

In diesem Zusammenhang stellt sich die Frage, inwieweit Familienangehörige an einer Personengesellschaft beteiligt werden können, „sollen und wollen". Ein wesentliches Argument für die Familienpersonengesellschaft ist sicherlich, „das Unternehmen in den Händen der Familie zu erhalten und durch die Beteiligung der Familienangehörigen am Unternehmen eine Schwächung der Eigenkapitalgrundlage bei Eintritt des Erbfalls zu vermeiden."[2]

---

[1] Vgl. *Deutscher Bundestag*, Agrarbericht, 2002, S. 2.
[2] *Brönner, H.*, Besteuerung, 1999, S. 163.

Auch soweit der Gewinn eines land- und forstwirtschaftlichen Unternehmens auf das Niveau der Gewinne der untersuchten Gewinn-Alternative C ansteigt, ist die Personengesellschaft grundsätzlich eine gute Wahl. Zwar steht die gewerblich infizierte Personengesellschaft in der Gewinn-Alternative C auf Rangplatz 1 und ist damit unter den gegebenen Bedingungen die im Vergleich zur land- und forstwirtschaftlich tätigen Personengesellschaft günstigere Rechtsform, jedoch ergaben die vorliegenden Untersuchungen, dass dieser Vorteil ausschließlich auf die Gewinnzurechnungsvorschrift des § 4 a Abs. 2 EStG in Verbindung mit den im untersuchten Zeitraum 2001 bis 2005 sinkenden Steuersätzen zurückzuführen ist. Der Wirkungsbereich dieses steuerbeeinflussenden Faktors ist damit zeitlich begrenzt.

Darüber hinaus ist zu beachten, dass die Gewinnzurechnungsvorschrift des § 4 a Abs. 2 Nr. 1 EStG bei extremen Gewinnschwankungen tatsächlich zu einem Vorteil für die Land- und Forstwirtschaft im Vergleich mit den gewerblichen Rechtsformen führt: Gewerbebetriebe ist der Rücktrag eines Gewerbeverlustes in den vorangegangenen Erhebungszeitraum verwehrt; § 10 a GewStG ermöglicht nur einen Vortrag des Gewerbeverlusts in die folgenden Erhebungszeiträume. Für Gewerbebetriebe stellt damit die Gewerbesteuer, die in dem Erhebungszeitraum entstanden ist, der dem Verlustjahr vorangig, eine Definitivbelastung dar. Bei extremen Gewinnschwankungen kann die so entstehende Gewerbesteuer-Definitivbelastung durchaus zum steuerlichen Argument gegen eine gewerbliche Rechtsform werden.

Die gewerblich infizierte Personengesellschaft ist u.U. jedoch dann eine überlegenswerte Rechtsformalternative für ein land- und forstwirtschaftlich tätiges Unternehmen, wenn das Zusammenspiel zwischen Gewerbesteuer-Hebesatz einerseits und persönlichen Durchschnitts-Steuersätzen der Gesellschafter andererseits zu einer Überentlastung der Gesellschafter durch den Abzug der Gewerbesteuer als Betriebsausgabe und die pauschalierte Anrechnung der Gewerbesteuer auf die Einkommensteuer nach § 35 EStG führt. In diesem Zusammenhang sind die Gewerbesteuer-Hebesätze der Gemeinden zu prüfen, denn „insbesondere in strukturschwachen Gemeinden mit niedrigen Hebesätzen kann .. die einkommensteuerliche Ermäßigung höher ausfallen als die tatsächliche Gewerbesteuerbelastung des Unternehmens."[1]

Für eine Gewinnhöhe, die sich im Rahmen der untersuchten Gewinn-Alternativen A bis C bewegt, ist die Rechtsform der Kapitalgesellschaft aus Steuerbelastungsgesichtspunkten, vor allem im Vergleich mit der Steuerbelastung der land- und forstwirtschaftlich tätigen Personengesellschaft, grundsätzlich nicht zu

---

[1] DATEV eG, Expertisen § 15 EStG, 2001.

empfehlen. Eine Ausnahme kann lediglich dann bestehen, wenn die Gesellschafter ihren persönlichen Kapitalbedarf über ein Geschäftsführergehalt in relativ niedriger Höhe decken können und darüber hinaus keine Ausschüttungen von der Gesellschaft vorgenommen werden sollen.

Erzielt ein land- und forstwirtschaftliches Unternehmen Gewinne, die sich im Bereich der Gewinn-Alternative D und höher bewegen, ist die gewerblich infizierte Personengesellschaft in dem zugrunde gelegten Untersuchungszeitraum 2001 bis 2005 vor allem wegen der Gewinnzurechnungsvorschrift des § 4 a Abs. 2 EStG die im Vergleich zur land- und forstwirtschaftlich tätigen Personengesellschaft günstigere Rechtsform. Wird dieser Einflussfaktor auf seine zeitliche Wirkung begrenzt, stellt auch dann die land- und forstwirtschaftlich tätige Personengesellschaft eine überlegenswerte Alternative dar.

In den höheren Gewinnklassen gewinnt die land- und forstwirtschaftlich tätige Kapitalgesellschaft an Bedeutung, soweit eine Einflussnahme auf die Steuerbelastung über die Zahlung entsprechender (angemessener) Leistungsvergütungen an die Gesellschafter möglich ist. Während durch die Vereinbarung von Geschäftsführergehältern eine echte Vorteilhaftigkeit der Kapitalgesellschaft im Vergleich mit anderen Rechtsformen erreicht werden kann, führt die Zahlung von Darlehenszinsen an die Gesellschafter aufgrund ihrer absoluten Höhe aus steuerlichen Gesichtspunkten lediglich zu einer gewissen relativen Besserstellung der Rechtsform Kapitalgesellschaft an sich. Die volle Ausschüttung der nach Zahlung von Steuern und Gesellschaftervergütungen noch verbleibenden Gewinne verteuert in der Regel diese Rechtsformalternative. Soweit die Rechtsform der Kapitalgesellschaft für ein land- und forstwirtschaftliches Unternehmen gewählt wird, ist daher unter besonderer Berücksichtigung der individuellen Einkommensverhältnisse der Gesellschafter und deren persönlichen Konsumneigungen zu prüfen, ob und wenn ja, in welcher Höhe Gewinne an die Gesellschafter ausgeschüttet werden sollen.

Grundsätzlich gewinnt die Kapitalgesellschaft bei steigenden Gewinnen dann an Vorzüglichkeit, wenn die Gewinne in voller Höhe thesauriert werden bzw. nur soviel Gewinn an die Gesellschafter ausgeschüttet wird, als unter Berücksichtigung des Halbeinkünfteverfahrens nach § 3 Nr. 40 EStG keine zusätzlichen Steuerzahllasten auf der Ebene der Gesellschafter entstehen.

Wie die Untersuchungen gezeigt haben, stellt das gewerbliche Einzelunternehmen aus Steuerbelastungsgesichtspunkten keine geeignete Rechtsformalternative für ein land- und forstwirtschaftliches Unternehmen dar.

Ausdrücklich ist festzuhalten, dass die Rechtsform des *land- und forstwirtschaftlichen Einzelunternehmens*, in der nahezu 95 %[1] aller Land- und Forstwirte in der Bundesrepublik Deutschland wirtschaften, unter besonderer Berücksichtigung der laufenden Steuerbelastung *sehr schnell zur ungünstigsten Rechtsformalternative* wird. Lediglich bei niedrigsten Gewinnen erfolgt keine steuerliche Mehrbelastung der Land- und Forstwirte im Vergleich zur laufenden Steuerbelastung anderer Rechtsformen.

II. Aperiodische Besteuerung

Für die aperiodische Besteuerung eines land- und forstwirtschaftlichen Unternehmens in alternativen Rechtsformen wurden aus aktuellem Anlass die steuerlichen Konsequenzen einer unentgeltlichen Übertragung von land- und forstwirtschaftlichem Vermögen im Rahmen einer vorweggenommenen Erbfolge untersucht.

Es ist festzuhalten, dass sich aus verkehrsteuerlicher Sicht keine rechtsformspezifischen Steuerbelastungskonsequenzen für das land- und forstwirtschaftlich tätige Unternehmen und seine Beteiligten durch die Schenkung unter Lebenden ergeben.

Ertragsteuerlich spricht der dem land- und forstwirtschaftlichen Betriebsvermögen i.S.d. § 13 EStG vorbehaltene Freibetrag nach § 14 a Abs. 4 EStG im rechtsformspezifischen Vergleich grundsätzlich für die *land- und forstwirtschaftliche Personenunternehmung*, soweit weichende Erben durch die Veräußerung oder Entnahme von Grund und Boden abgefunden werden können: kann der Freibetrag vom übergebenden land- und forstwirtschaftlichen Personenunternehmer in Anspruch genommen werden, gewinnt das land- und forstwirtschaftliche Personenunternehmen in der steuerlichen Gesamtschau überdurchschnittlich an *Vorzüglichkeit*. Die ertragsteuerliche Belastung des gewerblichen Personenunternehmers bzw. des Anteilseigners einer land- und forstwirtschaftlich tätigen Kapitalgesellschaft ist cet. par. durch die Abfindung weichender Erben durch die Veräußerung oder Entnahme von Grund und Boden ungleich höher, da diese den Freibetrag des § 14 a Abs. 4 EStG für den Veräußerungs- bzw. Entnahmegewinn nicht nutzen können. Sind darüber hinaus keine weiteren Vermögenswerte vorhanden, mindert sich die Abfindung der weichenden Erben um die ertragsteuerlichen Zahllasten des Übergebers.

---

[1] S. Teil A, Kapitel I, S. 24.

Je mehr weichende Erben durch die Veräußerung oder Entnahme von Grund und Boden unter Inanspruchnahme des Freibetrags nach § 14 a Abs. 4 EStG abgefunden werden können, desto vorteilhafter wird die Rechtsform des land- und forstwirtschaftlichen Personenunternehmens im ertragsteuerlichen Vergleich.

Aus *erbschaft- und schenkungsteuerlichen* Belastungsgesichtspunkten ist zunächst festzuhalten, dass durch die Übertragung eines land- und forstwirtschaftlichen Grundheitswerts durch eine vorweggenommene Erbfolge im Rahmen der Rechtsform eines *land- und forstwirtschaftlichen Personenunternehmens* in der Regel für die Mehrzahl der Fälle *keine oder nur eine geringe erbschaft- und schenkungsteuerliche Mehrbelastung* entsteht. Dies liegt zum einen in dem stark vereinfachten Ertragswertverfahren „Bedarfsbewertung" begründet, dass für die Ermittlung der erbschaft- und schenkungsteuerlichen Bemessungsgrundlage die tatsächlich vom land- und forstwirtschaftlichen Unternehmen erwirtschafteten Erträge grundsätzlich nur sehr eingeschränkt abzeichnet. Darüber hinaus ist das land- und forstwirtschaftliche Betriebsvermögen nach §§ 13 a, 19 a ErbStG begünstigt.

Ein Nachteil der Bedarfsbewertung ergibt sich jedoch durch die Nichtberücksichtigung bestimmter Wirtschaftsgüter bei der Bewertung. Wie dargestellt wurde, nimmt § 33 Abs. 3 BewG bestimmte Wirtschaftsgüter aus dem land- und forstwirtschaftlichen Vermögensbegriff aus; diese Positionen sind entweder als übriges Vermögen oder als Schulden und Lasten zu beurteilen. Für übriges Vermögen können die Vergünstigungen für das Betriebsvermögen nach §§ 13 a, 19 a ErbStG nicht in Anspruch genommen werden. Schulden und Lasten bestimmen bei der unentgeltlichen Übertragung von land- und forstwirtschaftlichem Vermögen im Wege der vorweggenommenen Erbfolge lediglich den entgeltlich erworbenen Teil des Vermögens. Läge dagegen gewerbliches Betriebsvermögen vor, wäre eine uneingeschränkte Saldierung der übernommenen Schulden und Lasten mit dem übergebenen Aktivvermögen möglich. Ist entsprechendes Aktivvermögen und/oder Schulden und Lasten vorhanden, die in wirtschaftlichem Zusammenhang mit nach § 13 a ErbStG begünstigten Betriebsvermögen stehen, kann die Rechtsform des gewerblichen Personenunternehmens aus erbschaft- und schenkungsteuerlicher Sicht auch für ein land- und forstwirtschaftlich tätiges Unternehmen eine denkbare Rechtsformalternative sein.

Die Kapitalgesellschaft ist für ein land- und forstwirtschaftliches Unternehmen auch aus erbschaft- und schenkungsteuerlicher Sicht weniger empfehlenswert: die Berücksichtigung der Ertragskomponente im Stuttgarter Verfahren führt bei steigenden Erträgen des Unternehmens sehr schnell zu einer im rechtsformspezifischen Vergleich höheren Bemessungsgrundlage für die Erbschaft- und Schenkungsteuer. Nur in Zeiten geringer Gewinne oder gar Verluste kann sich für die

Kapitalgesellschaft eine im Vergleich für den Steuerpflichtigen günstigere Bemessungsgrundlage ergeben.
Darüber hinaus ist zu beachten, dass die Inanspruchnahme der Begünstigungen nach §§ 13 a, 19 a ErbStG eine unmittelbare Mindestbeteiligung des Anteilseigners von mehr als 25 % erfordert.

Die erbschaft- und schenkungsteuerpflichtige Belastung des Wohnhauses des übertragenden Land- und Forstwirts bzw. des übertragenden Gesellschafters einer land- und forstwirtschaftlich tätigen Kapitalgesellschaft ist unabhängig von der Rechtsform zu bewerten und führt zu keinen erbschaft- und schenkungsteuerlichen Belastungsdifferenzen: soweit das Wohnhaus einem Betrieb der Land- und Forstwirtschaft zu dienen bestimmt ist, sind auch die Vergünstigungen des §§ 143 Abs. 2 und 3 BewG bei der Bewertung des Grundvermögens nach §§ 146 bis 150 BewG anwendbar.

Die Untersuchungen der vorliegenden Arbeit haben damit ergeben, dass die *land- und forstwirtschaftlich tätige Personengesellschaft* die aus Sicht der *laufenden* und die *land- und forstwirtschaftlich tätige Personenunternehmung* aus Sicht der *aperiodischen* (hier: die unentgeltliche Übertragung eines land- und forstwirtschaftlichen Unternehmens durch vorweggenommene Erbfolge) *Besteuerung* die grundsätzlich in der Mehrzahl der Fälle geeignetsten Rechtsformen für ein land- und forstwirtschaftliches Unternehmen darstellen.

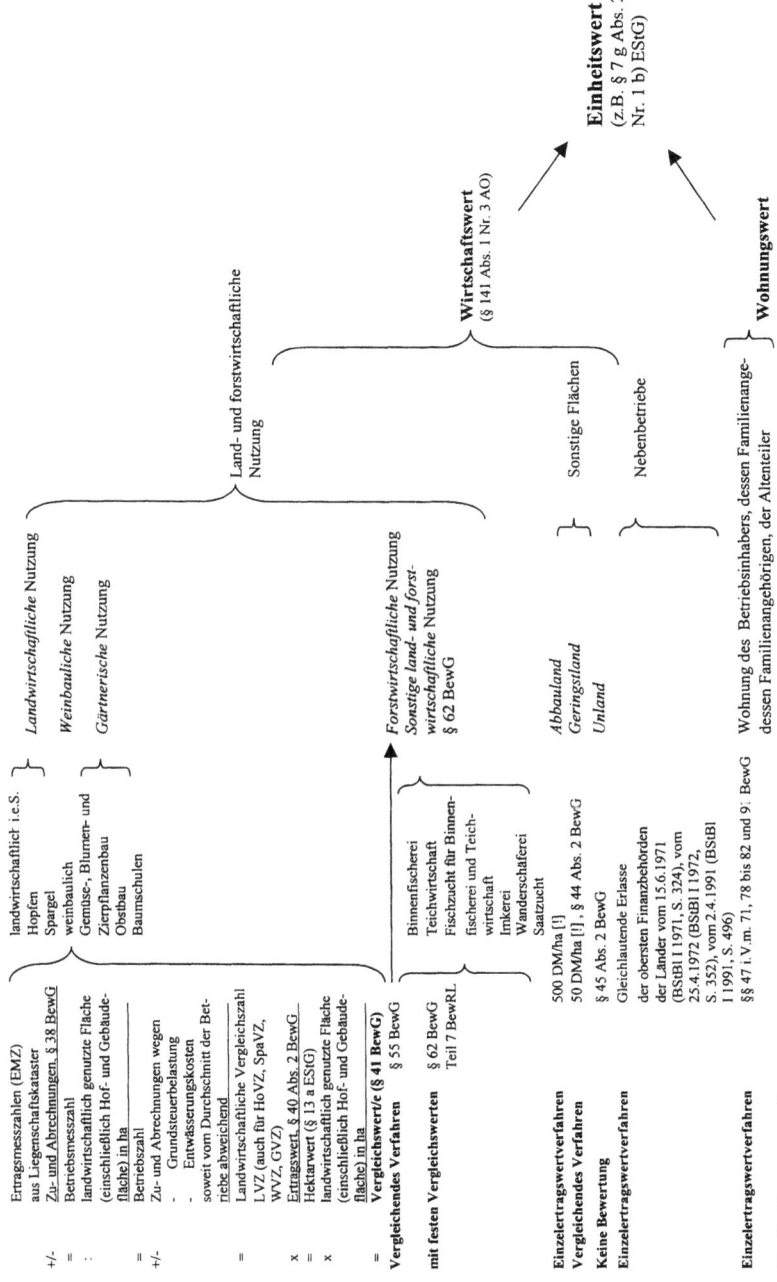

Anhang II:

Vorteilhaftigkeit der Rechtsformen für die Gewinn-Alternativen A – G
(s. Seite 122)

Alternative Rechtsformen	Alternative A	Alternative B	Alternative C	Alternative D	Alternative E	Alternative F	Alternative G
luf EU	1	5	7	8	8	8	8
luf OHG	1	1	2	3	3	4	4
gew. EU	2	6	5	6	7	7	7
gew. inf. OHG	2	2	1	1	2	2	3
GmbH/Th.	3	7	6	5	4	3	2
GmbH/G/Th.	1	3	3	2	1	1	1
GmbH/G/A.	1	4	4	4	5	5	5
GmbH/A.	3	8	8	7	6	6	6

Tabelle 29: Vorteilhaftigkeit der Rechtsformen für die Gewinn-Alternativen A – G

Erläuterung der Kurzbezeichnungen:

luf EU	land- und forstwirtschaftliches Einzelunternehmen
luf OHG	land- und forstwirtschaftlich tätige OHG
gew. EU	gewerbliches Einzelunternehmen
gew. inf. OHG	gewerblich infizierte OHG
GmbH/Th.	GmbH, die ihren nach Steuern verbleibenden Gewinn ohne Zahlung von Geschäftsführergehältern in voller Höhe thesauriert
GmbH/G/Th.	GmbH, die ihren nach Zahlung von Geschäftsführergehältern und Steuern verbleibenden Gewinn in voller Höhe thesauriert
GmbH/G/A.	GmbH, die ihren nach Zahlung von Geschäftsführergehältern und Steuern verbleibenden Gewinn in voller Höhe ausschüttet
GmbH/A.	GmbH, die ihren nach Steuern verbleibenden Gewinn ohne Zahlung von Geschäftsführergehältern in voller Höhe ausschüttet

Literaturverzeichnis

Altehoefer, Klaus u.a. [Land- und Forstwirtschaft, 1998]: Besteuerung der Land- und Forstwirtschaft, 3., völlig überarb. Aufl., Herne/Berlin : Verl. Neue Wirtschafts-Briefe, 1998

Brönner, Herbert [Besteuerung, 1999]: Die Besteuerung der Gesellschaften, des Gesellschafterwechsels und der Umwandlungen, 17., erw. Aufl. / völlig neu bearb. von Peter Bareis ; Herbert Brönner, Stuttgart : Schäffer-Poeschel, 1999

Cissée, Bernd (Bearb.) [§ 24 UStG, 2000]: § 24 : Durchschnittssätze für land- und forstwirtschaftliche Betriebe, in: *Johann Bunjes/Reinhold Geist*: Umsatzsteuergesetz : Kommentar, 6., völlig neubearb. Aufl., München : Beck, 2000, S. 755-769

DATEV eG [Expertisen § 13 EStG, 2001], Unternehmenssteuerreform-Expertisen V.1.11, Expertise – Nr. EU13SQ, Nürnberg, Rechtsstand 1.2.2001

DATEV eG [Expertisen § 15 EStG, 2001], Unternehmenssteuerreform-Expertisen V.1.11, Expertise – Nr. EU15SQ, Nürnberg, Rechtsstand 1.2.2001

Deutscher Bundestag (Hrsg.) [Agrarbericht, 2001]: Agrarbericht 2001 : Agrar- und ernährungspolitischer Bericht der Bundesregierung, BT-Drs. 14/5326, Bonn : Bundesanzeiger, 2001

Deutscher Bundestag (Hrsg.) [Agrarbericht, 2002]: Ernährungs- und agrarpolitischer Bericht 2002 der Bundesregierung, BT-Drs. 14/8202, Bonn : Bundesanzeiger, 2002

Dötsch, Franz (Bearb.) [§ 99 BewG, 1999]: § 99 : Betriebsgrundstücke, 9. Aufl., in: *Lorenz Gürsching/Alfons Stenger*, Kommentar zum Bewertungsgesetz und Vermögensteuergesetz (Loseblatt), Stand: Januar 1999 (84. Lfg.), Köln : O. Schmidt, 1992/1998, S. 1-17

Erle, Bernd [Rechtsformwahl, 1999]: Rechtsformwahl, in: *Welf Müller/Burkhard Hense* (Hrsg.), Beck'sches Handbuch der GmbH : Gesellschaftsrecht – Steuerrecht, 2. Aufl., München : Beck, 1999, S. 1-21

Felsmann, Willi: Einkommensbesteuerung der Land- und Forstwirte (Loseblatt), 3. Aufl., Stand: April 2002 (31. Lfg.), Sankt Augustin : HLBS Verlag, 1983/2002

Fischer, Uwe [Umsatzbesteuerung, 1998]: Umsatzbesteuerung der Land- und Forstwirte : Grundsteuer : Grunderwerbsteuer, in: Seminarunterlagen zur Vorbereitung auf die Prüfung zur Berufsbezeichnung „Landwirtschaftliche Buchstelle", Sankt Augustin : HLBS-Stiftung, 1998

Gebel, Dieter (Bearb.) [§ 12 ErbStG, 2002]: § 12 : Bewertung, in: *Max Troll/Dieter Gebel/Marc Jülicher*, Erbschaft- und Schenkungsteuergesetz : Kommentar (Loseblatt), Stand: 31. März 2002 (24. Lfg.), München : Vahlen, 2002, S. 1-270

Gesamtverband der landwirtschaftlichen Alterskassen (Hrsg.): Alterssicherung der Landwirte : Beitrag und Beitragszuschuss, Kassel : o. Verlag, 1. Januar 2001

Giere, Hans-Wilhelm (Bearb.) [§ 4 a EStG, 2002]: Gewinnermittlungszeitraum, 3. Aufl., in: *Willi Felsmann*, Einkommensbesteuerung der Land- und Forstwirte (Loseblatt), Stand: April 2002 (31. Lfg.), Sankt Augustin : HLBS Verlag, 1983/2002, S. 237-250/2

Glier, Josef/Schmid, Franz [Landwirtschaft, 2000]: Einkommensbesteuerung, Einheitsbewertung und Bedarfsbewertung für die Erbschaft- und Schenkungsteuer bei der Landwirtschaft, 18. Aufl., Berg : Leitfadenverlag Sudholt, 2000

Gmach, Gertlieb (Bearb.) [§ 13 EStG, 2000]: § 13 : Einkünfte aus Land- und Forstwirtschaft, in: *Carl Herrmann/Gerhard Heuer/Arndt Raupach*, Einkommensteuer- und Körperschaftsteuergesetz : Kommentar (Loseblatt), Stand: Oktober 2000 (200. Lfg.), Köln : O. Schmidt, 1950/96, S. E 1-E 59

Gürsching, Lorenz/Stenger, Alfons: Kommentar zum Bewertungsgesetz und Vermögensteuergesetz (Loseblatt), Stand: Januar 1999 (84. Lfg.), Köln : O. Schmidt, 1992/1998

Halaczinsky, Raymond (Bearb.) [§ 139 BewG, 2002]: § 139 : Abrundung, in: *Rössler/Max, Troll*, Bewertungsgesetz : Kommentar (Loseblatt), Stand: Februar 2002 (3. Lfg.), München : Vahlen, 1997/2002, S. 1

Harle, Georg/Kulemann, Grit [Unternehmenssteuerreform, 2001]: Unternehmenssteuerreform : Besteuerung der Kapital- und Personengesellschaften ; Analyse, Besteuerungsvergleiche, Gestaltungsmodelle, Herne/Berlin : Verl. Neue Wirtschafts-Briefe, 2001

Heinicke, Wolfgang (Bearb.) [§ 4 a EStG, 2000]: § 4 a Gewinnermittlungszeitraum, Wirtschaftsjahr, in: *Ludwig Schmidt* (Hrsg.): Einkommensteuergesetz : Kommentar, 19. Aufl., München : Beck, 2000

Herrmann, Carl/Heuer, Gerhard/Raupach, Arndt: Einkommensteuer- und Körperschaftsteuergesetz : Kommentar (Loseblatt), Stand: Oktober 2000 (200. Lfg.), Köln : O. Schmidt, 1950/96

Herzig, Norbert/Kessler, Wolfgang [Steuerbelastungsvergleich, 1992]: Steuerorientierte Wahl der Unternehmensform GmbH, OHG, GmbH & Co. und Betriebsaufspaltung : Ein EDV-gestützter Steuerbelastungsvergleich, in: GmbHR, 1992, S. 232-249

- */Schiffers, Joachim* [Rechtsformwahl, 1994]: Rechtsformwahl unter Beachtung der laufenden Besteuerung und von aperiodischen Besteuerungstatbeständen : Unter besonderer Berücksichtigung des StandOG und FKPG, in: StuW, 1994, S. 103-120

Hiller, Gerhard [Durchschnittsatzgewinn I, 1999]: Durchschnittsatzgewinn in der Landwirtschaft nach dem neuen § 13 a EStG – Teil I : Neue Besteuerungslücken und Schlupflöcher, in: INF, 1999, S. 449-454

Hiller, Gerhard [Durchschnittsatzgewinn II, 1999]: Durchschnittsatzgewinn in der Landwirtschaft nach dem neuen § 13 a EStG – Teil II : Neue Besteuerungslücken und Schlupflöcher, in: INF, 1999, S. 487-492

- [Freibetrag, 2000]: Rücknahme des Freibetrags nach § 14 a Abs. 4 EStG wegen geänderter Hofnachfolge, in: INF, 2000, S. 166-168

höl/hoff/nif [Milliarden-Fonds, 2002]: Wahlkampf wirkt sich auf Terminplan aus : Gezerre um Milliarden-Fonds für Flutopfer : SPD will Entscheidung über das Gesetz erst Mitte September / Union besteht auf schnellerem Vorgehen, in: SZ Nr. 197 vom 27.8.2002, S. 1

Hötzel, Oliver (Bearb.) [Unternchmenssteuerreform, 2000]: Teil 5: Die Neuregelungen im einzelnen – Gesetze, Materialien, Erläuterungen : A. Änderung des Einkommensteuergesetzes (Artikel 1) : II. Änderung § 3 EStG, in: *Harald Schaumburg/Thomas Rödder* (Hrsg.), Unternehmenssteuerreform 2001 : Gesetze · Materialien · Erläuterungen, München : Beck, 2000, S. 200-242

- (Bearb.) [§ 3 c Abs. 2 EStG, 2000]: Teil 5: Die Neuregelungen im einzelnen – Gesetze, Materialien, Erläuterungen : A. Änderung des Einkommensteuergesetzes (Artikel 1) : III. Änderung § 3 c EStG, in: *Harald Schaumburg/Thomas Rödder* (Hrsg.), Unternehmenssteuerreform 2001 : Gesetze · Materialien · Erläuterungen, München : Beck, 2000, S. 249-256

Huber, Ursula/Wimmers, Felix [Struktur, 2000]: Struktur der landwirtschaftlichen Betriebe in der Europäischen Union, in: aid, 2000, S. 137-140

Jacobs, Otto H. (Hrsg.) [Unternehmensbesteuerung, 1998]: Unternehmensbesteuerung und Rechtsform : Handbuch zur Besteuerung deutscher Unternehmen, 2., völlig neubearb. Auflage, München : Beck, 1998

- */Scheffler, Wolfram* [Rechtsform, 1996]: Steueroptimale Rechtsform : eine Belastungsanalyse für mittelständische Unternehmen, 2., völlig überarb. Aufl., München : Vahlen, 1996

Jülicher, Marc (Bearb.) [§ 13 a ErbStG, 2002]: § 13 a : Ansatz von Betriebsvermögen, von Betrieben der Land- und Forstwirtschaft und von Anteilen an Kapitalgesellschaften, in: *Max Troll/Dieter Gebel/Marc Jülicher*, Erbschaft- und Schenkungsteuergesetz : Kommentar (Loseblatt), Stand: 31. März 2002 (24. Lfg.), München : Vahlen, 2002, S. 1-128

Kanzler, Hans-Joachim [Land- und Forstwirtschaft, 1999]: Steuerentlastungsgesetz 1999/2000/2002 : Änderungen bei den Einkünften aus Land- und Forstwirtschaft, in: FR, 1999, S. 423-429

Kessler, Wolfgang/Schiffers, Joachim [Rechtsformwahl, 1999]: Rechtsformwahl, in: *Welf Müller/Wolf-Dieter Hoffmann* (Hrsg.), Beck'sches Handbuch der Personengesellschaften : Gesellschaftsrecht – Steuerrecht, München : Beck, 1999, S. 1-94

Kessler, Wolfgang/Teufel, Tobias [Unternehmenssteuerreform, 2000]: Auswirkungen der Unternehmenssteuerreform 2001 auf die Rechtsformwahl, in: DStR, 2000, S. 1836-1842

Klein, Franz/Olbertz, Frank Florian [§ 3 KraftStG, 1987]: Kraftfahrzeugsteuergesetz : mit Durchführungsverordnung : Kommentar, 2. Aufl., Neuwied/Darmstadt : Luchterhand, 1987

Köhne, Manfred/Wesche, Rüdiger [Steuerlehre, 1995]: Landwirtschaftliche Steuerlehre, 3., völlig neubearb. Aufl., Stuttgart : Ulmer, 1995

König, Rolf/Sureth, Caren [Rechtsformwahl, 2001]: Besteuerung und Rechtsformwahl, 2. Aufl., Herne/Berlin : Verl. Neue Wirtschafts-Briefe, 2001

- [Einfluss, 2001]: Der Einfluss der Unternehmenssteuerreform auf die rechtsformspezifische Steuerbelastung, in: StuB, 2001, S. 117-121

Lexikon für das Lohnbüro [Pauschalierung, 2002]: Lexikon für das Lohnbüro : Arbeitslohn, Lohnsteuer, Sozialversicherung von A bis Z , 44. Aufl., München : Jehle Rehm, 1. Januar 2002

List, Heinrich [Kirchensteuer, 1997]: Kirchensteuer : Rechtsgrundlagen und neuere Rechtsprechung, in: BB, 1997, S. 17-24

Märkle, Rudi W./Hiller, Gerhard [Einkommensteuer, 2001]: Die Einkommensteuer bei Land- und Forstwirten, 8. Aufl., Stuttgart u.a. : Boorberg, 2001

Pape, Manfred (Bearb.) [Einkünfte, 2002]: Einkünfte aus Land- und Forstwirtschaft, 3. Aufl., in: *Willi Felsmann*, Einkommensbesteuerung der Land- und Forstwirte (Loseblatt), Stand: April 2002 (31. Lfg.), Sankt Augustin : HLBS Verlag, 1983/2002, S. 47-114/2

- (Bearb.) [§ 6 b EStG, 2002]: Begünstigung nach § 6 b EStG, 3. Aufl., in: *Willi Felsmann*, Einkommensbesteuerung der Land- und Forstwirte (Loseblatt), Stand: April 2002 (31. Lfg.), Sankt Augustin : HLBS Verlag, 1983/2002, S. 1237-1272

- (Bearb.) [Schätzung, 2002]: Schätzung des Gewinns, 3. Aufl., in: *Willi Felsmann*, Einkommensbesteuerung der Land- und Forstwirte (Loseblatt), Stand: April 2002 (31. Lfg.), Sankt Augustin : HLBS Verlag, 1983/2002, S. 1541-1560/2

- (Bearb.) [§ 14 a Abs. 4 EStG, 2002]: Freibetrag nach § 14 a Abs. 4 EStG, 3. Aufl., in: *Willi Felsmann*, Einkommensbesteuerung der Land- und Forstwirte (Loseblatt), Stand: April 2002 (31. Lfg.), Sankt Augustin : HLBS Verlag, 1983/2002, S. 1694/1-1712/2

Röck, Arthur [Änderungen, 2000]: Änderungen durch die UStR 2000 – Teil III, in: INF, 2000, S. 518-522

Rödder, Thomas [Rechtsformwahl, 1993]: Der Einfluß der Erbschaftsteuer auf die Rechtsformwahl mittelständischer Familienunternehmen : Analyse unter besonderer Berücksichtigung der substanzsteuerlichen Änderungen zum 1.1.1993, in: DB, 1993, S. 2137-2147

- */Schumacher, Andreas* (Bearb.) [Unternehmenssteuerreform, 2000]: Teil 4: Einführender Überblick über die wesentlichen Neuregelungen : A. Besteuerung von Kapitalgesellschaften nach der Unternehmenssteuerreform 2001, in: *Harald Schaumburg/Thomas Rödder* (Hrsg.), Unternehmenssteuerreform 2001 : Gesetze · Materialien · Erläuterungen, München : Beck, 2000, S. 151-187

Rössler/Troll, Max: Bewertungsgesetz : Kommentar (Loseblatt), Stand: Februar 2002 (3. Lfg.), München : Vahlen, 1997/2002

Schaumburg, Harald (Bearb.) [Unternehmenssteuerreform, 2000]: Teil 5: Die Neuregelungen im einzelnen – Gesetze, Materialien, Erläuterungen : A. Änderung des Einkommensteuergesetzes (Artikel 1) : XXI. Änderung § 35 EStG, in: *Harald Schaumburg/Thomas Rödder* (Hrsg.), Unternehmenssteuerreform 2001 : Gesetze · Materialien · Erläuterungen, München : Beck, 2000, S. 338-358

Schaumburg, Harald/Rödder, Thomas (Hrsg.): Unternehmenssteuerreform 2001 : Gesetze · Materialien · Erläuterungen, München : Beck, 2000

Schmidt, Ludwig (Hrsg.) [Einkommensteuergesetz, 2000]: Einkommensteuergesetz : Kommentar, 19. Aufl., München : Beck, 2000

Söffing, Matthias/Völkers, Heinrich/Weinmann, Norbert [Erbrecht, 1999]: Erbschaft- und Schenkungsteuerrecht, München : Beck, 1999

Sölch/Ringleb – Mößlang, Gerhard (Hrsg.): Umsatzsteuergesetz : Kommentar (Loseblatt), Stand: 1. April 2002 (47. Lfg.), München : Beck, 2002

Statistisches Bundesamt (Hrsg.) [Statistik, 2000]: Statistisches Jahrbuch 2000 für die Bundesrepublik Deutschland, Stuttgart : Metzler-Poeschel, 2000

Teß, Wolfgang (Bearb.) [§ 33 BewG, 2002]: § 33 : Begriff des land- und forstwirtschaftlichen Vermögens, in: *Rössler/Max Troll*, Bewertungsgesetz : Kommentar (Loseblatt), Stand: Februar 2002 (3. Lfg.), München : Vahlen, 1997/2002, S. 1-26

- [§ 51 BewG, 2002]: § 51 : Tierbestände, in: *Rössler/Max Troll*, Bewertungsgesetz : Kommentar (Loseblatt), Stand: Februar 2002 (3. Lfg.), München : Vahlen, 1997/2002, S. 1-12

- [§ 95 BewG, 2002]: § 95 : Begriff des Betriebsvermögens, in: *Rössler/Max Troll*, Bewertungsgesetz : Kommentar (Loseblatt), Stand: Februar 2002 (3. Lfg.), München : Vahlen, 1997/2002, S. 1-20

Teß, Wolfgang (Bearb.) [§ 97 BewG, 2002]: § 97 : Betriebsvermögen von Körperschaften, Personenvereinigungen und Vermögensmassen, in: *Rössler/Max Troll*, Bewertungsgesetz : Kommentar (Loseblatt), Stand: Februar 2002 (3. Lfg.), München : Vahlen, 1997/2002, S. 1-16

- [§ 99 BewG, 2002]: § 99 : Betriebsgrundstücke, in: *Rössler/Max Troll*, Bewertungsgesetz : Kommentar (Loseblatt), Stand: Februar 2002 (3. Lfg.), München : Vahlen, 1997/2002, S. 1-6

- [§ 142 BewG, 2002]: § 142 : Betriebswert, in: *Rössler/Max Troll*, Bewertungsgesetz : Kommentar (Loseblatt), Stand: Februar 2002 (3. Lfg.), München : Vahlen, 1997/2002, S. 1-18

Tipke, Klaus/Lang, Joachim [Steuerrecht, 1991]: Steuerrecht : Ein systematischer Grundriß, 13., völlig überarb. Aufl., Köln : O. Schmidt, 1991

Troll, Max/Gebel, Dieter/Jülicher, Marc: Erbschaft- und Schenkungsteuergesetz : Kommentar (Loseblatt), Stand: 31. März 2002 (24. Lfg.), München : Vahlen, 2002

Wagner, Wilfried (Bearb.) [Pauschalierung, 2002]: § 24 : Durchschnittssätze für land- und forstwirtschaftliche Betriebe, in: *Sölch/Ringleb – Mößlang, Gerhard* (Hrsg.), Umsatzsteuergesetz : Kommentar (Loseblatt), Stand: 1. April 2002 (47. Lfg.), München : Beck, 2002, S. 1-62

Weimann, Rüdiger/Raudszus, Holger [Pauschalierung, 1999]: Änderungen im Umsatzsteuerrecht durch das Steuerentlastungsgesetz, in: INF, 1999, S. 261-265

Wendt, Michael [Anrechnung, 2001]: Anrechnung der Gewerbesteuer auf die Einkommensteuer, in: EStB, 2001, S. 95-99

- [Gewerbesteuer, 2000]: StSenkG: Pauschale Gewerbesteueranrechnung bei Einzelunternehmen, Mitunternehmerschaft und Organschaft, in: FR, 2000, S. 1173-1182

Wöhe, Günther [Einführung, 1986]: Einführung in die Allgemeine Betriebswirtschaftslehre, 16. überarb. Aufl., München : Vahlen, 1986

Wurzer, Xaver [Pauschalierung, 1998]: Die Besteuerung der Land- und Forstwirte nach § 24 UStG, in: BB, 1998, S. 1396-1399

Rechtsquellenverzeichnis

Gesetze und Durchführungsverordnungen

ALG	Gesetz über die Alterssicherung der Landwirte, in der Fassung der Bekanntmachung vom 29. Juli 1994, BGBl I 1994, S. 1890; zuletzt geändert durch Art. 8 Gesetz zur Änderung des Wohngeldgesetzes und anderer Gesetze vom 22.12.1999, BGBl I 1999, S. 2671
AO	Abgabenordnung, in der Fassung der Bekanntmachung vom 16. März 1976, BGBl I 1976, S. 613, ber. 1977 I, S. 269; zuletzt geändert durch Steuerverkürzungsbekämpfungsgesetz vom 19.12.2001, BGBl I 2001, S. 3922
BauGB	Baugesetzbuch, in der Fassung der Bekanntmachung vom 27. August 1997, BGBl I 1997, S. 2141, ber. 98, 137; zuletzt geändert durch Gesetz vom 15.12.2001, BGBl I 2001, S. 3762
BewG	Bewertungsgesetz, in der Fassung der Bekanntmachung vom 1. Februar 1991, BGBl I 1991, S. 230; zuletzt geändert durch Steueränderungsgesetz 2001 vom 20.12.2001, BGBl I 2001, S. 3794
ErbStG	Erbschaftsteuer- und Schenkungsteuergesetz, in der Fassung der Bekanntmachung vom 27. Februar 1997, BGBl I 1997, S. 378; zuletzt geändert durch Steueränderungsgesetz 2001 vom 20.12.2001, BGBl I 2001, S. 3794
EStG	Einkommensteuergesetz 1997, in der Fassung der Bekanntmachung vom 16. April 1997, BGBl I 1997, S. 821; zuletzt geändert durch Versorgungsänderungsgesetz vom 20.12.2001, BGBl I 2001, S. 3926
FELEG	Gesetz zur Förderung der Einstellung der landwirtschaftlichen Erwerbstätigkeit, in der Fassung der Bekanntmachung vom 21. Februar 1989, BGBl I 1989, S. 233; zuletzt geändert durch Art. 49 Gesetz zur Einführung des Euro im Sozial- und Arbeitsrecht sowie zur Änderung anderer Vorschriften (4. Euro-Einführungsgesetz) vom 21.12.2000, BGBl I 2000, S. 1983
GewStG	Gewerbesteuergesetz 1999, in der Fassung der Bekanntmachung vom 19. Mai 1999, BGBl I 1999, S. 1010, ber. BGBl I 1999, S. 1491; zuletzt geändert durch Solidarpaktfortführungsgesetz vom 20.12.2001, BGBl I 2001, S. 3955
GG	Grundgesetz für die Bundesrepublik Deutschland, in der Fassung der Bekanntmachung vom 23. Mai 1949, BGBl III 1949, S. 1; zuletzt geändert durch Gesetz zur Änderung des Grundgesetzes (Artikel 108) vom 26.11.2001, BGBl I 2001, S. 3219

GrEStG	Grunderwerbsteuergesetz, in der Fassung der Bekanntmachung vom 26. Februar 1997, BGBl I 1997, S. 418, ber. S. 1804; zuletzt geändert durch Steueränderungsgesetz 2001 vom 20.12.2001, BGBl I 2001, S. 3794
GrStG	Grundsteuergesetz, in der Fassung der Bekanntmachung vom 7. August 1973, BGBl I 1973, S. 965; zuletzt geändert durch Steuer-Euroglättungsgesetz vom 19.12.2000, BGBl I 2000, S. 1790
HGB	Handelsgesetzbuch, in der Fassung der Bekanntmachung vom 10. Mai 1897, RGBl 1897, S. 219; zuletzt geändert durch Gesetz zur weiteren Reform des Aktien- und Bilanzrechts, zu Transparenz und Publizität (Transparenz- und Publizitätsgesetz) vom 19.7.2002, BGBl I 2002, S. 2681
KraftStG	Kraftfahrzeugsteuergesetz 1994, in der Fassung der Bekanntmachung vom 24. Mai 1994, BGBl I 1994, S. 1102; zuletzt geändert durch Neuntes Buch Sozialgesetzbuch vom 19.6.2001, BGBl I 2001, S. 1046
KStG	Körperschaftsteuergesetz 1999, in der Fassung der Bekanntmachung vom 22. April 1999, BGBl I 1999, S. 817; zuletzt geändert durch Solidarpaktfortführungsgesetz vom 20.12.2001, BGBl I 2001, S. 3955
UStG	Umsatzsteuergesetz 1999, in der Fassung der Bekanntmachung vom 9. Juni 1999, BGBl I 1999, S. 1270; zuletzt geändert durch Steuerverkürzungsbekämpfungsgesetz vom 19.12.2001, BGBl I 2001, S. 3922
EStDV	Einkommensteuer-Durchführungsverordnung 2000, in der Fassung der Bekanntmachung vom 10. Mai 2000, BGBl I 2000, S. 717; zuletzt geändert durch Steueränderungsgesetz 2001 vom 20.12.2001, BGBl I 2001, S. 3794

Urteile und Beschlüsse

Gericht	*Datum*	*Aktenzeichen*	*Fundstelle*	*Textstelle*
BVerfG	Bs. v. 22.6.1995	2 BvL 37/91	BStBl II 1995, S. 655-671	S. 32
BVerfG	Bs. v. 22.6.1995	2 BvR 552/91	BStBl II 1995, S. 671-675	S. 32
BFH	Urt. v. 6.4.2000	IV R 38/99	BStBl II 2000, S. 422-423	S. 66

Gericht	Datum	Aktenzeichen	Fundstelle	Textstelle
BFH	Urt. v. 11.8.1999	XI R 12/98	BStBl II 2000, S. 229-230	S. 54
BFH	Urt. v. 30.1.1997	V R 133/93	BStBl II 1997, S. 335-336	S. 49
BFH	Urt. v. 16.12.1993	V R 79/91	BStBl II 1994, S. 339-342	S. 53
BFH	Urt. v. 23.1.1992	XI R 6/87	BStBl II 1992, S. 526-528	S. 182
BFH	Urt. v. 10.10.1991	XI R 3/88	BFH/NV 4/92, S. 237 – 238	S. 182
BFH	Urt. v. 22.8.1990	I R 67/88	BStBl II 1991, S. 250-251	S. 33
BFH	Urt. v. 3.8.1990	VI R 22/89	BStBl II 1990, S. 1002-1004	S. 68
BFH	Urt. v. 1.2.1990	IV R 8/89	BStBl II 1990, S. 428-429	S. 182 f.
BFH	Urt. v. 13.4.1989	IV R 30/87	BStBl II 1989, S. 718-720	S. 61
BFH	Urt. v. 10.7.1986	IV R 12/81	BStBl II 1986, S. 811-815	S. 184
BFH	Urt. v. 28.3.1985	IV R 88/81	BStBl II 1985, S. 508-510	S. 182 f.
BFH	Urt. v. 30.9.1980	VIII R 22/79	BStBl II 1981, S. 210-212	S. 62
BFH	Urt. v. 5.9.1980	VI R 183/77	BStBl II 1981, S. 76-78	S. 68
BFH	Urt. v. 20.3.1974	II R 76/73	BStBl II 1974, S. 589-590	S. 47
BFH	Urt. v. 5.3.1969	I R 41/66	BStBl II 1969, S. 350-352	S. 33
BFH	Urt. v. 19.1.1966	II 127/63	BStBl III 1966, S. 229-230	S. 47

Gericht	Datum	Aktenzeichen	Fundstelle	Textstelle
BFH	Urt. v. 14.1.1953	II 151/52 U	BStBl III 1953, S. 95-96	S. 48
BFH	Bs. v. 22.5.2002	II R 61/99	DStR 34 (2002), S. 1438-1448	S. 213 f.
BFH	Bs. v. 24.10.2001	II R 61/99	BStBl II 2001, S. 834-837	S. 213 f.
RFH	Urt. v. 26.3.1936	III A 94/35	RStBl 1936, S. 539-540	S. 37

Verwaltungsanweisungen

6. RLEWG Sechste Richtlinie 77/388/EWG zur Harmonisierung der Rechtsvorschriften der Mitgliedstaaten über die Umsatzsteuern – Gemeinsames Mehrwertsteuersystem: einheitliche steuerliche Bemessungsgrundlage – in der Fassung der Bekanntmachung vom 17. Mai 1977, ABl. EG Nr. L 145 S. 1, ber. Nr. L 157 S. 23, Nr. L 173 S. 27, Nr. L 242 S. 22 und Nr. L 262 S. 44; zuletzt geändert durch Geltungsdauer des Mindestnormalsatzes vom 19.1.2001, ABl. EG Nr. L 22 S. 17

BpO Betriebsprüfungsordnung, in der Fassung der Bekanntmachung vom 15. März 2000, BStBl I 2000, S. 368; zuletzt geändert durch Allg. Verwaltungsvorschrift vom 11.12.2001, BStBl I 2001, S. 984

ErbStR Erbschaftsteuer-Richtlinien, in der Fassung der Bekanntmachung vom 21. Dezember 1998, BStBl I Sondernummer 2 1998, S. 2, mit den Erbschaftsteuer-Hinweisen

EStR Einkommensteuer-Richtlinien 2001, in der Fassung der Bekanntmachung vom 23.11.2001, BStBl I Sondernummer 2 2001, BAnz. Nr. 233 a, mit den Einkommensteuer-Hinweisen 2001

EStR Einkommensteuer-Richtlinien 1996, in der Fassung der Bekanntmachung vom 28.2.1997, BStBl I Sondernummer 1 1997, mit den Einkommensteuer-Hinweisen 1997

GewStR Gewerbesteuer-Richtlinien 1998, in der Fassung der Bekanntmachung vom 21. Dezember 1998, BStBl I Sondernummer 2 1998, S. 91

KStR   Körperschaftsteuer-Richtlinien 1995, in der Fassung der Bekanntmachung vom 15.12.1995, BAnz. 1996 Nr. 4 a; BStBl I Sondernummer 1 1996
UStR   Umsatzsteuer-Richtlinien 2000, in der Fassung der Bekanntmachung vom 10. Dezember 1999, BStBl I Sondernummer 2 1999

BMF/ FinMin der Länder	Datum	Aktenzeichen	Fundstelle	Textstelle
BMF-Schreiben	14.11.2001	IV A 6 – S 2170 – 36/01	BStBl I 2001, S. 864	S. 66
BMF-Schreiben	21.7.2000	IV D 6 – S 1450 – 7/00	BStBl I 2000, S. 1194	S. 35
BMF-Schreiben	16.11.1993	IV B 2 – S 2133 – 16/93	BStBl I 1993, S. 933	S. 58
BMF-Schreiben	13.1.1993	IV B 3 – S 2190 – 37/92	BStBl I 1993, S. 80, 464	S. 182 ff.
BMF-Schreiben	15.12.1981	IV B 4 – S 2163 – 63/81; IV A 7 – S 0312 – 6/81	BStBl I 1981, S. 878	S. 63, 66
BMWF-Schreiben	18.4.1972	IV B 4 – S 2230 – 29/72	DStZ 1972, S. 210	S. 61
Bayer. Staatsmin. der Finanzen	16.4.2002	34 – S 2448 – 073 – 15214/02	BStBl I 2002, S. 600	S. 86, 199
Oberste Finanzbehörden der Länder	6.12.2001	Gleichlautende Erlasse	BStBl I 2001, S. 985	S. 213 f.

BMF/ FinMin der Länder	Datum	Aktenzeichen	Fundstelle	Textstelle
Oberste Finanzbehörden der Länder	7.2.2000	Gleich lautende Erlasse	BStBl I 2000, S. 344	S. 180
Oberste Finanzbehörden der Länder	30.5.1997	Gleich lautende Erlasse	BStBl I 1997, S. 600	S. 32
Oberste Finanzbehörden der Länder	2.4.1991	Gleich lautende Erlasse	BStBl I 1991, S. 496	S. 225
Oberste Finanzbehörden der Länder	25.4.1972	Gleich lautende Erlasse	BStBl I 1972, S. 352	S. 225
Oberste Finanzbehörden der Länder	15.6.1971	Gleich lautende Erlasse	BStBl I 1971, S. 324	S. 225

Tobias Teufel

Steuerliche Rechtsformoptimierung

Gestaltungssuche im Gesellschaft-Gesellschafter-Verhältnis

Frankfurt/M., Berlin, Bern, Bruxelles, New York, Oxford, Wien, 2002.
XXII, 244 S., 1 Abb., zahlr. Tab.
Freiburger Steuerforum. Herausgegeben von Wolfgang Kessler. Bd. 3
ISBN 3-631-39617-1 · br. € 45.50*

Das deutsche Unternehmenssteuerrecht ist nicht rechtsformneutral. Struktur und Höhe der Steuerbelastung hängen vielmehr von der Rechtsform des Unternehmens ab. Vor diesem Hintergrund entwickelt die vorliegende Arbeit ein Prüfungsschema zur rechtsformorientierten Steuergestaltung. Aktueller Anlass hierfür ist die Unternehmenssteuerreform 2001. Das Halbeinkünfteverfahren und die neue Steuerermäßigung für gewerbliche Einkünfte zwingen dazu, Rechtsformwahl und Rechtsformoptimierung grundlegend zu überdenken.

Aus dem Inhalt: Konzept der steuerlichen Rechtsformoptimierung · Gestaltungsziele · Gestaltungsgrenzen · Gestaltungsmittel · Optimierung einer Kapitalgesellschaft · Optimierung einer Personenunternehmung

Frankfurt/M · Berlin · Bern · Bruxelles · New York · Oxford · Wien
Auslieferung: Verlag Peter Lang AG
Moosstr. 1, CH-2542 Pieterlen
Telefax 00 41 (0) 32 / 376 17 27

*inklusive der in Deutschland gültigen Mehrwertsteuer
Preisänderungen vorbehalten
Homepage http://www.peterlang.de

www.ingramcontent.com/pod-product-compliance
Ingram Content Group UK Ltd.
Pitfield, Milton Keynes, MK11 3LW, UK
UKHW021836210426
5322IPUK00021B/312